Dessalinização de águas

Ana Paula Pereira da Silveira
Ariovaldo Nuvolari
Francisco Tadeu Degasperi
Wladimir Firsoff

oficina de textos

Copyright © 2015 Oficina de Textos

Grafia atualizada conforme o Acordo Ortográfico da Língua Portuguesa de 1990, em vigor no Brasil desde 2009.

Conselho editorial Cylon Gonçalves da Silva; Doris C. C. K. Kowaltowski; José Galizia Tundisi; Luis Enrique Sánchez; Paulo Helene; Rozely Ferreira dos Santos; Teresa Gallotti Florenzano

Capa e projeto gráfico Malu Vallim
Diagramação Alexandre Babadobulos
Preparação de figuras Letícia Schneiater
Preparação de textos Hélio Hideki Iraha
Revisão de textos Mariana Góis
Impressão e acabamento Vida & Consciência gráfica editora

Dados Internacionais de Catalogação na Publicação (CIP)
(Câmara Brasileira do Livro, SP, Brasil)

Dessalinização de águas / Ana Paula Pereira da Silveira...[et al.].
São Paulo : Oficina de Textos, 2015.

Outros autores: Ariovaldo Nuvolari, Francisco Tadeu Degasperi, Wladimir Firsoff

Bibliografia
ISBN 978-5-7975-194-3

1. Água - Abastecimento 2. Água - Aspectos ambientais 3. Água - Aspectos sociais 4. Água - Brasil 5. Água - Conservação 6. Água - Estações de tratamento - Equipamento e acessórios 7. Conversão de água salina 8. Dessalinização da água I. Silveira, Ana Paula Pereira da. II. Nuvolari, Ariovaldo. III. Degasperi, Francisco Tadeu. IV. Wladimir Firsoff.

15-05680   CDD-628.167

Índices para catálogo sistemático:
1. Dessalinização da água : Engenharia 628.167

O United States Bureau of Reclamation não é responsável por quaisquer imprecisões desta tradução.

Todos os direitos reservados à Editora **Oficina de Textos**
Rua Cubatão, 959
CEP 04013-043 São Paulo SP
tel. (11) 3085-7933 (11) 3083-0849
www.ofitexto.com.br   atend@ofitexto.com.br

Agradecimentos

Os autores agradecem:

Primeiramente a Deus, por ter-lhes dado vida, saúde e relativa inteligência.

A compreensão de seus familiares.

Ao Departamento de Hidráulica e Saneamento e à Congregação da Fatec-SP e à Comissão Permanente de Regime de Jornada Integral, órgãos colegiados do Centro Estadual de Educação Tecnológica Paula Souza (Ceeteps), que aprovaram a ideia da criação do Grupo de Estudos e Pesquisas sobre Dessalinização de Águas Salobras e Salinas, o que possibilitou a elaboração deste trabalho.

Ao United States Bureau of Reclamation (USBR). Neste trabalho foi utilizado amplo material traduzido do *Desalting handbook for planners*, elaborado por essa instituição e cuja terceira edição foi publicada em 2003. O uso desse material foi autorizado com uma condição: de que fosse informado aos leitores que o USBR não se responsabiliza por quaisquer imprecisões na tradução.

Prefácio

O problema da escassez da água utilizada nas diversas atividades humanas, isto é, no abastecimento público e industrial e no uso agropecuário (irrigação de culturas agrícolas e dessedentação de animais), vem recrudescendo nas últimas décadas. A situação está se tornando cada vez mais crítica não só pelo aumento populacional, que exige uma produção crescente de água para suprir a demanda, mas também pelo alto nível de poluição dos corpos d'água, o que vem diminuindo a qualidade das águas brutas e exigindo cada vez mais técnicas avançadas e/ou produtos químicos para fazer o tratamento visando à obtenção de água adequada a cada uso.

Em várias regiões do planeta onde a disponibilidade hídrica é baixa, a situação já é tão crítica que a única solução viável, apesar de ser ainda considerada de alto custo, é a dessalinização de águas salobras ou salinas. Isso ocorre não somente nos países do Oriente Médio, mas também em algumas cidades da Austrália, Singapura, Argélia, Espanha, Israel, em diversas ilhas do mundo e em algumas regiões costeiras dos Estados Unidos, bem como no Brasil, lugares nos quais a dessalinização já é uma alternativa corriqueira e viável.

No Brasil, a Agência Nacional de Águas (ANA, 2012) apresentou as principais características de cada uma das cinco grandes regiões hidrográficas (RHs) litorâneas. Hoje, nessas regiões, vivem aproximadamente 87 milhões de pessoas (cerca de 45,6% da população total brasileira, que, segundo o censo realizado em 2010, mostrou ser de quase 191 milhões de pessoas). As cinco grandes RHs litorâneas abrangem as Regiões Metropolitanas de 11 capitais de Estado. Algumas delas já estão em condições críticas no que se refere à disponibilidade hídrica (escassez), o que leva a crer que haverá necessidade de dessalinizar a água do mar com a finalidade de complementar os volumes já obtidos por meio dos mananciais de água doce. Sabe-se também que muitas localidades situadas no Nordeste brasileiro, além da escassez hídrica, têm problemas com a qualidade das águas, que apresentam elevada concentração de sais e são, portanto, salobras, impróprias para consumo direto.

Por essas razões, considera-se oportuno discutir o tema da dessalinização, não muito abordado no nosso País. Um fator de extrema importância que não deve ser esquecido é que as plantas de dessalinização não estão sujeitas aos eventos críticos de estiagem como no caso dos mananciais de águas doces superficiais (vale lembrar os sérios problemas de abastecimento em São Paulo em 2014).

Assim, com o intuito de conhecer melhor as questões relacionadas com a dessalinização de águas foi criado, em 2011, no Departamento de Hidráulica e Saneamento da Fatec-SP, o Grupo de Estudos e Pesquisas sobre Dessalinização de Águas Salobras e Salinas. Foram elaboradas revisões de literatura, aqui apresentadas, e a montagem de um protótipo para o estudo da relação vácuo *versus* temperatura, com resultados publicados em congressos, nos boletins técnicos da Fatec-SP e, mais detalhadamente, na seção 8.10 deste livro. Apesar de os autores não se considerarem especialistas no assunto, pelo fato de não existir literatura em português sobre esse tema e por terem acumulado algumas informações consideradas relevantes resolveram torná-las públicas, apresentando-as de forma mais abrangente, por meio deste livro.

Lista de abreviaturas e siglas

AGB	Associação dos Geógrafos Brasileiros
AHA	Ácido haloacético
ANA	Agência Nacional de Águas
Aneel	Agência Nacional de Energia Elétrica
ASTM	American Society for Testing and Materials (órgão norte-americano de normalização)
BH	Bacia hidrográfica
Catalisa	Rede de Cooperação para a Sustentabilidade (Organização da Sociedade Civil de Interesse Público)
CBH	Comissão de Bacia Hidrográfica
CCC	California Coastal Commission
CERH	Conselho Estadual de Recursos Hídricos
COB	Carbono orgânico biodegradável
Compesa	Companhia Estadual de Água de Pernambuco
Conama	Conselho Nacional do Meio Ambiente
COT	Carbono orgânico total
CT	Binômio concentração do oxidante x tempo de contato na inativação de patógenos
CTI	Capacidade de troca iônica
CVF	Controlador de variação de frequência
CWA	Clean Water Act (Lei da Água Limpa)
DCAV	Dessalinização por congelamento a vácuo (*vacuum freeze desalination*, VFD)
DCMV	Destilação por compressão mecânica do vapor
DCRS	Dessalinização por congelamento com refrigeração secundária (*secondary refrigerant freezing*, SRF)
DCV	Destilação por compressão de vapor
DEST_MEMB	Processo de dessalinização que combina destilação e membranas
DHPC	Disponibilidade hídrica *per capita*
DME	Destilação por múltiplo efeito
DQO	Demanda química de oxigênio
DTCV	Destilação por termocompressão do vapor
ED	Eletrodiálise
EDR	Eletrodiálise reversa
EIA	Estudo de Impacto Ambiental
Fatec-SP	Faculdade de Tecnologia de São Paulo
FC	Fator de concentração

GEP	Grupo de Estudos e Pesquisas
hab.	Habitantes
HDC	Harlingen Development Corporation
HP	*Horse-power*
HWWS	Harlingen Water Works System
IAA	Índice de agressividade da água
IBGE	Instituto Brasileiro de Geografia e Estatística
IDS	Índice de densidade do silte
IEA	International Energy Agency
IER	Índice de estabilidade de Ryznar
Inmet	Instituto Nacional de Meteorologia
ISD	Índice de Stiff e Davis
ISL	Índice de saturação de Langelier
ITA	Instituto Tecnológico de Aeronáutica
IWP	Projeto independente de água
KWES	Key World Energy Statistics, da IEA
MCPQ	Membranas em configuração de placa e quadros
MCT	Membranas em configuração tubular
MEE	Membranas enroladas em espiral
MEF	Destilação por multiestágio *flash*
MF	Microfiltração
MF	Membrana filtrante (método usado para a contagem de coliformes em 100 mL)
MFOF	Membranas de fibras ocas finas
MPa	Megapascal
ND	Informação não disponível
NF	Nanofiltração
NMP	Número mais provável (método usado para a contagem de coliformes em 100 mL). Observação: a legislação brasileira recomenda o uso de dez porções de 10 mL para obtenção do NMP. Caso não seja possível, admita-se o uso de cinco porções de 10 mL.
NPDES	National Pollutant Discharge Elimination System (Sistema Nacional de Eliminação de Descarga de Poluentes dos Estados Unidos)
NRC	National Research Council (Conselho Nacional de Pesquisa do Reino Unido)
NSF	National Sanitation Foundation
OMS	Organização Mundial da Saúde (World Health Organization, WHO)
ONU	Organização das Nações Unidas
OR	Osmose reversa
PERH	Plano Estadual de Recursos Hídricos
pH	Potencial hidrogeniônico
PLNP	Pressão líquida necessária para possibilitar a permeação
PRB	Population Reference Bureau
PVDF	Polivinilidenofluoreto
$Q_{7,10}$	Vazão mínima de sete dias consecutivos com tempo de recorrência de dez anos

R	Recuperação
RH	Região hidrográfica
RM	Região Metropolitana
RMSP	Região Metropolitana de São Paulo
Sabesp	Companhia de Saneamento Básico do Estado de São Paulo
SCP	Sistemas de controle programáveis
SDWA	Safe Drinking Water Act (lei norte-americana para água potável)
SPD	Subproduto da desinfecção (*desinfection by-product*, DBP)
SPE	Substância polimérica extracelular (*extracellular polymeric substance*, EPS)
SST	Sólidos suspensos totais
STD	Sólidos totais dissolvidos
SWFWMD	Southwest Florida Water Management District
TBW	Tampa Bay Water (concessionária de água da cidade de Tampa Bay, EUA)
THM	Tri-halometano
TMWDSC	The Metropolitan Water District of Southern California
TQ	Tanque
TRE	Turbina de recuperação de energia
UF	Ultrafiltração
UIC	Underground Injection Control
UNT	Unidade nefelométrica de turbidez
UNWCED	United Nations World Commission on Environment and Development
US$	Dólar comercial norte-americano
USBR	United States Bureau of Reclamation
Usepa	United States Environmental Protection Agency
UV	Ultravioleta

Sumário

1. **A água** 13
   - 1.1 Os desafios do abastecimento público de água 13
   - 1.2 Conceito de desenvolvimento sustentável 18
   - 1.3 Disponibilidade hídrica 20
   - 1.4 Aspectos gerais sobre os processos de dessalinização 38

2. **Processos de dessalinização** 45
   - 2.1 Arranjos esquemáticos dos processos de dessalinização 47
   - 2.2 Fundamentos dos processos de destilação 49
   - 2.3 Principais características dos processos de destilação 50
   - 2.4 Processo de destilação por múltiplo efeito (DME) 55
   - 2.5 Processo de destilação por multiestágio *flash* (MEF) 67
   - 2.6 Destilação por compressão de vapor (DCV) 77
   - 2.7 Processos de destilação comparados aos demais processos 82
   - 2.8 Processos de eletrodiálise e eletrodiálise reversa (ED/EDR) 83
   - 2.9 Dessalinização por OR e por NF 97
   - 2.10 Outros processos de dessalinização 121

3. **Química da água** 128
   - 3.1 Química básica da água 128
   - 3.2 Ciclo da água e constituintes 128
   - 3.3 Principais termos usados na Química 129
   - 3.4 Compostos e fórmulas químicas 130
   - 3.5 Constituintes da água 133
   - 3.6 Medições em amostras de água 134
   - 3.7 Tipos de água e de tratamento 137
   - 3.8 Análises químicas da água 141

4. **Pré-tratamento da água bruta** 147
   - 4.1 Processos de destilação 147
   - 4.2 Pré-tratamento nos processos com a utilização de membranas 151

5. **Pós-tratamento da água produzida** 169
   - 5.1 Estabilização 171
   - 5.2 Estabilização pela mistura com outras águas 174

5.3	Remoção de gases dissolvidos	175
5.4	Desinfecção da água produzida	177

6 Considerações ambientais ... 183
- **6.1** Impactos ambientais e destinação final do concentrado salino ... 184
- **6.2** Impactos na captação de água bruta: colisão e arrastamento ... 192
- **6.3** Estudos de impacto ambiental no Brasil ... 193

7 Microbiologia sanitária na dessalinização ... 194
- **7.1** Fontes e sobrevivência de organismos patogênicos ... 194
- **7.2** Indicadores biológicos de qualidade de águas ... 196
- **7.3** Microbiologia nos processos de dessalinização ... 197

8 Uso do vácuo na destilação térmica ... 209
- **8.1** Objetivo ... 209
- **8.2** Escopo e objetivos da tecnologia do vácuo ... 210
- **8.3** Considerações para a modelagem e o cálculo de sistemas de vácuo ... 211
- **8.4** Necessidades do vácuo na indústria e na ciência ... 215
- **8.5** Aplicações do vácuo na indústria e na ciência ... 218
- **8.6** Circuitos de vácuo usados na destilação ... 223
- **8.7** Bombas, medidores de vácuo e componentes auxiliares ... 225
- **8.8** Escopo e objetivos da Termodinâmica e da transferência de calor ... 233
- **8.9** Definições e conceitos básicos da Termodinâmica e da transferência de calor ... 235
- **8.10** Pesquisa: destilação térmica com utilização de vácuo ... 236
- **8.11** Considerações finais ... 258
- **8.12** Bibliografia específica ... 258

9 Alguns relatos de casos ... 259
- **9.1** Dessalinização de água salobra utilizando OR ... 259
- **9.2** Dessalinização de água do mar utilizando OR ... 263
- **9.3** Recuperação de águas residuárias utilizando OR ... 265
- **9.4** Dessalinização de água do mar pelo processo de destilação MEF ... 268
- **9.5** Dessalinização de água de irrigação utilizando OR ... 274
- **9.6** Dessalinização de água do mar utilizando OR ... 277
- **9.7** Considerações finais a respeito das usinas de dessalinização ... 278

Referências bibliográficas ... 282

Sobre os autores ... 287

1 | A água

1.1 Os desafios do abastecimento público de água

De maneira geral, com um simples olhar para o passado pode-se constatar que, ao longo dos séculos, a Humanidade utilizou e gerenciou os recursos naturais de maneira no mínimo irresponsável.

Em sua história o homem adotou diferentes posturas, políticas de crescimento e tecnologias pouco comprometidas com a conservação do meio ambiente (Capra, 1991), o que ocorreu e ainda ocorre por vários motivos, entre os quais:

- falta de conhecimento e de comprometimento de grande parte da população, em geral mais preocupada com a sua própria sobrevivência;
- falta de sensibilidade da área governamental aliada, às vezes, à ausência de recursos, o que impede uma fiscalização mais rigorosa para o cumprimento das leis; e principalmente
- extrema ganância de grande parte dos empresários, preocupados apenas com os lucros a serem obtidos em suas atividades.

A água, um dos recursos de maior importância para a vida no planeta, também vem sofrendo as consequências dessa irresponsabilidade ao longo dos tempos. Segundo Rebouças (2006, p. VII), o vocábulo *água*

> tem muitos significados. Para o ambientalista significa vida para a flora e fauna aquáticas. Para a religião tem o poder de purificar a alma. Para empreendedores de vários setores usuários, é um recurso de grande utilidade que pode: servir de meio de transporte e diluição de efluentes, produzir alimentos, gerar energia, abastecer populações e indústrias. Certamente cada cidadão comum tem sua visão particular acerca desse importante recurso natural.

De qualquer forma é consenso, até entre os leigos, que *sem água os seres vivos não podem sobreviver*. Todos os processos bioquímicos que permitem a existência da vida envolvem, direta ou indiretamente, essa substância composta dos elementos hidrogênio e oxigênio, também chamada de solvente universal.

Sabe-se que três quartos da superfície terrestre é recoberta de água. Pode parecer muito e realmente é. No entanto, sabe-se também que 97,5% do volume total de água no planeta encontra-se nos oceanos, ou seja, trata-se de água com elevada salinidade e imprópria para o consumo direto. Dos 2,5% de água doce existentes, 68,9% estão congeladas nas calotas polares e geleiras, 29,9% permanecem retidas em lençóis subterrâneos, e 0,9%, em outros reservatórios, e apenas 0,3% está prontamente disponível como manancial superficial nos rios e lagos (Shiklomanov, 1990).

Acresce-se a isso o fato de que a distribuição da água doce disponível no planeta é muito desigual. No Brasil, por exemplo, a Região Amazônica, conhecida por ter disponibilidade hídrica abundante, abriga a menor população quando comparada com as demais regiões do País. Nas áreas mais populosas já é notória a escassez de água doce bruta de qualidade, facilmente tratável, em razão da poluição causada pelo lançamento de águas servidas (esgotos sanitário e industrial), sem tratamento ou com tratamento insuficiente, nos corpos de água. O crescimento populacional faz com que, mesmo em regiões razoavelmente dotadas desse recurso, muitas vezes a quantidade de água doce disponível se torne insuficiente para atender à população. Como se verá adiante, a Região Metropolitana de São Paulo (RMSP) é um desses exemplos.

Em algumas áreas de baixa disponibilidade de água doce, como o Nordeste brasileiro, além do problema da escassez há também o da alta salinidade. Em muitos locais, a água disponível é salobra, ou seja, apresenta uma quantidade de sais dissolvidos que a torna imprópria para o consumo direto (Soares et al., 2006).

Em algumas regiões do planeta, em especial nos países do Oriente Médio, a situação já é tão grave que há a necessidade de produzir água potável das águas salgadas do mar ou de águas continentais salobras. Mas não são apenas esses países que necessitam fazer esse procedimento. Nos Estados Unidos já existem diversas instalações, estando a maior delas em Tampa Bay, na Flórida, com capacidade para produzir 95.000 m^3 por dia (Applause..., 2007).

Em um manual do United States Bureau of Reclamation (USBR, 2003) cujo tema é a dessalinização, foi apresentado um panorama da dessalinização no mundo em que se afirma que a capacidade de produção ao final de 1999 era de 25,74 milhões de metros cúbicos diários, distribuídos pelas diversas regiões do planeta (Tab. 1.1).

TAB. 1.1 Capacidade mundial de dessalinização ao final de 1999 (contratada e por região)

Região do planeta	Capacidade contratada	
	milhões de m³/dia	% do total
Oriente Médio	12,30	47,8
América do Norte	4,43	17,2
Europa	3,35	13,0
Ásia	3,14	12,2
África	1,42	5,5
América Central	0,82	3,2
América do Sul	0,18	0,7
Austrália	0,10	0,4
Total geral	25,74	100,0

Fonte: USBR (2003).

Percebe-se, no entanto, um intenso crescimento dessa prática. Segundo Kranhold (2008), cerca de oito anos mais tarde já existiam no mundo mais de 13.000 instalações de dessalinização de águas, com capacidade para produzir mais de 45 milhões de metros cúbicos por dia. Informações mais recentes apontam que já existem aproximadamente 20.000 instalações de dessalinização distribuídas em mais de 120 países, estando mais da metade nos países do Oriente Médio (FWR, 2011). Infelizmente, não foi informada a capacidade instalada.

Só para efeito comparativo, sabe-se que na RMSP, cuja população em 2013 era estimada em pouco mais de 20 milhões de habitantes, a Companhia de Saneamento Básico do Estado de São Paulo (Sabesp) produz diariamente cerca de 5,6 milhões de metros cúbicos de água utilizando mananciais de água doce. Pode-se perceber que o volume diário de água produzido por dessalinização no mundo já era, em 2008, cerca de oito vezes maior do que o produzido na RMSP. Deve-se ressaltar que o volume produzido pela Sabesp inclui as perdas no sistema. Se desconsideradas essas perdas, pode-se deduzir que o volume de água produzido por dessalinização no mundo todo em 2008 seria potencialmente capaz de abastecer uma população de aproximadamente 225 milhões de pessoas, cerca de 3% do total de 7 bilhões de habitantes que hoje se estima para o planeta.

A instalação com maior capacidade de produção no mundo é a usina de Jebel Ali (fase 2), nos Emirados Árabes Unidos, com cerca de 821.900 m^3 por dia, potencialmente capaz de abastecer cerca de 4 milhões de pessoas (Applause..., 2007).

Mesmo nas regiões razoavelmente dotadas de recursos hídricos, em várias partes do mundo a exploração da água doce disponível acima da capacidade natural de reposição está se tornando um grande problema. Diversas causas explicam o fenômeno, mas as principais são: o crescimento populacional, as exigências decorrentes de um padrão de vida mais elevado e o crescimento do consumo em indústrias e na irrigação de culturas agrícolas, além de eventuais mudanças climáticas. Estima-se que até 2030 dois terços da população mundial sofrerá com a escassez de água (HSBC-OGWI, 2008 apud FWR, 2011).

Em geral, o uso da água na irrigação de culturas agrícolas é o maior extrator de recursos hídricos, especialmente nos locais que já sofrem de escassez crescente de água, como Israel, Grécia, Espanha, sul da Europa em geral e oeste da Austrália. No sul da Europa, a agricultura é responsável por mais da metade da extração total, subindo para mais de 80% em alguns países dessa região (European Environment Agency, 2010 apud FWR, 2011). Atualmente, o uso agrícola responde por 70% de todo o consumo de água, ultrapassando 90% em alguns países, como a Índia (Royal Academy of Engineering, 2010 apud FWR, 2011).

Sabe-se que cada cidadão usa, em média, de 100 L a 200 L de água potável por dia, mas se for incluída a quantidade de água embutida em produtos como alimentos, papel e roupas, a chamada *água virtual*, esse consumo diário de água *per capita* é, na maioria dos casos, dez a vinte vezes maior, passando a ser de 1.000 L a 2.000 L.

Como mencionado anteriormente, a escassez hídrica natural, aliada a eventos como seca prolongada, já está afetando extensas áreas em países de todo o mundo, desde aqueles mais carentes de recursos hídricos, situados no Oriente Médio (região em que geralmente são incluídos 18 países: Afeganistão, Arábia Saudita, Bahrein, Catar, Chipre, Egito, Emirados Árabes Unidos, Iêmen, Israel, Irã, Iraque, Jordânia, Kuwait, Líbano, Sultanato de Omã, Palestina, Síria e Turquia), até países como Austrália, Espanha,

China, Sri Lanka, a costa oeste dos Estados Unidos, a maior parte das ilhas oceânicas e até mesmo partes do Reino Unido e do Nordeste do Brasil.

Nos Estados Unidos, a escassez de água em vários Estados exigiu que se fizesse um planejamento de longo prazo, preparado de forma a incluir um aumento da prática de dessalinização da água do mar para suprir as populações com água potável (Royal Academy of Engineering, 2010 apud FWR, 2011).

Como é comum em todas as grandes cidades, em Sydney, na Austrália, o consumo de água também foi crescendo, em razão principalmente do crescimento populacional, e a taxa de utilização começou a superar as vazões disponíveis nos mananciais de água doce, uma situação seriamente agravada nos períodos secos. Em face dessa situação, as autoridades resolveram instalar uma das maiores usinas de dessalinização do mundo, alimentada com água salina da baía de Botany e que abastece, com a água potável de alta qualidade ali produzida, desde que entrou em operação, em janeiro de 2010, cerca de 1,5 milhão de habitantes. A água produzida por dessalinização nessa usina custa o dobro daquela gerada de outras fontes de água doce, porém, de acordo com a concessionária, há a grande vantagem da segurança na produção, uma vez que o manancial de água bruta (o mar) independe das condições climáticas. Ainda na Austrália, a cidade de Perth também possui uma grande instalação de dessalinização, e na cidade de Melbourne outra grande instalação estava prevista para entrar em funcionamento no final de 2011 (Sydney Water, 2010 apud FWR, 2011).

No Reino Unido, os problemas potenciais com a escassez no abastecimento de água estão começando a aparecer. Por exemplo, a Thames Water, uma das concessionárias que fornecem água potável para a cidade de Londres, já está usando mais da metade dos mananciais próximos disponíveis e teve que desenvolver fontes alternativas para suprir o abastecimento. Em junho de 2010, essa empresa inaugurou uma grande usina de dessalinização de água em Beckton, a leste de Londres (Jowit, 2010 apud FWR, 2011).

Com relação ao abastecimento industrial, uma pesquisa feita entre empresas de 25 países revelou que 40% delas são afetadas ou pela escassez hídrica permanente, ou pela escassez nos períodos secos prolongados, ou por inundações, ou por má qualidade, e/ou por preços elevados. Mais de 50% dos empresários disseram que os riscos para os seus negócios por causa da escassez de água já estão ocorrendo ou estão prestes a ocorrer (Yale, 2010 apud FWR, 2011). Como se vê, a tendência da escassez de água é aumentar, especialmente em áreas urbanas, onde a demanda por água é em geral crescente, em razão principalmente do crescimento populacional.

A explosão demográfica preocupa, uma vez que faz os problemas de abastecimento de água recrudescerem. Segundo Bill Butz, presidente da Population Reference Bureau (PRB), organização norte-americana que se preocupa em divulgar dados sobre a população mundial, esta será a segunda vez em apenas 12 anos que a população humana é acrescida de 1 bilhão – a ocorrência anterior foi a que registrou o salto de 5 bilhões para 6 bilhões (População..., 2011). Nesse ritmo, o problema vai se agravando cada vez mais.

Apesar de vir sendo utilizada de forma crescente, a obtenção de água por dessalinização é bastante problemática. O custo do metro cúbico tratado é ainda considerado alto e os seus críticos denunciam principalmente a falta de sustentabilidade da maioria dessas instalações. De fato, na maior parte das usinas produtoras, principalmente nos países árabes, simplesmente "se queima" petróleo para a obtenção de água doce por meio da destilação ou então se consome muita energia elétrica para fazer a dessalinização por membranas.

Para minimizar esses problemas, a estação de dessalinização da cidade de Perth, na Austrália, passou a ser alimentada parcialmente por energia renovável de Downs Wind Farm, um parque de produção de energia eólica (Perth..., s.d.). Por sua vez, a estação da cidade de Sydney já citada, passou a ser integralmente alimentada por fontes renováveis, o que eliminou a emissão de gases de efeito estufa, prejudiciais ao meio ambiente, que era comumente mencionada pelos críticos das tecnologias de dessalinização da água, conhecidas pelo grande consumo de energia (Sydney..., 2007).

Muitas discussões têm sido suscitadas nos últimos anos, e a maioria delas usa o conceito de sustentabilidade como ponto de partida. Na área de dessalinização de águas não é diferente.

1.2 Conceito de desenvolvimento sustentável

O termo *desenvolvimento sustentável* surgiu em 1987, quando a United Nations World Commission on Environment and Development (UNWCED, Comissão Mundial de Meio Ambiente e Desenvolvimento da Organização das Nações Unidas) o lançou, defendendo que as necessidades geradas no presente devem ser atendidas sem esquecer daquelas que ainda estão por vir. Catalisa (s.d.) define desenvolvimento sustentável como um modelo econômico, político, social, cultural e ambiental equilibrado, que satisfaça as necessidades das gerações atuais, sem comprometer a capacidade das gerações futuras de satisfazer as suas próprias necessidades.

Essa concepção começou a se formar e se difundir paralelamente ao questionamento do estilo de desenvolvimento outrora adotado quando se constatou que esse estilo era e em alguns casos ainda é (Catalisa, s.d.):
- ecologicamente predatório na utilização dos recursos naturais;
- socialmente perverso, com geração de pobreza e extrema desigualdade social;
- politicamente injusto, com concentração e abuso de poder;
- culturalmente alienado em relação aos seus próprios valores;
- eticamente censurável no que tange aos direitos humanos e aos direitos das demais espécies.

Ainda de acordo com Catalisa (s.d.), o conceito de sustentabilidade comporta sete aspectos principais:
- *sustentabilidade social* – melhoria da qualidade de vida da população, equidade na distribuição de renda e na diminuição das diferenças sociais, com participação e organização popular;
- *sustentabilidade econômica* – regularização do fluxo dos investimentos públicos e privados, compatibilidade entre padrões de produção e consumo, equilíbrio de balanço de pagamento, acesso à ciência e tecnologia;
- *sustentabilidade ecológica* – o uso dos recursos naturais deve minimizar danos aos sistemas de sustentação da vida: redução dos resíduos tóxicos e da poluição, reciclagem de materiais e energia, conservação, tecnologias limpas e de maior eficiência e regras para uma adequada proteção ambiental;
- *sustentabilidade cultural* – respeito aos diferentes valores entre os povos e incentivo a processos de mudança que acolham as especificidades locais;
- *sustentabilidade espacial* – equilíbrio entre o rural e o urbano, equilíbrio de migrações, desconcentração das metrópoles, adoção de práticas agrícolas mais inteligentes e não agressivas tanto à saúde dos trabalhadores quanto ao ambiente, manejo sustentável das florestas e industrialização descentralizada;
- *sustentabilidade política* – no caso do Brasil, a evolução da democracia representativa para sistemas descentralizados e participativos,

construção de espaços públicos comunitários, maior autonomia dos governos locais e descentralização da gestão de recursos;
- *sustentabilidade ambiental* – abarca todas as dimensões anteriores por meio de processos complexos. Conservação geográfica, equilíbrio de ecossistemas, erradicação da pobreza e da exclusão, respeito aos direitos humanos e integração social.

Considerando que em várias regiões do planeta a dessalinização de águas salobras e salinas é uma alternativa viável e, em várias outras, a única viável, resta saber quais tecnologias poderiam ser consideradas sustentáveis em se tratando de dessalinização.

O que salta aos olhos é que os locais onde a dessalinização é necessária estão quase sempre localizados em regiões quentes e secas, nas quais, muitas vezes, o vento perene se faz presente. Assim, alternativas que levem em conta a utilização das energias solar e eólica, além de sistemas mais sustentáveis para a obtenção de vácuo, podem ser listadas como itens a serem pesquisados. É nessa linha de pensamento que se insere a proposta do Grupo de Estudos e Pesquisas (GEP) sobre Dessalinização de Águas Salobras e Salinas da Fatec-SP. Sem descartar o conhecimento das tecnologias atuais, buscou-se estudar soluções alternativas e sustentáveis para a obtenção de água potável de águas salobras e salinas.

1.3 Disponibilidade hídrica

A Agência Nacional de Águas (ANA, 2012) define *vazão natural de uma bacia hidrográfica* (BH) como aquela originada sem qualquer interferência humana. Essas interferências seriam, por exemplo, os diversos usos consuntivos (que consomem água) e as eventuais derivações, transposições, regularizações, importações e exportações de água. Portanto, a chamada vazão natural nem sempre ocorre nas BHs em decorrência das atividades antrópicas (ações humanas), que alteram as condições de uso e ocupação do solo e afetam diretamente o escoamento superficial, em especial quando se consideram as barragens com os seus reservatórios de regularização.

Por esse motivo, a vazão natural média não é o parâmetro mais adequado para representar a disponibilidade hídrica, uma vez que a descarga dos rios tem caráter sazonal e exibe variabilidade plurianual. Os períodos críticos de estiagem, em termos de disponibilidade hídrica, devem ser avaliados a fim de garantir uma margem de segurança para as atividades de planejamento e gestão. Assim, normalmente são consideradas as vazões de estiagem, que podem ser analisadas, em cada BH, pela frequência de ocorrência em uma seção do rio (ANA, 2012).

No Brasil, para o cálculo da estimativa da disponibilidade hídrica de águas superficiais, a ANA adota a vazão incremental de estiagem (vazão com permanência de 95%) para os trechos de rios não regularizados, somada à vazão regularizada pelo sistema de reservatórios com 100% de garantia. Em rios sem obras de regularização, portanto, a disponibilidade hídrica é considerada como sendo apenas a vazão (de estiagem) com permanência de 95%.

A disponibilidade hídrica em si pode ser alta ou baixa, mas geralmente não expressa a realidade local. Pode-se, por exemplo, ter baixa disponibilidade hídrica num local em que não vive ninguém e, portanto, aos olhos humanos, não haverá problemas. O contrário também pode acontecer, ou seja, locais com razoáveis disponibilidades hídricas, mas com sérios problemas por causa da alta concentração demográfica. Assim, um parâmetro que melhor define essa questão é a chamada disponibilidade hídrica social ou *disponibilidade hídrica per capita* (DHPC). Esse parâmetro é preferível nesse tipo de estudo, uma vez que expressa o quociente entre a disponibilidade hídrica e a população que vive nessa bacia, sendo, portanto, influenciado pelo crescimento populacional.

1.3.1 Escassez hídrica pode gerar conflitos

Kinjô (2010, p. 5) afirma não ser necessário discutir a importância da água para a manutenção da vida no planeta:

> Colocar água e petróleo nos pesos de uma balança seria interpretado, até bem pouco tempo atrás, como rematada estupidez. É verdade que o discutido "ouro negro" continua a mover a marcha da humanidade, mas há muito vem sendo demonizado em função de seu rastro de poluente devastador. Já a água, advertem os especialistas, começa a escassear perigosamente. Não é por outra razão que, na entrevista à Dina Amêndola, na sua primeira prestação de contas depois de assumir a presidência da ANA (Agência Nacional das Águas), o especialista Vicente Andreu Guillo declara, sem qualquer ponto de hesitação: "A água é, na verdade, um bem ainda mais valioso que o petróleo, pois para se produzir petróleo, é necessário usar muita água. Além disso, a água é essencial para a manutenção da vida. Diferente do petróleo, a água não

pode ser considerada uma "commodity", já que não é uma mercadoria com transação em bolsas de valores. Por outro lado, a água é um bem de uso comum com valor econômico.

A água sempre foi muito importante, haja vista que as cidades eram sempre fundadas levando-se em conta a existência de mananciais de água doce próximos. Porém, no contexto atual de estresse ou de escassez em várias partes do mundo, essa importância começa a ser encarada de forma mais inequívoca, gerando inclusive conflitos em algumas áreas mais críticas do planeta. De fato, segundo Rebouças (2006, p. 19, grifo nosso):

> [...] existem situações conflituosas, como é o caso vivenciado por israelenses e palestinos, cujos mananciais disponíveis dependem de acordos entre a Jordânia, Síria, Líbano, Egito e Arábia Saudita. O território palestino, sob controle de Israel desde 1967, corresponde às áreas de recarga dos aquíferos que fluem para oeste e noroeste, respectivamente, 320 milhões de m^3/ano e 140 milhões de m^3/ano, e para o vale do Rio Jordão, cerca de 125 milhões de m^3/ano. As reservas exploráveis desses aquíferos já estão sendo intensamente utilizadas e sobre cerca de um terço está havendo sobre-extração. Israel depende das águas subterrâneas que ocorrem em território palestino ocupado, de onde extrai cerca de 30% do total disponível de 1.420 milhões de m^3/ano.
>
> [...] Para evitar que haja desequilíbrio nos fluxos subterrâneos na sua faixa costeira e a interface marinha avance na área de Telaviv, Israel impõe severo controle ao uso do aquífero pelos palestinos. Estes contestam o controle de Israel e reclamam o seu direito milenar às águas da área – superficial e subterrânea. Os palestinos deveriam também receber entre 70 e 170 milhões de m^3/ano da Jordânia, como parte das negociações de 1953 a 1955.

Entretanto cabe a questão do que vem antes: *o conflito ideológico-político ou o conflito pela utilização da água.*

1.3.2 Disponibilidade hídrica no mundo

Para ter uma noção das necessidades diárias da população, quando da elaboração de projetos de sistemas de abastecimento público no Brasil é muito comum a adoção de um valor médio de consumo *per capita* correspondente a 200 L/hab.dia, o que resulta em aproximadamente 73 m^3/hab.ano. Deve-se ressaltar que esse consumo considera apenas o efetivo abastecimento da população, não se incluindo as perdas nos sistemas. Se consideradas essas perdas, o valor poderia ser estimado em cerca de 120 m³/hab.ano. Além disso, em cada BH devem ainda ser considerados os demais usos, como o industrial e o agropecuário (irrigação de culturas agrícolas e criação de animais).

De acordo com Falkenmark (1986 apud Rebouças, 2006), uma DHPC inferior a 1.000 m³/hab.ano configura uma condição de *estresse de água*, e, quando esse valor é inferior a 500 m³/hab.ano, há *escassez de água*. Segundo Rebouças (2006), a DHPC em 18 países do mundo já era menor do que 1.000 m³/hab.ano. Essa situação de estresse de água deverá atingir 30 países no ano de 2025.

A Tab. 1.2 apresenta a disponibilidade *per capita* de água dos 11 países mais carentes desse recurso. É possível observar que todos estão abaixo do limite de 500 m³/hab.ano, ou seja, em situação de extrema escassez de água. Na Tab. 1.3 são apresentados os países próximos da situação de estresse ou de escassez e que, numa estimativa para 2025, enfrentarão uma situação ou outra. Apesar de os dados apresentados nessa tabela retratarem a situação de países considerados mais pobres em termos hídricos, à medida que as populações aumentam a falta de água se torna mais frequente e não mais se configura como um problema específico dessas nações.

Segundo estimativas do governo dos Estados Unidos, pelo menos 36 Estados norte-americanos devem enfrentar situação de escassez nos próximos cinco anos e, de acordo com a Organização das Nações Unidas (ONU), até 2025 quase 50% da população mundial viverá em áreas com estresse hídrico (Fortier, 2008).

TAB. 1.2 DHPC nos países mais pobres em água

País	DHPC (m³/hab.ano)
Kuwait	Praticamente nula
Malta	40
Catar	54
Gaza	59
Bahamas	75
Arábia Saudita	105
Líbia	111
Bahrein	185
Jordânia	185
Singapura	211
Emirados Árabes Unidos	279

Fonte: Margat (1998 apud Rebouças, 2006).

TAB. 1.3 Países com estresse ou escassez de água (em 1990 e estimativa para 2025)

Continentes/países	DHPC (m³/hab.ano)	
	No ano de 1990	Estimativa para 2025
África		
África do Sul	1.420	790
Argélia	750	380
Burundi	660	280
Cabo Verde	500	220
Camarões	2.040	790
Djibouti	750	270
Egito	1.070	620
Etiópia	2.360	980
Quênia	590	190
Lesoto	2.220	930
Líbia	160	60
Marrocos	1.200	680
Nigéria	2.660	1.000
Ruanda	880	350
Somália	1.510	610
Tanzânia	2.780	900
Tunísia	530	330
América do Norte e América Central		
Barbados	170	170
Haiti	1.690	960
América do Sul		
Peru	1.790	960
Ásia/Oriente Médio		
Arábia Saudita	160	50
Catar	50	20
Chipre	1.290	1.000
Emirados Árabes Unidos	190	110
Iêmen	240	80
Irã	2.080	960
Israel	470	310
Jordânia	260	80
Kuwait	<10	<10
Líbano	1.600	960
Singapura	220	190
Sultanato de Omã	1.330	470
Europa		
Malta	80	80

Fonte: adaptado de Gleick (1993 apud Rebouças, 2006).

1.3.3 Disponibilidade hídrica no Brasil

Informações gerais

A Tab. 1.4 apresenta a população e a respectiva DHPC dos Estados brasileiros.

TAB. 1.4 População e DHPC nos Estados brasileiros

Regiões/Estados	População (hab.)		DHPC (m³/hab.ano)	
	IBGE 1996	IBGE 2009	1996	2009
Região Norte	11.288.259	15.359.608		
Acre	483.593	691.132	351.123	245.685
Amapá	379.459	626.609	516.525	312.795
Amazonas	2.389.279	3.393.369	773.000	544.271
Pará	5.510.849	7.431.020	204.491	151.651
Rondônia	1.229.306	1.503.928	115.538	94.440
Roraima	247.131	421.499	1.506.488	883.276
Tocantins	1.048.642	1.292.051	116.952	94.919
Região Nordeste	44.766.851	53.591.197		
Alagoas	2.633.251	3.156.108	1.692	1.412
Bahia	12.541.745	14.637.364	2.872	2.461
Ceará	6.809.290	8.547.809	2.279	1.815
Maranhão	5.222.113	6.367.138	16.226	13.308
Paraíba	3.305.616	3.769.977	1.394	1.222
Piauí	2.673.085	3.145.325	9.185	7.806
Pernambuco	7.399.071	8.810.256	1.270	1.067
Rio Grande do Norte	2.558.660	3.137.541	1.654	1.349
Sergipe	1.624.020	2.019.679	1.625	1.307
Região Centro-Oeste	10.500.579	13.895.375		
Distrito Federal	1.821.946	2.606.885	1.555	1.087
Goiás	4.514.967	5.926.300	63.089	48.065
Mato Grosso	2.235.832	3.001.692	237.409	176.836
Mato Grosso do Sul	1.927.834	2.360.498	36.684	29.960
Região Sudeste	67.000.738	80.915.332		
Espírito Santo	2.802.707	3.487.199	6.714	5.396
Minas Gerais	16.672.613	20.033.665	11.611	9.663
Rio de Janeiro	13.406.308	16.010.429	2.189	1.833
São Paulo	34.119.110	41.384.039	2.209	1.821

TAB. 1.4 População e DHPC nos Estados brasileiros (continuação)

Regiões/Estados	População (hab.)		DHPC (m³/hab.ano)	
	IBGE 1996	IBGE 2009	1996	2009
Rio Grande do Sul	9.634.688	10.914.128	19.792	17.472
Santa Catarina	4.875.244	6.118.743	12.653	10.082
Brasil	157.070.163	191.480.630		

Fonte: adaptado de Rebouças (2006) e recalculado com base na estimativa do IBGE (2009).

Ao analisar essa tabela, é possível perceber que em alguns Estados a DHPC apresentava-se muito pouco acima do limite de estresse de água, se considerado o Censo de 1996, e, se levada em conta a estimativa de população feita pelo IBGE em 2009, constata-se que em cinco Estados (Alagoas, Paraíba, Pernambuco, Rio Grande do Norte e Sergipe) e no Distrito Federal a DHPC estava entre 1.000 e 1.500 m³/hab.ano. Além disso, três Estados estavam na faixa entre 1.500 e 2.000 m³/hab.ano: Ceará, Rio de Janeiro e São Paulo.

Segundo Paz et al. (2000 apud Soares et al., 2006), a maior reserva mundial de água doce está no Brasil, com 8% do total e 18% do potencial de água de superfície do planeta. No entanto, ao considerar a disponibilidade *per capita*, o País deixa de ser o primeiro e passa para o vigésimo terceiro lugar no mundo, visto que, enquanto a Região Amazônica concentra 80% dos recursos hídricos brasileiros e abriga apenas 7% da população, na região Nordeste, que abriga 27% da população, apenas 3,3% desses recursos estão disponíveis.

Soares et al. (2006, p. 731) afirmam que:

> Certamente, em qualquer situação fisiográfica a depleção dos recursos hídricos deve ser avaliada com preocupação, mas, em regiões como o Nordeste do Brasil, caracterizada por um clima semi-árido, representado por altas temperaturas, elevadas taxas de evaporação e baixas precipitações pluviais, fatores que favorecem a escassez de água, a preocupação há de ter caráter iminente. Nesta região, a disponibilidade hídrica anual de 700 bilhões de m³ pode ser considerada expressiva; entretanto, como ressalvam Rebouças & Marinho (1972), somente 24 bilhões de m³ permanecem efetivamente disponíveis, sendo que a maior parte, ou seja, 97%, é consumida pela evaporação que atinge, em média, 2.000 mm anuais.

A Região Nordeste ocupa 18,27% do território brasileiro, com uma área de 1.561.177,8 km²; desse total, 962.857,3 km² se situam no Polígono das Secas, delimitado em 1936 por meio da Lei 175 e revisado em 1951.

O Polígono, que compreende as áreas sujeitas repetidamente aos efeitos das secas, abrange oito Estados nordestinos: o Maranhão é a única exceção, além de parte (121.490,9 km²) de Minas Gerais, na Região Sudeste; já o Semi-Árido ocupa 841.260,9 km² de área no Nordeste e outros 54.670,4 km² em Minas Gerais e se caracteriza por apresentar reservas insuficientes de água em seus mananciais (Sudene, 2004).

No entanto, de acordo com Carvalho (2000 apud Soares et al., 2006):

> Apesar da deficiência em recursos hídricos superficiais, poderiam ser extraídos do subsolo da Região Nordeste, sem risco de esgotamento dos mananciais, pelo menos 19,5 bilhões de m³ de água por ano (40 vezes o volume explorado hoje), segundo estudos da Associação Brasileira de Águas Subterrâneas (ABAS). O uso desta água, porém, é limitado por um problema típico dos poços do interior nordestino; a concentração elevada de sais. Grande parte da região (788 mil km², ou 51% da área total do Nordeste) está situada sobre rochas cristalinas e o contato por longo tempo, no subsolo, entre a água e esse tipo de rocha leva a um processo de salinização. Sem opção, diversas comunidades rurais nordestinas consomem água com salinidade acima do limite recomendado pela OMS, que é de 500 ppm. Nessas comunidades, a única fonte de água é o aqüífero cristalino subterrâneo.

Assim, pode-se afirmar que em algumas regiões brasileiras específicas, em especial no Nordeste e nas grandes metrópoles, também são encontradas situações de estresse ou de escassez. Por exemplo, segundo Porto (2003), a disponibilidade hídrica do Alto Tietê, que abastece a RMSP, era de apenas 201 m³/hab.ano, inferior à disponibilidade no Estado mais seco da região Nordeste (ver Tab. 1.4). Porém, o mais preocupante é que, no seu cálculo, levou-se em conta a população de 18 milhões de habitantes daquela época (por volta de 2000). Hoje, se recalculado com base na estimativa de população atual, de 21 milhões de habitantes em 2015, esse valor cairia para 172 m³/hab.ano, com tendência a diminuir ainda mais à medida que a população vai aumentando. A Tab. 1.5 apresenta a estimativa de demanda de água na RMSP para o ano de 2004, de acordo com o Plano Estadual de Recursos Hídricos (PERH) 2004-2007 (CERH-SP, 2006).

O Conselho Estadual de Recursos Hídricos de São Paulo (CERH-SP) considera que as BHs estão em condições críticas quando a relação entre a demanda e a disponibilidade ultrapassa 50%. Assim, o Alto Tietê estava em condições supercríticas, ou seja, ostentava a pior situação entre todas as 22 BHs do Estado de São Paulo, com uma relação demanda/disponibilidade de 415%, de acordo com os dados da Tab. 1.5. É bom lembrar que a relação demanda/disponibilidade aqui referida é a vazão $Q_{7,10}$, estimada para o Alto Tietê em apenas 20 m³/s. Assim, para suprir a demanda, já são importados, por meio do Sistema Cantareira, cerca de 26 m³/s da bacia do rio Piracicaba.

TAB. 1.5 Estimativa de demanda de água na RMSP para 2004

Água de abastecimento	Água industrial	Água de irrigação	Demanda total
68,50 m³/s	10,93 m³/s	3,59 m³/s	83,02 m³/s
5,92 milhões de m³/dia	0,94 milhão de m³/dia	0,31 milhão de m³/dia	7,17 milhões de m³/dia
2,16 bilhões de m³/ano	0,34 bilhão de m³/ano	0,11 bilhão de m³/ano	2,61 bilhões de m³/ano

Fonte: adaptado de CERH-SP (2006).

Disponibilidade hídrica nas BHs litorâneas

Apresenta-se a seguir a transcrição de um trecho de ANA (2012) em que é mostrada uma visão geral das cinco RHs litorâneas. Algumas delas em breve terão que buscar alternativas, entre as quais a dessalinização de águas salinas e/ou salobras, para suprir as demandas necessárias aos diversos usos. A Fig. 1.1 mostra essas cinco RHs litorâneas.

Região hidrográfica Atlântico Nordeste Ocidental

A RH Atlântico Nordeste Ocidental, identificada na Fig. 1.1 com o número 1, engloba uma área de 274.301 km², cerca de 3% da área do Brasil, que totaliza 8.511.965 km², e abrange o Estado do Maranhão e pequena parcela do Pará. A região circunscreve as sub-bacias dos rios Gurupi, Munim, Mearim e Itapecuru, sendo as desses dois últimos as que possuem maiores áreas.

A população total da região, segundo dados referentes a 2010 do IBGE (2011), é de aproximadamente 6,2 milhões de habitantes, dos quais 61% vivem em áreas urbanas. Sua densidade demográfica média é de 22,8 hab./km².

Na RH Atlântico Nordeste Ocidental, a precipitação média anual é de 1.700 mm, valor bastante próximo da média do País, que é de 1.761 mm. A região apresenta ainda, de acordo com dados levantados até dezembro de 2007, vazão média de 2.608 m³/s, o que corresponde a 1,5% da vazão média brasileira. Porém, sua disponibilidade hídrica é de 320,4 m³/s (0,4% do montante nacional), e a vazão específica da região, de 9,5 L/s.km², considerada baixa quando comparada com o valor nacional de 20,9 L/s.km². Não há reservação de água nessa região.

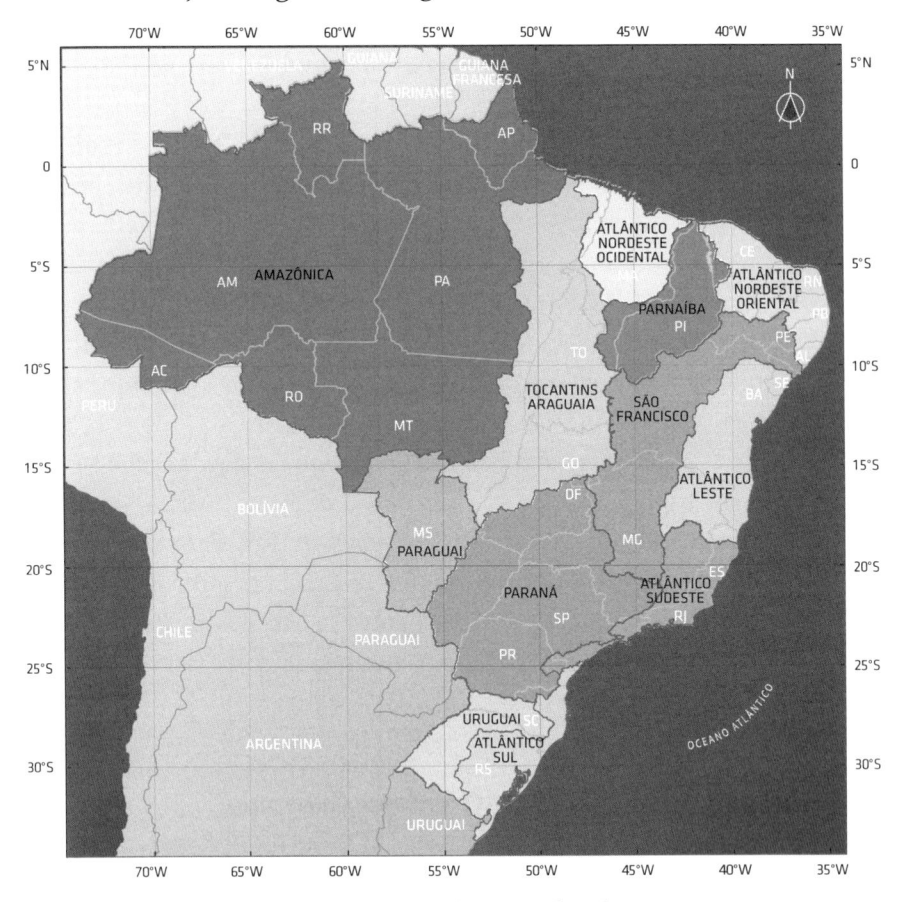

FIG. 1.1 *Mapa de localização das cinco RHs litorâneas brasileiras*
Fonte: ANA (2012).

A demanda de água total na região é baixa, igual a 23,7 m³/s de vazão de retirada, de acordo com uma estimativa feita em 2010, o que representa apenas 0,9% de sua vazão média.

A RH Atlântico Nordeste Ocidental caracteriza-se pelo fato de o uso urbano ser preponderante em relação aos demais, chegando a quase 50% de toda a demanda na região. Destaca-se a Região Metropolitana (RM) de São Luís, capital do Maranhão, como uma das principais responsáveis por essa demanda.

A demanda urbana total é de 11,2 m³/s, o que corresponde a 48% do total de demandas da região. Em seguida vem a demanda animal, com 4,3 m³/s (18%), e a demanda para fins de irrigação, com 3,6 m³/s (15%). A demanda rural da região é de 2,8 m³/s (12%), e a industrial, de 1,7 m³/s (7%).

A análise da distribuição espacial das demandas revela que os maiores valores de vazão de retirada localizam-se nas microbacias situadas na cidade de São Luís e em suas proximidades, onde há o predomínio do uso urbano e industrial.

A área irrigada da RH Atlântico Nordeste Ocidental, tomando como referência o ano de 2010, é de 36.931 hectares, apenas 0,7% da área irrigada no Brasil, que é de 5,4 milhões de hectares. Não há usinas hidrelétricas instaladas na região, de acordo com o levantamento de dezembro de 2011.

De modo geral, a RH Atlântico Nordeste Ocidental possui situação bastante confortável no que se refere à relação demanda total/disponibilidade hídrica, sendo 68% das extensões de seus principais rios analisados classificadas como excelentes (45%) e confortáveis (23%).

Essa RH em geral apresenta boa qualidade em seus principais rios em relação à carga orgânica lançada, tendo 82% de seus trechos analisados qualidade ótima e 2% qualidade boa. Por sua vez, 16% das extensões dos rios foram classificadas como tendo qualidade razoável, ruim ou péssima.

Não há outorgas na região e, além disso, ela não possui Comissões de Bacias Hidrográficas (CBHs) estaduais ou interestaduais, Plano de Bacia Interestadual elaborado nem PERH.

Região hidrográfica Atlântico Nordeste Oriental

A RH Atlântico Nordeste Oriental, identificada na Fig. 1.1 com o número 2, abrange uma área de 286.802 km², equivalente a aproximadamente 3,4% do território brasileiro, e está inserida nos Estados de Piauí, Ceará, Rio Grande do Norte, Paraíba, Pernambuco e Alagoas, abrangendo cinco capitais da região Nordeste brasileira.

Quase a totalidade da área dessa RH pertence à região do Semiárido Nordestino, caracterizada por apresentar períodos críticos de prolongadas estiagens como resultado da baixa pluviosidade e da alta evapotranspiração.

As BHs que compõem a RH Atlântico Nordeste Oriental são pequenas bacias costeiras que se caracterizam por possuir rios de pequena extensão e baixa vazão.

A população total dessa RH, segundo dados referentes a 2010 do IBGE (2011), é de aproximadamente 24,1 milhões de habitantes, sendo 80% da população urbana, a qual vive principalmente nas cinco RMs da região. A densidade populacional dessa RH é alta, com média de 84 hab./km².

De acordo com dados do Inmet (2007 apud ANA, 2012), a precipitação média anual na RH Atlântico Nordeste Oriental é de 1.052 mm, abaixo da média nacional, que é de 1.761 mm. Sua vazão média é de 774 m³/s, o que corresponde a 0,4% da vazão média do País, enquanto sua disponibilidade hídrica, levando em conta a vazão regularizada pelos reservatórios da região, é de 91,5 m³/s (0,1% da média nacional). O volume máximo de reservação *per capita* é da ordem de 1.075 m³/hab.ano.

A demanda total de água nessa RH é de 262 m³/s de vazão de retirada, o que representa 33% de sua vazão média. O uso predominante da água na região é para fins de irrigação. Os principais responsáveis por essa demanda são a zona canavieira em Alagoas e os perímetros irrigados de fruticultura no Ceará.

A demanda de irrigação total é de 161,1 m³/s, 62% da vazão total da região. Em seguida vem a demanda urbana, com 60,8 m³/s (23% da vazão total), e a demanda industrial, com 28,9 m³/s (11% da vazão total). A demanda animal na região é de 5,6 m³/s, e a demanda rural, de 5,5 m³/s, cada qual correspondendo a 2% da vazão total de retirada.

A análise da distribuição espacial das demandas revela que os maiores valores de vazão de retirada estão nas microbacias situadas em áreas de Regiões Metropolitanas. Nota-se uma concentração da demanda nas RMs de Fortaleza, Natal, Recife, Maceió e João Pessoa. Também podem ser destacados os altos valores de demanda para atender a agricultura irrigada nos Estados do Ceará e Alagoas.

A área irrigada estimada da RH Atlântico Nordeste Oriental, tomando como referência o ano de 2010, é de 539.351 hectares, o que corresponde a 10% dos 5,4 milhões de hectares irrigados no Brasil. Destacam-se a zona canavieira em Alagoas e os perímetros irrigados para fruticultura no Estado do Ceará como as principais áreas de irrigação da região.

O potencial hidrelétrico aproveitado da região é de 21 MW, 0,03% do total instalado do País. As situações mais críticas do Brasil quanto à relação demanda total/disponibilidade hídrica estão localizadas nessa RH, na qual a disponibilidade hídrica é muito baixa. Seus principais rios foram analisados e 93% de suas extensões foram classificadas como em situação crítica ou muito crítica, enquanto outras 7% foram classificadas como em situação preocupante.

Em relação ao lançamento de esgotos domésticos, a região possui 25% da extensão de seus principais rios classificada como com qualidade ruim ou péssima.

A combinação de pouca disponibilidade hídrica e baixos índices de coleta e tratamento de esgoto contribui com a baixa qualidade dos rios da região.

O total de vazão outorgado pela ANA nessa RH é, segundo dados de 2011, de 60,14 m³/s, 3,7% do total outorgado no País. A principal finalidade de uso é a irrigação, que representa 52% do total outorgado na RH.

A região possui 26 CBHs estaduais (dez no Ceará, três no Rio Grande do Norte, três na Paraíba, seis em Pernambuco e quatro em Alagoas) e uma CBH interestadual (CBH da Bacia do Piranhas-Açu).

A região não possui Plano de Bacia Interestadual elaborado. Em 2011, o Plano de Bacia do Rio Piranhas-Açú encontrava-se em processo de contratação. Entretanto, destaca-se que todos os Estados da região já têm PERHs elaborados.

Região hidrográfica Atlântico Leste

A RH Atlântico Leste, identificada na Fig. 1.1 com o número 3, abrange uma área de 388.160 km², equivalente a 3,9% do território brasileiro, e engloba Bahia, Minas Gerais, Sergipe e Espírito Santo.

A região é constituída de bacias costeiras caracterizadas pela pequena extensão e vazão de seus corpos d'água. Sua população total, segundo dados referentes a 2010 do IBGE (2011), é de aproximadamente 15,1 milhões de habitantes, sendo a população urbana 75% desse total. Destacam-se como centros urbanos as RMs de Salvador e Aracaju. A densidade populacional média nessa RH é de 38,82 hab./km².

Grande parte da RH Atlântico Leste está situada na região do Semiárido Nordestino, caracterizada por apresentar períodos críticos de prolongadas estiagens como resultado de baixa pluviosidade e de alta evapotranspiração. Segundo dados do Inmet (2007 apud ANA, 2012), a precipitação média anual dessa RH é de 1.018 mm, abaixo da média nacional, que é de 1.761 mm.

Sua vazão média é de 1.484 m³/s, 0,8% da vazão média no País, enquanto sua disponibilidade hídrica, levando em conta a vazão regularizada pelos reservatórios da região, é de 305 m³/s, 3,3% da disponibilidade nacional.

O volume máximo de reservação *per capita* é de 939 m³/hab.ano, valor muito inferior ao estimado para o País (3.596 m³/hab.ano).

A demanda total na região é de 112,3 m³/s (vazão de retirada em 2010), cerca de 5% de sua vazão média, e a soma das vazões de retirada para irrigação e abastecimento urbano totaliza quase 80% de toda a sua demanda.

A demanda de irrigação é de 52,7 m³/s, 47% do total da demanda da região. Em seguida vem a demanda urbana, com 34,8 m³/s (31%), e a demanda industrial, com 10,7 m³/s (10%). A demanda animal da região é de 9,5 m³/s (8%), e a rural, de 4,6 m³/s (4%).

A análise da distribuição espacial das demandas revela que os maiores valores de vazão de retirada estão nas microbacias situadas próximo à RM de Salvador, devido à elevada concentração populacional e ao alto desenvolvimento das atividades industriais.

A área irrigada da RH Atlântico Leste, tomando como referência o ano de 2010, é de 304.831 hectares, o que corresponde a 5,7% dos 5,4 milhões de hectares irrigados no Brasil. A demanda por irrigação se concentra em Minas Gerais, mais precisamente na bacia do rio Mogi-Guaçu (afluente do rio Grande), no Estado de Goiás, na RM de Goiânia e no Distrito Federal.

O potencial hidrelétrico instalado da região é de apenas 1.128 MW, pouco mais de 1% do total instalado do País. As usinas hidrelétricas instaladas na região são Itapebi, com 450 MW, Irapé, com 360 MW, Pedra do Cavalo, com 160 MW, e Santa Clara, com 60 MW.

Os principais trechos de rios dessa RH foram analisados quanto à relação demanda total/disponibilidade e 69% da extensão dos rios foi classificada como em situação preocupante, crítica ou muito crítica, enquanto apenas 31% foi classificada como em situação excelente ou confortável.

Algumas bacias da RH Atlântico Leste apresentam dificuldades no atendimento das demandas e estão em situação pelo menos preocupante, como os rios Vaza-Barris, Itapicuru e Paraguaçu. Em relação à carga orgânica lançada, a região apresenta 9% de seus trechos analisados como com qualidade razoável e 16% como ruim ou péssima.

O total de vazão outorgada pela ANA nessa RH é, segundo dados de 2011, de 66,84 m³/s, 4,1% do total outorgado no País. A principal finalidade de uso é o abastecimento urbano, que representa 41% do total outorgado.

A região possui 14 CBHs estaduais e nenhuma interestadual. Destaca-se a criação, em 2011, da CBH dos afluentes dos rios São Mateus Braço Norte e Braço Sul. Com relação aos planos de recursos hídricos, não há na região Plano de Bacia Interestadual elaborado. Quanto aos planos estaduais, Bahia, Minas Gerais e Sergipe já possuem seus planos elaborados.

Região hidrográfica Atlântico Sudeste

A RH Atlântico Sudeste, identificada na Fig. 1.1 com o número 4, abrange uma área de 214.629 km² (2,5% do País), nos Estados de Minas Gerais, Espírito Santo, Rio de Janeiro, São Paulo e Paraná.

Os seus principais rios são o Paraíba do Sul e o rio Doce, com 1.150 km e 853 km de extensão, respectivamente. Além desses, essa RH é constituída por diversos e pouco extensos rios que formam as bacias conjugadas dos rios Itapemirim, Fluminense e Paulista.

A região possui expressiva relevância nacional devido ao elevado contingente populacional e à importância econômica atrelada ao grande e diversificado parque industrial instalado. Constitui-se, assim, em uma das mais desenvolvidas áreas do País, mas com grande potencial de conflitos no que se refere ao uso dos recursos hídricos, pois, ao mesmo tempo que apresenta uma das maiores demandas hídricas nacionais, possui também uma das menores disponibilidades relativas.

A população total da região, segundo dados referentes a 2010 do IBGE (2011), é de aproximadamente 28,2 milhões de habitantes, sendo 92% urbana. A densidade demográfica da região é bem alta, chegando a 131,6 hab./km², seis vezes maior que a média brasileira, que é de 22,4 hab./km².

De acordo com dados do Inmet (2007 apud ANA, 2012), sua precipitação média anual é de 1.401 mm, menor que a média nacional, de 1.761 mm. Já sua vazão média é de 3.162 m³/s, o que corresponde a 1,8% da vazão média no País, enquanto sua disponibilidade hídrica é de 1.109 m³/s, 1,2% do valor nacional. O volume máximo de reservação *per capita* dessa região é de 359 m³/hab., muito inferior ao do País, de 3.596 m³/hab.

A demanda total na região é de 213,7 m³/s (vazão de retirada em 2010), com predomínio dos usos industrial, urbano e em irrigação, que chegam a totalizar mais de 95% da demanda total. Destacam-se as RMs do Rio de Janeiro e Vitória, onde há grande concentração populacional e elevado desenvolvimento econômico em função da grande concentração de indústrias.

Os valores de vazão de retirada da região são, para o uso urbano, 104,2 m³/s, para irrigação, 57,4 m³/s, e para o uso industrial, 43,1 m³/s, que representam, respectivamente, 49%, 27% e 20% da demanda total. A análise da distribuição espacial das demandas revela que os maiores valores de vazão de retirada estão nas microbacias situadas em áreas de RMs. Nota-se uma concentração da demanda nas RMs do Rio de Janeiro e de Vitória.

A área irrigada dessa RH, tomando como referência o ano de 2010, é de 359.083 hectares, o que corresponde a 6,7% dos 5,4 milhões de hectares irrigados no Brasil.

Tais áreas concentram-se mais no norte do Estado do Rio de Janeiro e no Espírito Santo. Verifica-se uma concentração da demanda para irrigação na bacia do rio Doce, nos Estados de Minas Gerais e Espírito Santo.

O potencial hidrelétrico aproveitado na região é, segundo dados de 2011, de 3.305 MW, 6,4% do total instalado do País. Suas principais usinas hidrelétricas são Henry Borden, com 888 MW; Nilo Peçanha, com 380 MW; Aimorés, com 330 MW; Parigot de Souza (Capivari-Cachoeira), com 260 MW; Funil, com 222 MW; Mascarenhas, com 131 MW; Paraibuna, com 85 MW; Sá Carvalho, com 78 MW; e Porto Estrela, com 112 MW. Destaca-se a instalação de dois novos aproveitamentos hidrelétricos em 2010 (Baguari, no rio Doce, e Barra do Braúna, no rio Pomba, ambos em Minas Gerais).

Os principais rios dessa RH foram analisados quanto à demanda total/disponibilidade e 55% das extensões dos rios analisados foram classificadas como em situação excelente e 17% como confortável, enquanto 28% foram classificadas como em situação preocupante, crítica ou muito crítica. Entre as BHs da região que apresentam situações críticas estão as dos rios Paraíba do Sul, Pomba, Muriaé, Guandu e rios que desembocam na baía de Guanabara.

A RH Atlântico Sudeste, em relação à carga orgânica lançada, possui 68% das extensões de seus rios classificadas como com qualidade ótima e 6% como boa. Por sua vez, 26% foram classificadas como com qualidade razoável, ruim ou péssima.

O total de vazão outorgada pela ANA nessa RH é, segundo dados de 2011, de 90,08 m^3/s, 5,5 % do total outorgado no País. A principal finalidade de uso é o industrial, que representa 74% do total outorgado.

A região possui 27 CBHs estaduais (nove no Espírito Santo, oito em Minas Gerais, sete no Rio de Janeiro e três em São Paulo) e três CBHs interestaduais (Rio Doce, Paraíba do Sul e Pomba-Muriaé, que, apesar de criada em 2001, ainda não está em funcionamento). A atuação de gestão nessas bacias tem se dado no âmbito do Comitê de Integração do Rio Paraíba do Sul, visto que as bacias dos rios Pomba e Muriaé estão contidas nessa bacia. A região possui dois Planos de Bacias Interestaduais: o Plano de Recursos Hídricos da Bacia Hidrográfica do Rio Paraíba do Sul, concluído em 2007, e o Plano Integrado de Recursos Hídricos da Bacia Hidrográfica do Rio Doce, concluído em 2010. Os Estados de Minas Gerais, Paraná e São Paulo já possuem seus PERHs elaborados.

Região hidrográfica Atlântico Sul

A RH Atlântico Sul, identificada na Fig. 1.1 com o número 5, abrange uma área de 187.552 km² (2,2% do País). A região se inicia, ao norte, próximo à divisa dos Estados de São Paulo e Paraná e se estende até o arroio Chuí, ao sul, abrangendo São Paulo, Paraná, Santa Catarina e Rio Grande do Sul.

Possui grande importância no País por abrigar um expressivo contingente populacional, pelo desenvolvimento econômico da região e por sua importância para o turismo. A população total da região, segundo dados referentes a 2010 do IBGE (2011), é de aproximadamente 13,4 milhões de habitantes, sendo 88% urbana. A densidade populacional é bastante alta, chegando a 71,4 hab./km².

De acordo com dados do Inmet (2007 apud ANA, 2012), a precipitação média anual na RH Atlântico Sul é de 1.644 mm, pouco abaixo da média brasileira, de 1.761 mm. Sua vazão média anual, segundo levantamento de dezembro de 2007, é de 4.055 m³/s, o que representa 3% da produção hídrica nacional.

Sua disponibilidade hídrica é de 647,4 m³/s, 0,7% do total brasileiro, e seu volume máximo de reservação *per capita* é da ordem de 11.284 m³/hab., valor muito superior ao do País, de 3.596 m³/hab.

A demanda total na região estimada para 2010 é de 295,4 m³/s de vazão de retirada, 7,2% de sua vazão média. É a segunda RH do País em vazão de retirada (12% do total do Brasil), atrás apenas da RH do Paraná.

A RH Atlântico Sul caracteriza-se por um predomínio claro das vazões de retirada para irrigação em relação aos demais usos, chegando a 66% da demanda total de água (196,1 m³/s), sendo um dos principais responsáveis por isso a grande demanda para irrigação por inundação (arroz inundado) que ocorre na porção sul da região. A área irrigada total dessa RH, tomando como referência o ano de 2010, é de 714.112 hectares, 13,3% do total nacional. É a segunda RH do País em área irrigada, atrás somente da RH do Paraná.

A demanda industrial é de 54,4 m³/s (18% da demanda total), e a demanda urbana é de 36,1 m³/s (12%). As menores demandas são a animal, com 6,9 m³/s (2%), e a rural, com 2,1 m³/s (1%). Por sua vez, o potencial hidrelétrico aproveitado da região, de acordo com dados de dezembro de 2011, é de 2.067 MW, o que representa 2,5% do total instalado do País.

A RH do Atlântico Sul apresenta situações pouco confortáveis quanto ao balanço demanda total/disponibilidade hídrica. Cerca de 46% da extensão dos rios analisados foi classificada como em situação crítica ou muito crítica e 12% como em situação preocupante, enquanto 42% foi classificada como em situação excelente ou boa.

Segundo dados de 2007, a análise da qualidade da água dos principais rios da região em relação à carga orgânica lançada apresentou os seguintes resultados: 75% da extensão dos rios apresentou qualidade ótima, e 6%, boa. Por sua vez, 11% estão com qualidade razoável, e 8%, com qualidade ruim e péssima.

O total de vazão outorgada pela ANA na RH Atlântico Sul é, segundo dados de 2011, de 150,63 m³/s, 9,2% do total outorgado no País. A principal finalidade de uso é a irrigação, que representa quase 100% do total outorgado na região. Há 22 CBHs estaduais e nenhuma CBH interestadual. Com relação aos planos de recursos hídricos, não há Plano de Bacia Interestadual elaborado na região. No que diz respeito aos planos estaduais, destaca-se o plano do Rio Grande do Sul, que está em processo de elaboração. Os Estados de Minas Gerais e São Paulo já possuem seus planos estaduais.

Visão geral das cinco regiões hidrográficas litorâneas

Juntando as informações anteriores, extraídas de ANA (2012), as cinco RHs litorâneas possuem, juntas, uma área de 1.351.444 km², o que corresponde a 15,88% da área total do território nacional, de 8.511.965 km². Abrangem parcelas dos Estados do Pará, Maranhão, Piauí, Ceará, Rio Grande do Norte, Paraíba, Pernambuco, Alagoas, Sergipe, Bahia, Minas Gerais, Espírito Santo, Rio de Janeiro, São Paulo, Paraná, Santa Catarina e Rio Grande do Sul. Minas Gerais, apesar de ter parte do seu território inserido em bacias litorâneas, não é um Estado litorâneo.

A população dessas cinco regiões totaliza 87 milhões, segundo o censo de 2010, o que corresponde a 45,6% da população total do País, que, nesse mesmo censo, era de 190.732.694. A Tab. 1.6 resume as informações sobre as cinco RHs litorâneas brasileiras.

Em termos de DHPC, percebe-se que as RHs do Atlântico Nordeste Oriental são as mais críticas, com 120 m³/hab.ano (em condições de escassez de água e na faixa dos países mais pobres em água), e do Atlântico Leste, com 637 m³/hab.ano (na faixa de estresse de água). Como já dito, de acordo com a classificação de Falkenmark (1986), uma DHPC menor que 1.000 m³/hab.ano pode ser classificada como uma condição de estresse de água, enquanto uma DHPC menor que 500 m³/hab.ano configura uma situação de escassez de água.

TAB. 1.6 Resumo geral das principais características das cinco RHs litorâneas brasileiras

Região hidrográfica	Abrangência (Estados)	Área (km²)	População (hab.)	QREG (m³/s)	DHPC anual (m³/hab.ano)
1 Atlântico Nordeste Ocidental	Maranhão e pequena parcela do Pará	274.301	6.200.000	320,4	1.630
2 Atlântico Nordeste Oriental	Piauí, Ceará, Rio Grande do Norte, Paraíba, Pernambuco e Alagoas	286.802	24.100.000	91,5	120
3 Atlântico Leste	Bahia, Minas Gerais, Sergipe e Espírito Santo	388.160	15.100.000	305,0	637
4 Atlântico Sudeste	Minas Gerais, Espírito Santo, Rio de Janeiro, São Paulo e Paraná	214.629	28.200.000	1.109	1.240
5 Atlântico Sul	São Paulo, Paraná, Santa Catarina e Rio Grande do Sul	187.552	13.400.000	647,4	1.524
Total		1.351.444	87.000.000	-	-

Observação:
Q_{REG} = vazão regularizada (leva em conta a influência dos reservatórios existentes).
Fonte: adaptado de ANA (2012).

A RH do Atlântico Sudeste, apesar de a DHPC estar hoje ainda acima de 1.000 m³/hab.ano, pode se tornar problemática ao longo das próximas décadas em função de seu alto crescimento demográfico e do alto nível de população flutuante decorrente do turismo.

1.4 Aspectos gerais sobre os processos de dessalinização

1.4.1 Breve histórico

O ato de coletar o vapor oriundo de águas salgadas, resfriá-lo e usá-lo para saciar a sede é provavelmente tão antigo quanto a Humanidade. É também um fenômeno natural que faz parte do ciclo hidrológico, uma vez que a água doce presente no planeta, em seu maior percentual, tem origem na evaporação da água salgada dos mares e oceanos, que depois cai sobre toda a Terra na forma de precipitação atmosférica – chuva, neve, granizo etc. – e é responsável pela reposição da água doce nos rios, lagos e aquíferos subterrâneos.

Os gregos antigos já diziam ter usado a evaporação da água do mar para obter água potável. Alega-se que a primeira planta de dessalinização nos Estados Unidos, que transformava a água do mar em água potável, foi instalada em Fort Zachary Taylor, em Key West, na Flórida, em 1861 (Ehrenman, 2004 apud FWR, 2011). Porém, de acordo com esse autor, o uso de tecnologia moderna para a dessalinização data provavelmente do início do século XX.

Ainda segundo a FWR (2011), em 1914 foi encomendada a primeira planta de dessalinização no Kuwait, que, como foi visto, é um dos países mais pobres em recursos hídricos. Uma planta de destilação foi instalada no HMS Vanguard em 1945 e, ao longo dos anos 1950 e 1960, um grande número de usinas de dessalinização, que utilizavam principalmente as tecnologias de destilação, foram instaladas em todo o mundo, tanto para irrigação quanto para abastecimento de água potável, sendo em sua maioria projetadas e instaladas por empresas britânicas.

A primeira usina comercial de dessalinização utilizando a tecnologia da eletrodiálise (ED) foi instalada na Arábia Saudita em 1954 (McRae, 2000 apud FWR, 2011). Apesar de, já no início da década de 1960, a osmose reversa (OR) ter sido reconhecida como uma potencial tecnologia para utilização na dessalinização de águas e de terem sido instaladas algumas plantas desse tipo ao final dessa mesma década, passaram-se muitos anos até que as membranas apresentassem qualidade suficiente e custo apropriado para que pudessem competir com os processos térmicos de destilação, o que ocorreu a partir da década de 1980.

Relatórios internos da estação de dessalinização Wangnick Survey (2002 apud USBR, 2003) dão conta de que nos Estados Unidos, até aquela data, havia uma capacidade total instalada de dessalinização de mais de 3,8 milhões de metros cúbicos diários, e as várias tecnologias de membranas respondiam por 91% das instalações.

Apresenta-se a seguir um pequeno histórico da dessalinização (Dessalinização..., s.d.):
- Em 1928, foi instalada em Curaçao uma usina de dessalinização que utilizava o processo de destilação, com uma produção de 50 m^3/dia de água potável.

- Nos Estados Unidos, as primeiras iniciativas para o aproveitamento mais efetivo da água do mar datam de 1952, quando o Congresso aprovou a Lei Pública nº. 448, cuja finalidade era criar meios que permitissem reduzir o custo da dessalinização da água do mar. O Congresso designou a Secretaria do Interior para fazer cumprir a lei, daí resultando a criação do Departamento de Águas Salgadas.
- O Chile foi um dos países pioneiros na utilização da destilação solar, construindo o seu primeiro destilador em 1961.
- Em 1964, entrou em funcionamento um destilador solar em Syni, ilha grega do mar Egeu, considerado o maior da época, destinado a abastecer com água potável a sua população de 30.000 habitantes.
- A Grã-Bretanha, em 1965, já produzia 74% da água doce obtida por dessalinização no mundo, num total aproximado de 190.000 m³/dia.
- No Brasil, as primeiras experiências com destilação solar foram realizadas em 1970, sob os auspícios do Instituto Tecnológico de Aeronáutica (ITA).
- Em 1971, as instalações de Curaçao foram ampliadas para produzir 20.000 m³/dia.
- Em 1987, a Petrobras iniciou seu programa de dessalinização de água do mar por meio do processo OR para atender às suas plataformas marítimas. Esse processo foi usado pioneiramente no Brasil, em terras baianas, para dessalinizar a água salobra nos povoados de Olho D'Água das Moças, no município de Feira de Santana, e Malhador, no município de Ipiara.

Também no Brasil, na ilha de Fernando de Noronha, em 1999, foi instalada uma usina de dessalinização de água do mar por OR, com capacidade para 16 m³/h. Em 2004, houve uma ampliação para 24 m³/h, em 2006, para 36 m³/h, e em 2011, para 54,2 m³/h (Suriani; Prado, 2011).

Ainda há relatos de instalações de dessalinização de água salobra por OR, porém de pequeno porte, em diversos municípios do Nordeste brasileiro. Em 2004, conforme dados da Associação dos Geógrafos Brasileiros (AGB, 2006), mais de três mil instalações desse tipo estavam implantadas no semiárido nordestino. O Governo Federal, com a criação do Programa Água Doce, do Ministério do Meio Ambiente, sinalizou que pretende ampliar esse número, indicando ainda a intenção de recuperar os equipamentos atualmente parados por falta de manutenção e mau uso (AGB, 2006).

Em junho de 2010, Israel inaugurou a sua terceira usina de dessalinização, no norte da cidade de Hadera. Há a expectativa de que essa usina, que capta água do mar Mediterrâneo, produza cerca de 348.000 m³/dia, o suficiente para abastecer um sexto da população israelense. Quase meio bilhão de dólares foi gasto nela (Israel..., 2010).

Em abril de 2013, a Dubai Electricity and Water Authority (Dewa, 2013), dos Emirados Árabes Unidos, inaugurou uma nova instalação no complexo de Jebel Ali (a chamada Estação M), na cidade de Dubai, que pode produzir cerca de 636.400 m³/dia de água potável. A capacidade atual de dessalinização de água é de aproximadamente 2.136.000 m³/dia, produção que é capaz de atender 10.680.000 habitantes (Dewa, 2013).

1.4.2 Custo de produção de água obtida por dessalinização

Na Tab. 1.7 são apresentados os custos de dessalinização reportados por pesquisadores de diversos países.

Como se pode observar nessa tabela, o custo do metro cúbico de água potável produzida por dessalinização é bastante variável. Vários fatores contribuem para essa variação, incluindo o tipo de processo utilizado, o custo da energia na região e a capacidade volumétrica de produção. Sabe-se que normalmente o custo de produção fica menor à medida que se aumenta a capacidade de produção da usina (economia de escala).

Os dados apresentados na Tab. 1.7 mostram que o custo varia de US$ 0,45/m³, em Singapura, até US$ 1,48/m³, nas Bahamas, estando o custo médio em torno de US$ 0,78/m³.

Para fins comparativos apresentam-se, na Tab. 1.8, as tarifas cobradas da população da RMSP a partir de 11 de setembro de 2011 (Sabesp, 2011), tendo os valores sido convertidos com base no valor médio do dólar comercial norte-americano em 28 de janeiro de 2013, quando US$ 1,00 valia aproximadamente R$ 2,00.

O valor médio em dólares da água obtida por dessalinização (US$ 0,76/m³) é menor que o cobrado pela Sabesp, de US$ 1,19/m³ para o consumidor residencial normal e para a faixa de consumo de 11 m³ a 20 m³. Para o consumidor comercial e industrial, na mesma faixa de consumo esse valor é de US$ 2,96/m³.

Assim, apesar de os valores apresentados na Tab. 1.7 não serem atuais, numa primeira avaliação pode-se concluir que possivelmente seria viável a produção de água potável por dessalinização no Brasil, pelo menos para atender as regiões mais críticas em termos de DHPC e que se situem à beira-mar ou para possibilitar o uso de águas salobras continentais.

TAB. 1.7 Custo da água dessalinizada em US$/m³ em várias usinas do mundo

Usina e localização	US$/m³	Operando?	Ano	Fonte e data da pesquisa
Ashkelon (Israel)	0,54	Sim	2002	EDS (2004), Segal (2004), Zhou e Tol (2005)
Ashkelon (Israel)	0,53	Sim	2003	NAS (2004)
Ashkelon (Israel)	0,55	Sim	2004	Wilf e Bartels (2005)
Ashkelon (Israel)	0,62	Sim	2005	Red Herring (2005), Semiat (2000, 2006)
Ashkelon (Israel)	0,53	Sim	2006	Black... (2006)
Bahamas	1,48	Sim	2003	NAS (2004)
Carlsbad, Califórnia (EUA) (Poseidon)	0,77	Sim	2005	Gallagher (2005)
Dhekelia (Chipre)	1,09	Sim	1996	Segal (2004)
Dhekelia (Chipre)	1,43	Sim	2003	NAS (2004)
Eilat (Israel)	0,74	Sim	1997	Wilf e Bartels (2005)
Hamma (Argélia)	0,84	Sim	2003	EDS (2004), Segal (2004), Zhou e Tol (2005)
Lamaca (Chipre)	0,75	Sim	2000	Segal (2004)
Lamaca (Chipre)	0,85	Sim	2003	NAS (2004)
Lamaca (Chipre)	0,85	Sim	2001	Wilf e Bartels (2005)
Moss Landing, Califórnia (EUA)	1,28	Sim	2005	MPWMD (2005)
Moss Landing, Califórnia (EUA)	0,96	Sim	2005	MPWMD (2005)
Perth (Austrália)	0,92	Sim	2005	WT (2006)
Singapura	0,46	Sim	2002	Segal (2004)
Singapura	0,45	Sim	2003	NAS (2004)
Singapura	0,49	Sim	2006	Black... (2006)
Tampa Bay, Flórida (EUA)	0,55	Não	2003	Segal (2004)
Tampa Bay, Flórida (EUA)	0,58	Sim	2003	Wilf e Bartels (2005)
Tampa Bay, Flórida (EUA)	0,66	Sim	2004	Arroyo (2004)
Trinidad	0,73	Sim	2004	Segal (2004)
Trinidad	0,74	Sim	2003	NAS (2004)
Média	**0,78**			

Algumas informações extraoficiais dão conta de que o preço cobrado internamente (das unidades de produção para as unidades de distribuição da própria Sabesp) é de R$ 1,50/m³ ou US$ 0,75/m³ e que o custo de produção em Guaraú (sistema Cantareira) é de R$ 0,50/m³ ou US$ 0,25/m³.

TAB. 1.8 Tarifas de consumo de água na RMSP

Para consumo residencial normal	
Consumo de 0 a 10 m³/mês	R$ 15,16/mês = US$ 7,58/mês
Consumo de 11 a 20 m³/mês	R$ 2,37/m³ = US$ 1,19/m³
Consumo de 21 a 50 m³/mês	R$ 5,92/m³ = US$ 2,96/m³
Consumo acima de 50 m³/mês	R$ 6,52/m³ = US$ 3,26/m³
Para consumo comercial e industrial	
Consumo de 0 a 10 m³/mês	R$ 30,43/mês = US$ 15,22/mês
Consumo de 11 a 20 m³/mês	R$ 5,92/m³ = US$ 2,96/m³
Consumo de 21 a 50 m³/mês	R$ 11,35/m³ = US$ 5,68/m³
Consumo acima de 50 m³/mês	R$ 11,82/m³ = US$ 5,91/m³

Fonte: dados de Sabesp (2011).

Finalmente, é bom deixar claro que o problema da crescente demanda por água e sua consequente escassez também pode ser abordado de outras maneiras, entre as quais é possível citar:

- programas de redução de perdas e desperdícios de água durante a distribuição e utilização;
- campanhas e ações para o aumento do reúso de água por usuários domésticos e industriais;
- melhoria da eficiência do uso doméstico da água (por exemplo, diminuindo a vazão nos dispositivos instalados nas pias e nos banheiros);
- conscientização da população com relação à necessidade de usar racionalmente a água, por meio de medidas como evitar lavar carros nas garagens, acumular e usar água de chuva para irrigação de hortas e jardins e diminuir a duração dos banhos;
- evitar, nos projetos de edifícios, o aquecimento central (nessa modalidade de aquecimento, normalmente sempre haverá, até que a água esquente, um grande desperdício de água);
- transferência de água das regiões ricas em recursos hídricos para áreas que deles têm necessidade.

Esgotadas essas medidas, percebe-se que vários países buscaram solucionar o *deficit* hídrico nos mananciais por meio do desenvolvimento e da utilização de outras soluções tecnológicas para obter água potável. Uma delas é feita a partir de fontes salinas, pela redução do teor de sais da água salobra ou da água do mar, transformando-as em água potável. Esse processo é comumente chamado de *dessalinização* e é objeto dos estudos apresentados neste livro.

Pode-se concluir, considerando todo o panorama anteriormente exposto e partindo do princípio de que a maior parte das grandes cidades brasileiras (entre elas 11 capitais de Estado) está situada na região litorânea, que o crescimento populacional, num futuro próximo, pode vir a determinar a necessidade de dessalinização de águas salobras e salinas como forma de complementar os volumes hoje produzidos por meio de outros mananciais de água doce.

Tanto as autoridades quanto a comunidade técnico-científica deveriam começar a se preparar para essa realidade, começando, por exemplo, pela instalação de estações-piloto, visando elaborar estudos e, consequentemente, aprender mais sobre esse importante assunto.

2 | Processos de dessalinização

Salvo indicação expressa, os itens referentes aos processos usuais de dessalinização aqui apresentados foram adaptados de USBR (2003).

Hoje, em nível comercial e em se tratando de tecnologias utilizadas nas grandes usinas de dessalinização, existem basicamente duas grandes vertentes: processos de destilação térmica e processos que utilizam membranas, sendo estes últimos cada vez mais utilizados.

Deve-se ressaltar que, independentemente do processo de dessalinização adotado, o objetivo é sempre reduzir a quantidade de substâncias dissolvidas na água bruta para torná-la utilizável. Sabe-se que a água salobra, assim como a água do mar, apresenta sabor bastante desagradável (muito salgado) e pode trazer problemas de saúde, não podendo, em circunstâncias normais, ser ingerida ou utilizada para fins domésticos, como lavar e cozinhar. No entanto, se o teor de sais é reduzido, a água resultante passa a ser adequada para tais usos.

Sabe-se ainda que todas as águas naturais contêm substâncias dissolvidas, como cloreto de sódio, bicarbonato de cálcio e sulfato de magnésio, entre outras. A água desprovida de substâncias dissolvidas também apresenta sabor desagradável (insosso). Assim, na água destinada ao abastecimento público deve sempre haver um equilíbrio entre esses dois extremos. A Tab. 2.1 mostra a palatabilidade da água, em função da concentração de sólidos totais nela dissolvidos, recomendada pela Organização Mundial da Saúde (OMS).

Na Tab. 2.2 é apresentada a classificação da água, em função da concentração de sólidos totais dissolvidos, estabelecida pelo National Research Council (Conselho Nacional de Pesquisa do Reino Unido) (NRC, 2004 apud FWR, 2011).

TAB. 2.1 Palatabilidade da água em função da concentração de sólidos totais dissolvidos

Palatabilidade	Concentração de sólidos dissolvidos
Excelente	Até 300 mg/L
Boa	Entre 300 e 600 mg/L
Razoável	Entre 600 e 900 mg/L
Ruim	Entre 900 e 1.200 mg/L
Inaceitável	Acima de 1.200 mg/L

Fonte: WHO (1984 apud FWR, 2011).

Apesar de a concentração média de sólidos totais dissolvidos (STD) nos oceanos girar em torno de 35.000 mg/L, alguns mares e lagos situados em regiões de alta evaporação podem apresentar concentrações bem maiores que a média. No Golfo Pérsico, por exemplo, a concentração média de STD está em torno de 48.000 mg/L. No Mono Lake (Califórnia, EUA), está em torno de 100.000 mg/L (NRC, 2004 apud FWR, 2011). A salinidade do mar Morto pode atingir 250.000 mg/L, sete vezes maior que a média. Por sua vez, no oceano Ártico a salinidade superficial (até 50 m de profundidade) é bem menor que a média, ficando em torno de 20.000 mg/L, deixando de ser classificada como água salina para ser denominada água altamente salobra (Johnson; Polyakov, 2001 apud FWR, 2011).

TAB. 2.2 Classificação da água em função da concentração de sólidos totais dissolvidos

Classificação	Concentração de sólidos dissolvidos
Água potável	Menos de 1.000 mg/L
Água ligeiramente salobra	Entre 1.000 e 5.000 mg/L
Água moderadamente salobra	Entre 5.000 e 15.000 mg/L
Água altamente salobra	Entre 15.000 e 35.000 mg/L
Concentração média da água do mar	35.000 mg/L

Fonte: NRC (2004 apud FWR, 2011).

A água dessalinizada pode ser usada diretamente, como para a composição de água nas caldeiras das usinas termoelétricas, ou misturada com águas contendo algum percentual de sais e usada como água de abastecimento e irrigação, entre outros usos. A água dessalinizada é mais pura do que os padrões especificados para a água potável, de modo que a água que se destina ao abastecimento público pode ser misturada com outras águas que contenham níveis mais elevados de sólidos totais dissolvidos.

2.1 Arranjos esquemáticos dos processos de dessalinização

Serão abordadas as duas principais tecnologias de dessalinização aplicadas no mundo em grande escala, a destilação térmica e a dessalinização por membranas, além de outros processos menos utilizados. Os esquemas gerais dos processos de dessalinização com água provinda de fontes superficiais e subterrâneas são apresentados, respectivamente, nas Figs. 2.1 e 2.2.

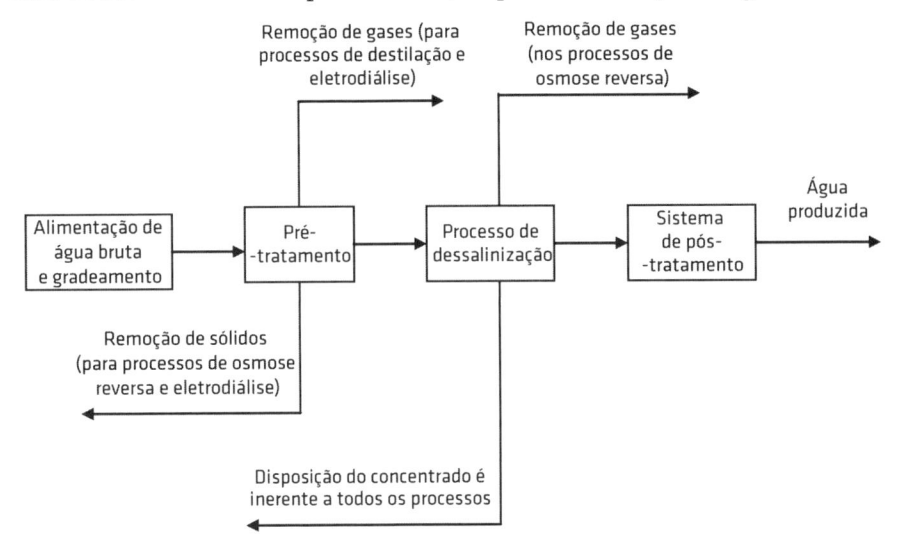

FIG. 2.1 *Arranjo geral esquemático da dessalinização para fontes de água bruta superficiais*
Fonte: adaptado de USBR (2003).

Na Fig. 2.1, a água bruta passa primeiramente por um sistema de gradeamento para remover detritos, sendo então posteriormente bombeada para um pré-tratamento, onde é adequadamente preparada para o processo de dessalinização. O pré-tratamento inerente aos processos de destilação envolve a remoção de gases como o dióxido de carbono (CO_2), se utilizado ácido no pré-tratamento da água de alimentação, e de areia.

O pré-tratamento para o processo OR precisa ser muito mais rigoroso, exigindo a remoção de partículas em suspensão, como matéria coloidal. Esse tipo de remoção requer o uso de ácidos e coagulantes para permitir a utilização de processos de filtração comum e/ou filtração direta em membranas de microfiltração (MF) ou de ultrafiltração (UF). A retrolavagem de filtros resulta na necessidade de fazer a disposição final de sólidos, como ilustra a Fig. 2.2.

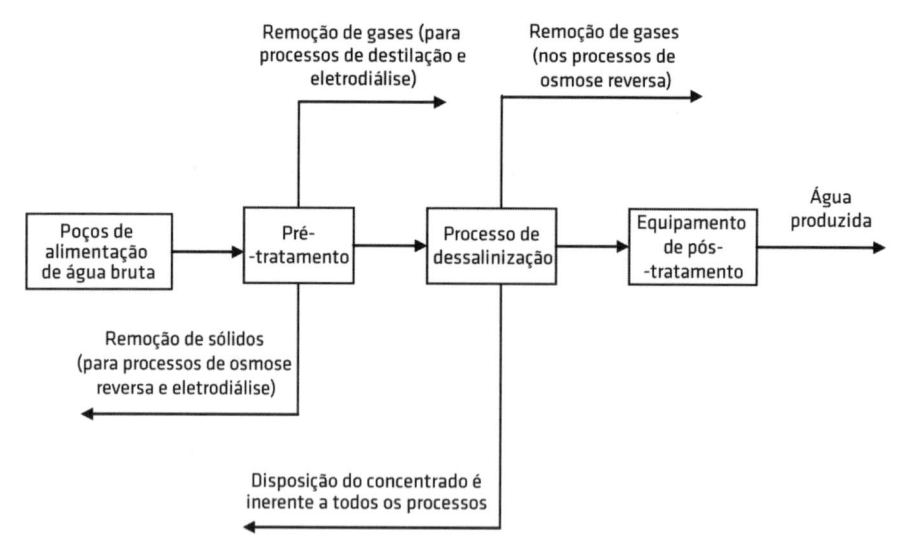

FIG. 2.2 *Arranjo geral esquemático da dessalinização para fontes de água bruta subterrâneas*
Fonte: DSS Consultants (apud USBR, 2003).

Essa figura mostra o processo de dessalinização quando a fonte de água bruta é subterrânea. Nesse caso, o pré-tratamento é minimizado porque a água bruta já vem prefiltrada da fonte subterrânea, ou seja, o pré-tratamento por filtração não é usualmente necessário. Porém, se o tanque de alimentação for aberto, essa operação pode tornar-se necessária.

Após o pré-tratamento, a água bruta, não importa qual seja a fonte de alimentação, é bombeada para o processo de dessalinização, onde é processada. Essa água é convertida em até três fluxos: um de água produzida, outro de concentrado e, às vezes, um fluxo de gás, a depender do processo, sendo que o fluxo de água produzida é a saída principal. Como a água purificada vai sendo removida, resta um fluxo mais concentrado a ser eliminado, comum a todos os processos de dessalinização. Em alguns processos, principalmente os que envolvem a destilação, uma pequena parte da água produzida é utilizada na lavagem de gases. Gases também são gerados nos processos ED. O fluxo de gás, nesse caso, é tratado na fase de pós-tratamento, o que é feito para estabilizar a água, ou seja, torná-la não corrosiva. A água assim tratada está pronta para ser bombeada ao sistema de distribuição.

Qualquer que seja o processo de dessalinização, há sempre consumo de energia. O índice de desempenho é definido como *a massa de água dessalinizada produzida por unidade de energia consumida*. Nas unidades inglesas, é o número de libras de água para cada mil unidades térmicas britânicas (lb/1.000 BTU) de entrada de calor. Em unidades métricas, trata-se do número de quilogramas de água por megajoule ou por kWh (kg/MJ ou kg/kWh).

2.2 Fundamentos dos processos de destilação

A destilação é basicamente um processo de transferência de calor. O problema fundamental da Engenharia, nesse caso, é encontrar maneiras de transferir grandes quantidades de água, vapor e calor da forma mais econômica possível. O processo conceitual básico de destilação é mostrado na Fig. 2.3.

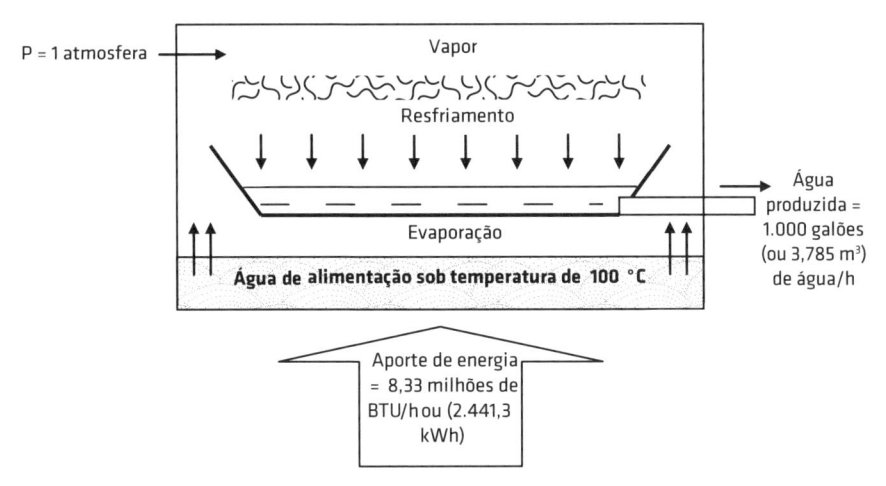

Fig. 2.3 *Esquema conceitual de um processo convencional de destilação*
Fonte: adaptado de USBR (2003).

No processo de destilação, os sólidos dissolvidos e os sais não voláteis permanecem em solução, sendo a água vaporizada quando a solução salina é fervida. A água que se forma quando o vapor de água condensa em uma superfície mais fria é quase pura e fica praticamente livre dos sólidos dissolvidos, os quais permanecem no concentrado.

Ao analisar a Fig. 2.3, pode-se deduzir que é necessário um aporte de energia de 645 kWh para que um processo convencional de destilação possa produzir 1,0 m³/h de água dessalinizada.

Segundo a Aneel (2011), o custo médio, no Brasil, da energia elétrica para o setor industrial varia de região para região. Por exemplo, na região Sudeste era de aproximadamente R$ 0,25/kWh em outubro de 2010. Utilizando esse valor, o custo para produzir 1,00 m³ de água destilada por meio de processo convencional de destilação seria de R$ 161,25/m³ (US$ 80,63/m³), ou seja, aproximadamente R$ 0,16/L, apenas no que se refere ao custo de energia elétrica. Ressalte-se que o custo de energia elétrica para consumo residencial em São Paulo, incluindo impostos (que são variáveis por faixas de consumo), era em média de R$ 0,44/kWh, de modo que, em pequena escala, o custo passava a ser de R$ 283,80/m³ (US$ 137,10/m³), ou cerca de R$ 0,28/L. Ou seja, em qualquer um dos casos, o custo era considerado excessivamente alto.

É claro que ninguém produz água por dessalinização a um custo tão alto. Portanto, mundialmente falando, por essas razões econômicas buscam-se processos que obtenham uma produção maior do que a anteriormente reportada, ou seja, busca-se um menor consumo de energia. Três diferentes processos de destilação foram desenvolvidos com esse objetivo:

- processo *DME* = destilação por múltiplo efeito (em inglês, MED) – ver seção 2.4;
- processo *MEF* = destilação por multiestágio *flash* (em inglês, MSF) – ver seção 2.5;
- processo *DCV* = destilação por compressão de vapor (em inglês, VC) – ver seção 2.6.

2.3 Principais características dos processos de destilação

2.3.1 Temperatura nos processos de destilação

Processos de destilação em altas temperaturas são geralmente mais econômicos. A principal vantagem do aumento da temperatura no processo é ampliar a diferença entre a temperatura máxima de operação e a temperatura da água de alimentação, diferença essa que é a força motriz para que a evaporação ocorra. Ou seja, quanto maior a diferença de temperatura, maior a quantidade de água que pode ser produzida para um determinado tamanho de evaporador. Essa diferença poderia também permitir a utilização de um maior número de estágios *flash*, como ocorre no MEF (ver seção 2.5). Com o uso dessa diferença de temperatura, o resultado é um aumento no desempenho, e, assim, produz-se mais água para uma mesma unidade de energia consumida. Quanto maior o número de fases, maior o custo de capital do processo, embora estas reduzam as exigências de calor.

2.3.2 Incrustação nos processos de destilação

A incrustação é a deposição de materiais sólidos sobre outras superfícies sólidas. Existem três principais substâncias responsáveis pela incrustação em plantas de dessalinização por destilação: o sulfato de cálcio ($CaSO_4$), o hidróxido de magnésio [$(Mg(OH)_2$] e o carbonato de cálcio ($CaCO_3$).

A incrustação é particularmente indesejável quando ocorre sobre uma superfície que deve transferir calor, como um tubo de metal em uma unidade de destilação. Como o material de incrustação tem uma condutibilidade térmica muito mais baixa do que o metal dos tubos, tal ocorrência pode reduzir bastante a eficiência global da transferência de calor.

Geralmente, quando se aumenta a temperatura de uma solução, aumenta-se também a solubilidade dos sais dissolvidos. No entanto, certos sais, como o sulfato de cálcio, apresentam características inversas em termos de solubilidade, ou seja, sua solubilidade diminui com o aumento da temperatura.

A formação de incrustação pelo sulfato de cálcio não pode ser evitada com o pré-tratamento da água de alimentação. Ela só pode ser controlada, limitando-se a temperatura de funcionamento ou a concentração de cálcio e/ou íons sulfato no concentrado. O sulfato de cálcio pode ocorrer em três formas cristalinas, a depender do grau em que o cristal é hidratado: na forma anidro ($CaSO_4$), na forma hemi-hidratada ($CaSO_4 - 0,5H_2O$) e na forma hidratada ($CaSO_4 - 2H_2O$), substância essa também conhecida como gesso. Essas formas têm diferentes solubilidades, como pode ser visto na Fig. 2.4.

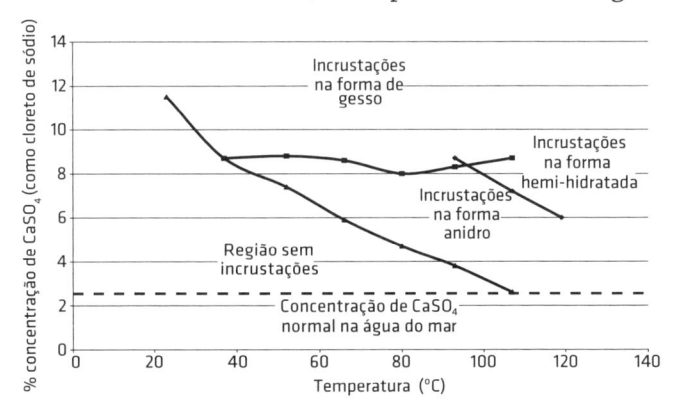

FIG. 2.4 *Solubilidade do sulfato de cálcio*
Fonte: USBR (2003).

A forma cristalina com menor solubilidade para uma determinada temperatura é a que vai provocar a precipitação para aquela temperatura.

Processos de destilação devem ser operados de tal forma que a incrustação (precipitação) não ocorra. Isso define uma concentração máxima de sulfato de cálcio que pode ser tolerada no concentrado.

Como mencionado anteriormente, um aumento na temperatura resultará em um melhor desempenho da destilação. No entanto, esse aumento deve ser realizado no contexto da concentração máxima admissível de sulfato de cálcio no concentrado. Em certa medida, essa concentração máxima pode ser aumentada pela utilização de aditivos. A limitação atual para a dessalinização da água do mar é geralmente de 110 °C com o uso de aditivos e 120 °C para plantas que utilizam tratamento com ácido, com um máximo de concentração de sulfato de cálcio no concentrado de 1,9 vez a da água do mar normal. No entanto, outros fatores, como a concentração máxima de sais no concentrado final para evitar problemas na disposição final desse rejeito, acabam fazendo com que se adotem valores abaixo daquele mencionado.

Cada processo de destilação pode operar em temperaturas máximas e concentrações diferentes, portanto o pré-tratamento para evitar incrustações será diferente de um processo para outro. O fenômeno da incrustação para cada processo de destilação será discutido na seção correspondente a cada um deles.

O carbonato de cálcio e o hidróxido de magnésio, que são alcalinos e levemente incrustantes, podem ser facilmente removidos pela adição de ácido. Assim, um pré-tratamento da água de alimentação por meio do controle do pH, seguido de descarbonatação, pode prevenir a formação de incrustação por hidróxido de magnésio e por carbonato de cálcio, bem como minimizar a frequência de limpeza e remoção das incrustações. Três produtos químicos podem ser adicionados para controlar a formação de incrustações alcalinas:

- *Polifosfatos*: não são produtos perigosos e são fáceis de armazenar e de adicionar à água de reposição. No entanto, decompõem-se e tornam-se ineficazes em temperaturas acima de 90,6 °C. Operações a essa temperatura podem tratar apenas os concentrados que apresentem até 1,8 vez a concentração de água do mar normal. Os polifosfatos podem controlar incrustações causadas tanto por hidróxido de magnésio quanto por carbonato de cálcio.

No entanto, o pré-tratamento com esses produtos produz um lodo de carbonato que é descarregado com o concentrado. Para evitar o acúmulo gradual desse lodo e, assim, minimizar a necessidade de injeção

periódica de ácido, podem ser utilizadas esferas de limpeza *(ball cleaning)* nas superfícies internas das tubulações. Tais esferas, que têm o mesmo diâmetro interno do tubo, são auxiliadas por espumas que removem os acúmulos. Essas bolas são recuperadas e recirculadas.
- *Ácidos*: qualquer ácido pode ser usado, mas o sulfúrico é mais facilmente disponível no mercado e apresenta menor custo que os demais. O tratamento ácido é realizado a uma temperatura máxima de 120 °C. Esse aumento da temperatura melhora o desempenho do processo. O pH da água de alimentação que vai para o evaporador é reduzido para valores próximos de 4,2 para que todo o carbonato seja removido. O dióxido de carbono assim formado é então removido em um descarbonizador. Se não o for, redissolverá nos vasos, transformando-se em ácido carbônico, produto que acelera o processo de corrosão.
- *Polímeros*: alguns polímeros foram desenvolvidos para operar em temperaturas mais altas que os polifosfatos (até 110 °C), e, embora não possam ser utilizados em temperaturas tão elevadas quanto o ácido, apresentam menores problemas de corrosão.

2.3.3 Corrosão nos processos de destilação

Os processos de destilação estão sujeitos à corrosão. Nas tubulações e equipamentos que conduzem a água do mar e o concentrado, os fatores que influenciam tal fenômeno são o pH, a temperatura e altas concentrações de cloro e de oxigênio dissolvido. A água produzida por destilação é também muito agressiva ao metal e ao concreto, sendo o valor do pH, a temperatura e a falta de minerais os fatores que mais influenciam.

A corrosão pode ser minimizada pelo uso de materiais a ela resistentes, como aço inox de alta *performance*, em toda a tubulação de alimentação e de concentrado, com pré-tratamento adequado das câmaras de *flash*, juntamente com a escolha adequada dos demais materiais.

No Cap. 4 são abordados com mais detalhes os aspectos referentes ao pré-tratamento da água de alimentação para evitar problemas como incrustação e corrosão.

2.3.4 Transferência de calor nos processos de destilação

As superfícies de transferência de calor usadas tanto para introduzir o calor para dentro do sistema como para levá-lo para fora representam uma grande despesa. Normalmente, nos processos de multiestágio *flash* (MEF) e destilação por múltiplo efeito (DME) chegam a até 40% dos custos do evaporador, enquanto nos processos de destilação por compressão de vapor (DCV) podem atingir até 35% desses custos.

Os projetos dessas usinas, portanto, têm de equilibrar o custo da superfície do trocador de calor com o custo da energia (a maior parte da energia térmica é para entrada de calor). Nos projetos MEF, a maior parte da superfície de transferência de calor está na recuperação de calor. Nos projetos DCV, a maior parte está no vaso.

A concepção do sistema de ventilação para a remoção de gases não condensáveis é essencial para manter as taxas de transferência de calor dentro dos valores de projeto. Se os gases não condensáveis não forem removidos, cobrirão a superfície do tubo, o que resultará em uma perda de produção de água dessalinizada.

2.3.5 Pós-tratamento nos processos de destilação

As águas produzidas nas usinas de dessalinização por destilação podem conter de 0,5 mg/L até 5,0 mg/L de sólidos totais dissolvidos. Essa baixa concentração de minerais faz com que a qualidade dessa água para abastecimento público seja instável e com grande potencial de corrosão. Por esse motivo, antes que seja colocada no sistema de distribuição a água dessalinizada deve ser estabilizada, aumentando-se a concentração de minerais.

As seguintes diretrizes gerais são usadas nesse processo de estabilização: o valor do pH deverá estar entre 8 e 9; a alcalinidade ao carbonato de cálcio ($CaCO_3$) deve ser $\geq$ 40 mg/L; a dureza (como $CaCO_3$) também deve ser $\geq$ 40 mg/L; e o índice de saturação de Langelier (ISL) deve ser positivo.

O ISL está relacionado com a corrosividade das águas e pode ser calculado pela expressão ISL = pHa – pHc, sendo pHa o valor do pH da água em questão e pHc o pH teórico que a água teria se estivesse em equilíbrio com o carbonato. Os valores do ISL indicam o seguinte:

- ISL > 0, ou seja, pH da água > pHc, indica tendência de precipitação do $CaCO_3$;
- ISL < 0, ou seja, pH da água < pHc, indica tendência de dissolução do $CaCO_3$ na água.

As diretrizes mencionadas podem ser alcançadas pela adição de produtos químicos ou por meio da mistura com uma fonte de água salobra. Em alguns casos, a mistura e a adição de produtos químicos podem ser necessárias.

No Cap. 5 são abordados com mais detalhes os aspectos referentes ao pós-tratamento da água dessalinizada de forma a adequá-la aos padrões de utilização.

2.3.6 Necessidade de energia nos processos de destilação

A quantidade de vapor necessário vai depender do desempenho de cada processo. Os processos MEF e DME são movidos principalmente a vapor, enquanto o DCV requer mais energia no processo de compressão. Os processos de destilação fazem uso de energia térmica a temperaturas e pressões relativamente baixas. Por exemplo, o processo MEF exige que o vapor esteja submetido a pressões variando desde a atmosférica a até 1,76 kgf/cm^2 (aprox. 0,173 MPa ou 25 psi).

O processo DME pode usar vapor com pressões negativas (abaixo da pressão atmosférica) a até 1,76 kgf/cm^2 (aprox. 0,173 MPa ou 25 psi), e o processo de destilação por termocompressão do vapor (DTCV) exige vapor com pressões mínimas de 5,27 kgf/cm^2 (aprox. 0,517 MPa ou 75 psi).

Torna-se, então, mais econômica a coprodução, ou seja, unidades de dessalinização operando juntamente com usinas termoelétricas para a produção de energia. Nesses casos, o vapor já utilizado para produzir energia elétrica (portanto, a baixa pressão) pode ser usado para a dessalinização.

Tais arranjos, conhecidos como de dupla finalidade *(dual-purpose)*, resultam em redução do custo do combustível principal da usina de dessalinização na faixa de 60% a 70%, diminuindo, assim, o custo da água produzida.

2.4 Processo de destilação por múltiplo efeito (DME)

Nesta seção, é apresentado com mais detalhe o processo DME (em inglês, MED), incluindo os arranjos com tubos verticais e horizontais e um arranjo mais recente, composto por um conjunto de tubos verticais empilhados uns sobre os outros com o objetivo de se obter melhor eficiência.

As usinas DME atualmente produzem cerca de 1,7 kg/MJ a 6,4 kg/MJ, ou 6,1 kg/kWh a 23,0 kg/kWh (o joule, J, é a unidade de energia e trabalho definida no SI como 1 J = 1 kg·m^2/s^2, e 1 MJ (megajoule) = 0,27778 kWh). Os arranjos com tubos verticais são projetados para um desempenho maior, podendo chegar a 9,9 kg/MJ (35,6 kg/kWh).

Como se viu anteriormente, um processo convencional de destilação necessitaria de um aporte de energia de 645 kWh para produzir 1,0 m^3 de água dessalinizada. Em outras palavras, tais processos produziriam 1,55 kg de água para cada kWh utilizado.

2.4.1 Princípio de operação do processo DME

No processo DME, uma série de efeitos ou fases de evaporação produz água, com pressões de vapor progressivamente menores. Uma vez que a água ferve a temperaturas mais baixas quando a pressão diminui, o efeito do vapor de água do primeiro evaporador serve como agente de aquecimento para o segundo evaporador, e assim por diante. Quanto maiores esses efeitos ou fases, melhor o desempenho do processo. A Fig. 2.5 mostra três fases de um evaporador de múltiplo efeito.

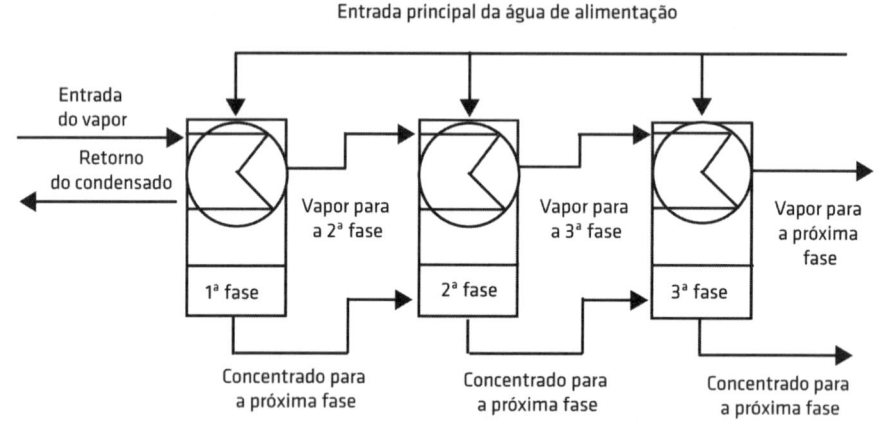

FIG. 2.5 *Esquema conceitual do processo DME*
Fonte: USBR (2003).

Assim, teoricamente (assumindo que não haja perdas), se o evaporador da primeira fase produzir 2,2 kg com 1,055 MJ (ou 7,52 kg/kWh), em seguida três fases subsequentes do evaporador irão produzir mais 1,8 kg de destilado com a mesma quantidade de calor. A fase 1 ocorre com maior pressão de vapor que a fase 2. Da mesma forma, a pressão na fase 2 é superior à da fase 3. A fonte de calor na fase 1 é suficiente para fazer ferver uma porção da água de alimentação na entrada da parte superior da unidade.

O vapor formado na fase anterior aquece a próxima fase, que está com pressão imediatamente inferior. O processo de produção de vapor em cada fase é usado para aquecer a fase seguinte, cuja pressão é imediatamente inferior, de forma contínua, até que o vapor da última fase seja condensado no condensador principal.

O concentrado de cada uma dessas fases pode ser direcionado para a fase imediatamente inferior ou ser retirado em pontos específicos do processo. O destilado, ou água produzida, é obtido da condensação do vapor em cada fase e do condensador principal.

2.4.2 Configurações de projeto para processos DME

Existem três tipos de arranjo para processos DME, que se baseiam principalmente no tipo de arranjo dos tubos trocadores de calor: conjunto de tubos horizontais, conjunto de tubos verticais e feixes de tubos empilhados verticalmente. Cada um desses tipos é descrito nas subseções a seguir.

Arranjo com tubos horizontais

Nesse arranjo, os feixes de tubos são dispostos horizontalmente no vaso, como é mostrado na Fig. 2.6. Seu princípio de funcionamento é o seguinte: as superfícies externas da tubulação estão aquecidas porque dentro dela circula vapor; a água de alimentação é pulverizada sobre a superfície externa dos tubos, sendo parcialmente vaporizada; o vapor gerado em cada fase é direcionado para produzir o efeito de pressão imediatamente posterior (reator da fase seguinte).

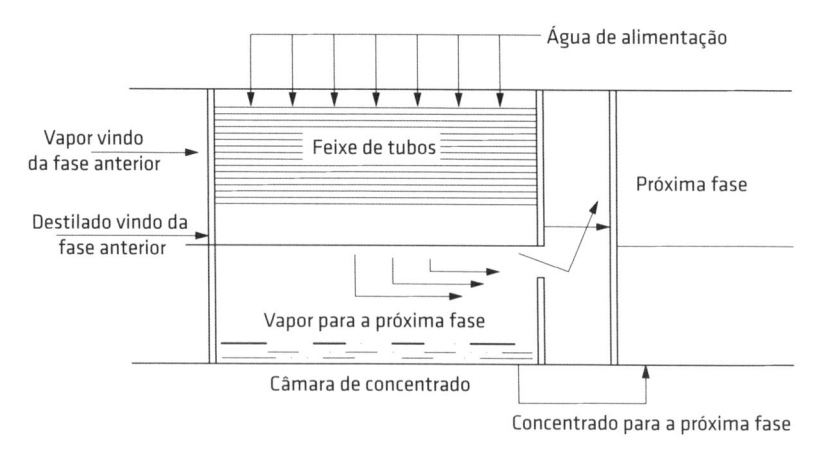

FIG. 2.6 *Arranjo parcial da DME com tubos horizontais*
Fonte: USBR (2003).

O processo esquemático completo da DME é apresentado na Fig. 2.7. A água de alimentação entra no condensador principal, que pode ser do tipo concha e tubo convencional, como descrito, ou ser concebido conforme o efeito desejado no projeto. A maior parte do fluxo de água de alimentação é usada para resfriamento, sendo posteriormente devolvida ao mar. Apenas uma pequena parte da água de alimentação é utilizada como água de reposição para o processo de dessalinização. Esta entra no desgaseificador/desaerador para a remoção de gases. Sempre que tenha sido utilizado ácido no pré-tratamento é comum a instalação de dois vasos nessa etapa, um para remover o ar e outro para remover o dióxido de carbono. Uma bomba de água de reposição é necessária para bombear da condição de vácuo para a parte superior do vaso de última fase. Nesse caso, a água de alimentação é bombeada através de um trocador de calor, no qual um pouco de calor é recuperado. O fluxo de água de alimentação segue sendo lançado sobre cada feixe de tubos, ou seja, cada trocador de calor de recuperação, no qual uma parte da água de alimentação é vaporizada.

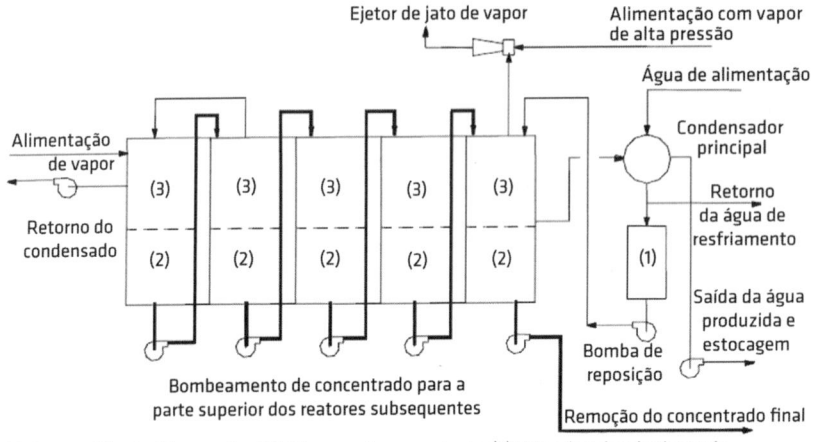

FIG. 2.7 *Arranjo completo típico da DME com tubos horizontais*
Fonte: USBR (2003).

O vapor utilizado na primeira fase é condensado quando cede calor para o processo de vaporização de primeira fase, sendo bombeado de volta para a caldeira. O esquema da Fig. 2.7 mostra que a água de alimentação da primeira fase é coletada e direcionada para a segunda fase, em que o processo de vaporização começa novamente. O vapor produzido na primeira fase é direcionado para a segunda fase, para ser usado como fonte de calor. Esse processo continua, através de cada fase sucessiva, até que o vapor da fase final seja condensado no condensador principal.

O destilado produzido em cada fase é misturado ao condensado do condensador principal, ou seja, à água produzida, que é então bombeada para o sistema de pós-tratamento antes de ser estocada e direcionada para o sistema de distribuição. Gases não condensáveis adentram a unidade principalmente através de vazamentos nas tubulações e vasos e devem ser removidos a fim de evitar a formação de uma camada de gases na superfície dos tubos, que acarretaria perda de transferência de calor, com consequente perda na produção. Ejetores a jato de vapor são o método preferido para removê-los, e para garantir que sejam retirados da unidade é utilizada uma parte do vapor gerado em cada fase. A unidade de condensação usada pode ser do tipo concha e tubo ou o condensador barométrico.

Atualmente, os projetos que utilizam condensadores do tipo barométricos têm tido preferência entre os projetistas porque os reservatórios dessas unidades podem ser fabricados com materiais não metálicos e não precisam de tubos trocadores de calor, não apresentando, portanto, problemas de corrosão.

O processo mostrado no diagrama da Fig. 2.7 é chamado de sistema de pós-alimentação, ou seja, o concentrado é bombeado primeiramente para o reator de primeira fase e aos poucos é transferido para os reatores subsequentes, que apresentam menor pressão de vapor e menor temperatura. Uma variante desse tipo de projeto é um sistema em que o concentrado é bombeado no sentido contrário, ou seja, de um reator de menor pressão de vapor para um de maior pressão. A desvantagem deste último arranjo, quando utilizado na dessalinização de água do mar, é que a concentração de sais e a temperatura vão aumentando, provocando maior incrustação na superfície externa dos tubos que conduzem o vapor, o que tem como consequência a diminuição da taxa de transferência de calor. Outra variante desse sistema é aquele que visa à diminuição do número de bombas necessárias, fazendo a alimentação da água do mar em mais de um reator de cada vez. Nesse caso, a concentração e o fluxo de destilados também deverão ser modificados.

Esse processo tem sido projetado para operar em duas temperaturas máximas distintas: a temperatura mais baixa, próxima de 71,1 °C, e a mais alta, de 110 °C. Operando em baixas temperaturas, os efeitos da corrosão são menores, podendo-se utilizar materiais mais baratos. Já as incrustações, tanto no processo DME como em qualquer outro processo de destilação, são sempre função da temperatura e da concentração de sais na água de alimentação. Curvas de operação do DME, tanto para alta temperatura quanto para baixa temperatura, e sua relação com as curvas e zonas de incrustações para o sulfato de cálcio são mostradas na Fig. 2.8.

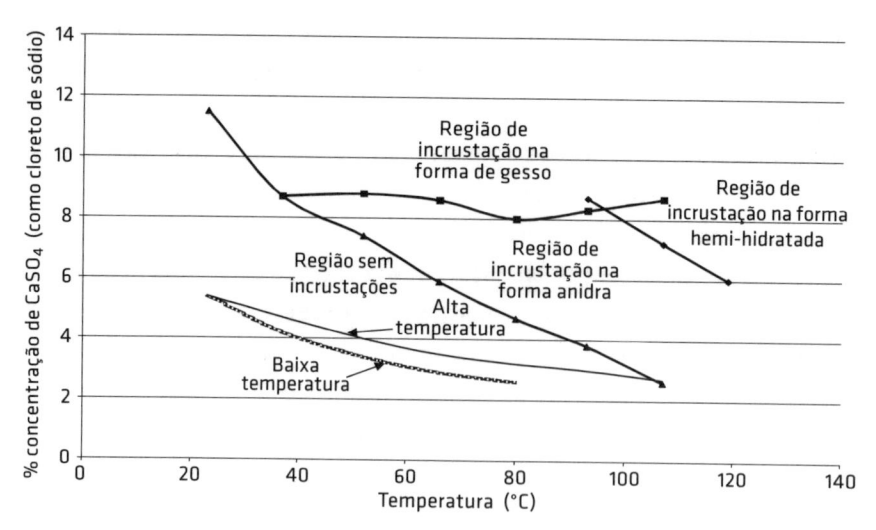

FIG. 2.8 *Solubilidade do sulfato de cálcio e a operação do DME*
Fonte: USBR (2003).

Arranjo com tubos verticais

Na Fig. 2.9 é apresentado um projeto esquemático típico para o DME de tubos verticais. A vantagem desse arranjo sobre o de tubos horizontais é a obtenção de maiores taxas de transferência de calor, que resultam na formação de um filme fino em ambas as superfícies, dentro e fora do tubo trocador de calor. Uma desvantagem desse arranjo, no entanto, é a dificuldade de garantir uma distribuição uniforme do fluxo de alimentação em cada tubo.

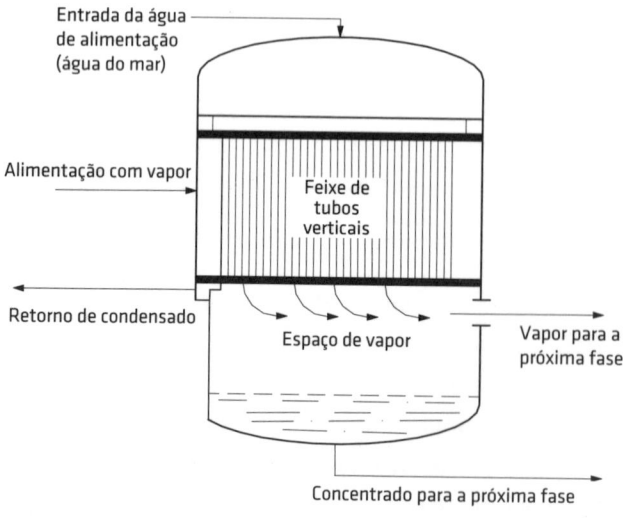

FIG. 2.9 *Arranjo típico da DME de tubos verticais*
Fonte: USBR (2003).

Pode-se notar que o projeto e a operação são idênticos aos de tubos horizontais, com a diferença de que os tubos são colocados verticalmente. A água de alimentação entra no topo do reator e circula pela superfície interna dos tubos. O calor de vaporização age na superfície externa dos tubos. Na Fig. 2.10 é apresentado um arranjo esquemático completo típico da DME com feixe de tubos verticais. O projeto pode funcionar em temperaturas de até 110 °C sem problemas de incrustação pelo sulfato de cálcio. Em temperaturas de 104 °C ou inferiores, o processo opera bem abaixo da região de incrustação pela forma anidro ($CaSO_4$).

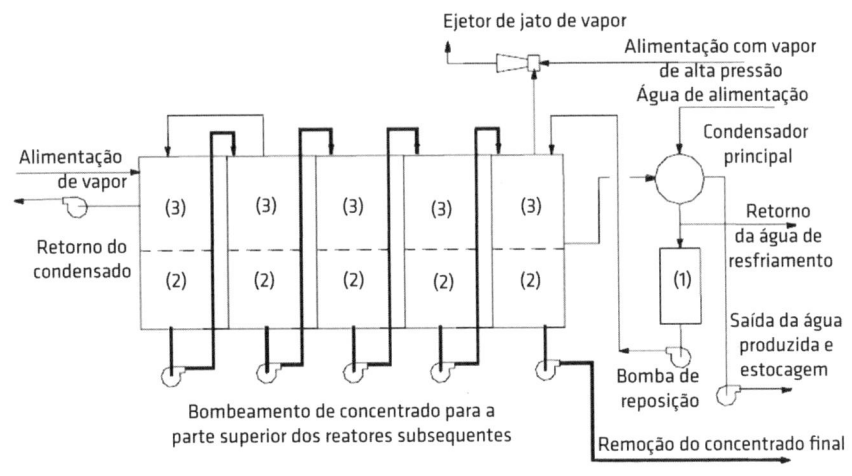

(1) Desgaseificador/desaerador (2) Câmaras de concentrado (3) Feixe de tubos verticais

FIG. 2.10 *Arranjo esquemático completo típico da DME com feixe de tubos verticais*
Fonte: USBR (2003).

Com relação à possibilidade de ocorrência de incrustações, as curvas operacionais para sistemas DME com tubos verticais são mostradas na Fig. 2.11.

Arranjo com tubos múltiplos de prumada vertical

O arranjo com tubos múltiplos de prumada vertical é ilustrado nas Figs. 2.12 e 2.13. Nesse tipo de arranjo, o concentrado flui entre os diversos reatores, o que elimina a necessidade de bombeamento. Tal como acontece no arranjo vertical, a água de alimentação flui internamente no feixe de tubos, e o vapor que promove o aquecimento age na superfície externa desse feixe. A Fig. 2.12 mostra dois reatores, mas a unidade pode ser composta de vários deles.

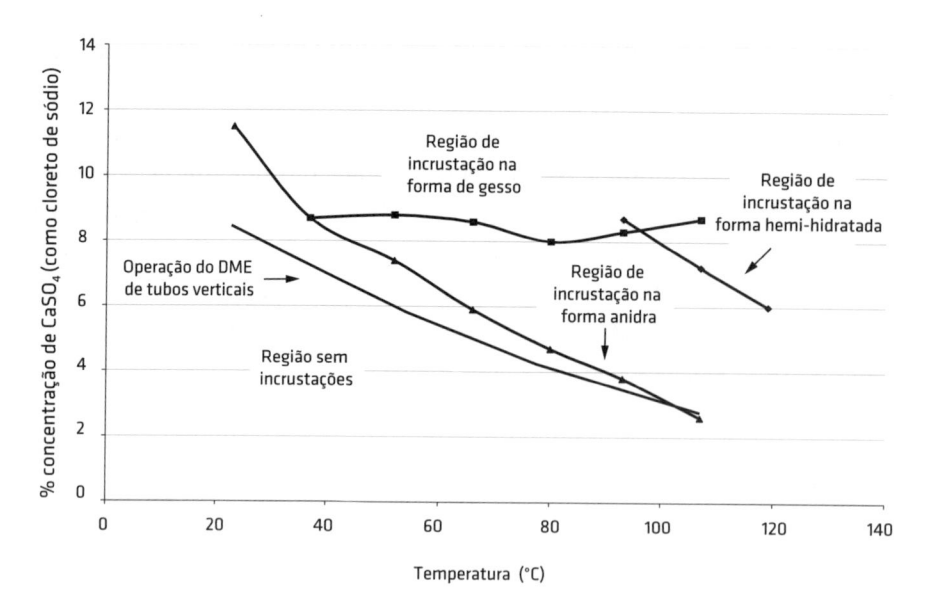

FIG. 2.11 *Solubilidade do sulfato de cálcio e a operação da DME de tubos verticais*
Fonte: USBR (2003).

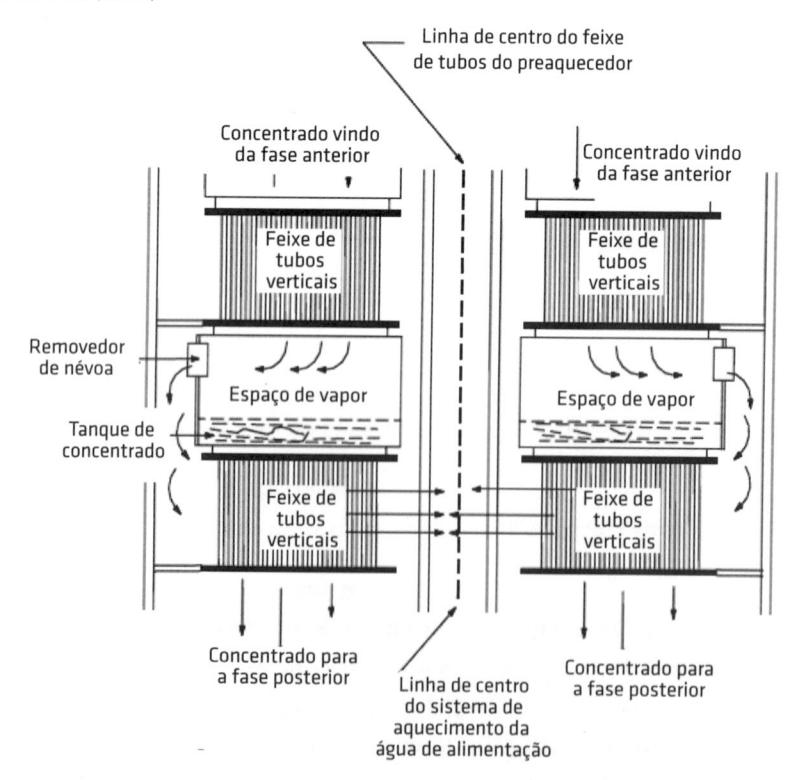

FIG 2.12 *Arranjo típico da DME com feixes de tubos múltiplos com prumadas verticais*
Fonte: USBR (2003).

O processo esquemático apresentado na Fig. 2.13 representa conceitualmente uma unidade que pode produzir 303.000 m³/dia e foi projetado para o Metropolitan Water District of Southern California (MWDSC). Nesse projeto, foi utilizado o pré-tratamento com ácido, e a água de alimentação adentra a unidade pela parte inferior, fluindo por gravidade através do desgaseificador/desaerador para remover o dióxido de carbono e o oxigênio a níveis aceitáveis. A unidade utiliza tubulações de alumínio porque esse material apresenta menor custo e condutividade térmica consideravelmente mais elevada.

A entrada de metais pesados na unidade de dessalinização pode resultar em grave corrosão das tubulações. Nesse caso, as tubulações de alumínio existentes no desgaseificador/desaerador servem como capturadoras de íons, removendo metais pesados, como cobre e níquel, antes de a água do mar entrar nas tubulações de processo propriamente ditas.

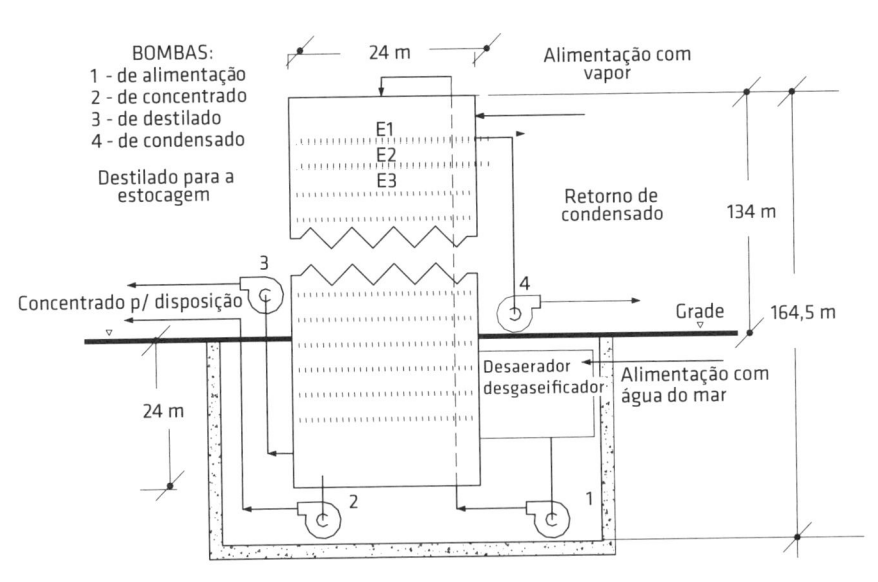

FIG. 2.13 *Arranjo típico completo da DME de feixes de tubos múltiplos com prumadas verticais*
Fonte: USBR (2003).

Depois de deixar o desgaseificador/desaerador, a água do mar é bombeada através do preaquecedor para o topo da unidade. O fluxo de água de alimentação vai sendo preaquecido, uma vez que passa através de cada fase. Assim que a água de alimentação chega à primeira fase, é distribuída por todo o feixe de tubos por meio de dispositivos que são colocados no final de cada tubo. O restante da água de alimentação flui por gravidade até as demais fases. Isso ocorre nessa concepção de projeto conhecida como *feed-forward* (pós-alimentação), ou seja, aquela em que há transferência de parte da entrada para a saída. Vapor com baixa pressão é a fonte de calor no primeiro reator. O vapor gerado no primeiro reator é direcionado para o reator seguinte com pressão mais baixa (ver Fig. 2.13) e o processo de vaporização continua ao longo de toda a unidade. O funcionamento é semelhante ao processo descrito anteriormente.

Os tubos verticais instalados em cada reator são do tipo ranhura dupla. Esse tipo de tubo, quando transporta água e é disposto no plano vertical, tem a vantagem de promover uma transferência de calor cerca de três a quatro vezes maior do que os tubos lisos. Tal característica reduz, na mesma proporção, a quantidade (e o custo) de superfícies de transferência de calor necessárias.

2.4.3 Características de processo dos diversos arranjos DME

A Tab. 2.3 mostra as principais características de cada um dos processos DME anteriormente descritos. Deve-se ressaltar que, embora a temperatura mais comumente utilizada na operação de arranjos horizontais e verticais seja de 76,7 °C, esses tipos de unidade podem operar em temperaturas de até 110 °C.

2.4.4 Materiais utilizados nos processos DME

Os materiais mais utilizados em cada processo DME são apresentados no Quadro 2.1.

Para os materiais listados nesse quadro, assumem-se os seguintes critérios de projeto:
- as unidades de tubos horizontais e os feixes de tubos verticais são projetados para operar em temperatura máxima de 76,7 °C;
- as unidades compostas por feixes de tubos múltiplos e prumadas verticais são projetadas para operar em temperatura máxima de 110 °C;
- todos os projetos utilizam tubos com diâmetro de 50,8 mm (2 polegadas).

2.4.5 *Status* do processo DME

O *status* de cada uma das configurações de projeto expostas é discutido a seguir:
- *Arranjo com tubos horizontais*: esse arranjo tem sido instalado em todo o mundo durante os últimos 20 anos. Aproximadamente 300 unidades já foram instaladas, portanto é possível considerá-lo como um processo em pleno desenvolvimento.

TAB. 2.3 Características de processo dos vários sistemas DME existentes

Características dos processos DME	Tipos de arranjo				
	Tubos horizontais operando a baixas temperaturas	Tubos verticais operando a baixas temperaturas	Feixes de tubos múltiplos e prumadas verticais	Tubos horizontais operando a altas temperaturas	Tubos verticais operando a altas temperaturas
Máxima temperatura de operação (°C)	71,7	71,7	110	110	110
Recuperação de calor no processo (%)	20 a 35	20 a 35	67	20 a 35	20 a 35
Taxa de eficiência de produção (kg/MJ)	3,44 a 5,17	3,44 a 5,17	10,33	3,44 a 6,46	3,44 a 6,46
Coeficiente de transferência de calor (W/m² – K)	1,70 a 3,41	1,70 a 3,41	4,54 a 11,36	1,70 a 4,26	1,70 a 4,26
Sólidos no concentrado final (mg/L)	54.000	54.000	106.000	54.000	54.000
Sólidos no destilado final (mg/L)	0,5 a 25,0	0,5 a 25,0	0,5 a 25,0	0,5 a 25,0	0,5 a 25,0
Concepção elétrica (MJ/m³)	0,00132 a 0,0026	0,00132 a 0,0026	0,000528 a 0,00106	0,00132 a 0,0026	0,00132 a 0,0026
Produto químico usado no pré-tratamento	Polifosfato	Polifosfato	Ácido ou polímero	Polímero	Ácido ou polímero
Dosagem no pré-tratamento (mg/L)	0,5 a 4,0	0,5 a 4,0	Ácido (140); polímero (de 1 a 2)	1 a 2	Ácido (140); polímero (de 5 a 10)

Notas: kg/MJ = quilogramas de água produzida por megajoules de energia consumida; MJ/m³ = megajoules por metro cúbico de água produzida; W/m² – K = watts por metro quadrado – Kelvin.
Fonte: USBR (2003).

- *Arranjo com tubos verticais*: uma das primeiras plantas utilizando esse arranjo foi instalada nas Ilhas Virgens norte-americanas em 1968. Desde então, mais duas unidades foram construídas também nessa região. Essas plantas foram projetadas para operar com temperatura de 110 °C. No entanto, o projeto previu muito pouca área de superfície para os trocadores de calor, o que tornou difícil garantir a produção esperada. Deve-se ressaltar, porém, que outras empresas ao redor do mundo têm usado com sucesso tal arranjo (Wangnick, 2002 apud USBR, 2003).

QUADRO 2.1 Especificação dos materiais utilizados nos vários sistemas DME

Itens ou unidades	Arranjos		
	Tubos horizontais	Tubos verticais	Feixe de tubos verticais
Vasos de efeito (reatores das diversas fases)	Aço-carbono com revestimento de epóxi	Aço-carbono com revestimento de epóxi	Concreto
Tubos de efeito (horizontais ou verticais)	Alumínio	Alumínio, latão, cobre ou níquel	Alumínio
Tubos de preaquecimento	Alumínio	Alumínio, latão	Titânio
Bombas	Aço inoxidável classe 316	Aço inoxidável classe 316	Alumínio, latão
Desaerador	Aço-carbono com revestimento de epóxi	Aço-carbono com revestimento de epóxi	Concreto, alumínio
Descarbonizador	Aço-carbono com revestimento de epóxi	Aço-carbono com revestimento de epóxi	Concreto, alumínio
Suportes (estrutura externa)	Aço-carbono	Aço-carbono	Não necessário
Suportes (estrutura interna)	Aço-carbono com revestimento de epóxi	Aço-carbono com revestimento de epóxi	Alumínio
Eliminador de névoa (demister)	Aço inoxidável classe 316	Aço inoxidável classe 316	Aço inoxidável classe 316

Fonte: adaptado de USBR (2003).

- *Feixes de tubos múltiplos com prumadas verticais*: esse projeto é muito novo quando comparado com os arranjos de tubos horizontais e verticais, embora tenha sido concebido no final dos anos 1960 ou início dos anos 1970. O MWDSC concluiu um relatório detalhado a respeito. Eles projetaram e operaram duas plantas-piloto em Huntington Beach, na Califórnia, usando esse tipo de arranjo.

Cada planta-piloto foi construída com duas fases (dois reatores). Uma unidade, a unidade-teste de tubos longos, foi usada para avaliar aspectos de corrosão, qualidade da água e incrustação. A segunda, uma unidade-teste de tubos curtos (denominada STTU-MWD), foi utilizada para confirmar os dados de transferência de calor. O processo esquemático da STTU-MWD é mostrado na Fig. 2.14.

O período de funcionamento dessas unidades foi de 1,5 ano. Os testes realizados durante esse período confirmaram que:
- os coeficientes de transferência de calor foram maiores do que o previsto no projeto;
- a operação das unidades foi estável no intervalo de temperatura entre 37,8 °C e 110 °C;
- a produção de água nessas unidades atendeu aos requisitos do projeto;
- as metas de qualidade da água produzida, incluindo a concentração de alumínio no destilado, foram atendidas;
- não foi detectada nenhuma corrosão nos tubos;
- as incrustações nas superfícies dos tubos puderam ser facilmente removidas.

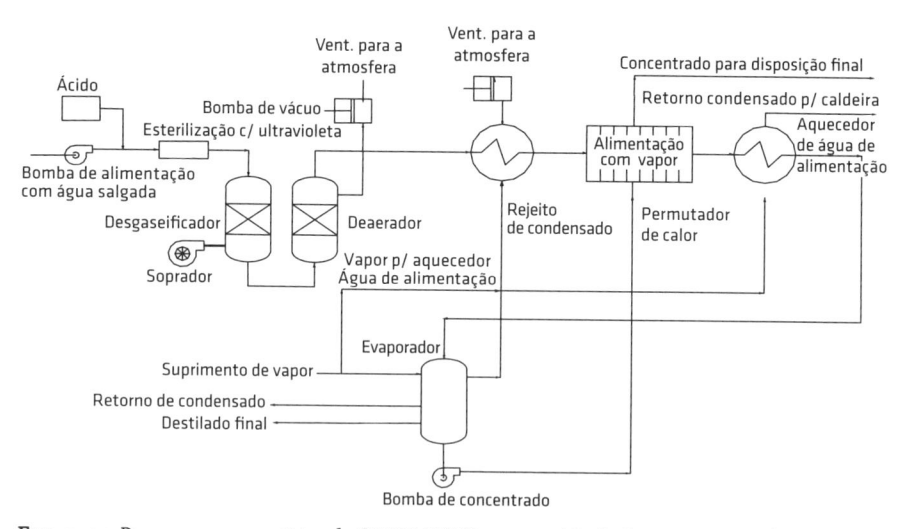

FIG. 2.14 *Processo esquemático da STTU-MWD para unidade de testes com tubos curtos*
Fonte: USBR (2003).

2.5 Processo de destilação por multiestágio *flash* (MEF)

O processo MEF é outra técnica comumente utilizada para a dessalinização de água potável. A taxa de desempenho máximo de uma unidade MEF é de 5,17 kg/MJ, ou 18,61 kg/kWh.

2.5.1 Princípio de operação do processo MEF

Nesse processo, a água de alimentação é aquecida com pressão suficiente para impedir a sua ebulição, até atingir o primeiro reator, onde é liberada, ocorrendo o primeiro *flash* (ou evaporação súbita). Esse *flash* de parte da água de alimentação vai ocorrendo em cada estágio sucessivo, pois a pressão em cada reator sequencial é cada vez menor.

Diferentemente do processo DME, o MEF gera e condensa o vapor em cada estágio e apresenta, portanto, uma vantagem sobre o primeiro, que é a recuperação de calor. Isso ocorre porque a água de alimentação ganha calor ao passar pelo trocador de calor na parte superior da câmara de *flash*, ao mesmo tempo que condensa o vapor destilado.

Existem duas seções distintas em cada fase: a câmara de *flash* (onde os vapores são produzidos) e a seção de condensação (onde os vapores são condensados). A quantidade de água que evapora é proporcional à diferença de temperatura entre os estágios. Assim, quanto maior a diferença de temperatura, maior a quantidade de vapor gerado. À medida que a água evapora, a temperatura do concentrado diminui, até entrar em equilíbrio termodinâmico com a pressão nessa fase. Ao mesmo tempo, conforme o vapor é gerado, aumenta a concentração de sólidos no concentrado.

A seção de condensação contém o tubo trocador de calor, onde o vapor é condensado pela água de resfriamento que vem do mar (ver Fig. 2.15).

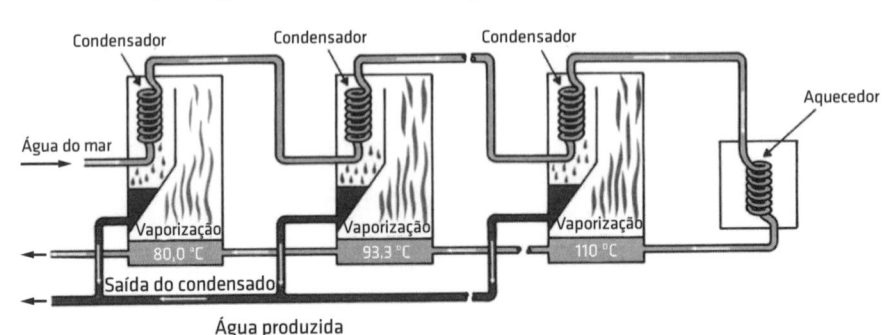

FIG. 2.15 *Arranjo típico do processo de destilação MEF*
Fonte: adaptado de USBR (2003).

O processo de destilação MEF começa logo que a água de alimentação entra na tubulação de recuperação de calor. À medida que a água passa em cada estágio, vai ganhando temperatura, ao trocar calor, provocando a condensação dos vapores gerados em cada reator.

A água de alimentação, em seguida, sai da seção de recuperação de calor e entra no aquecedor de concentrado, que serve como fonte de calor para o processo termodinâmico. Essa unidade eleva a temperatura da água de alimentação para o seu valor de projeto. No exemplo mostrado na Fig. 2.15 é usada uma temperatura inicial de 110 °C. Assim que a água de alimentação sai do aquecedor de concentrado e entra no primeiro estágio do evaporador, com temperatura de 110 °C, ocorre evaporação de parte dela e diminuição de sua temperatura. Quando lançada no segundo reator, cuja água está com temperatura mais baixa, ela imediatamente começa a evaporar e a temperatura decresce ainda mais. A quantidade de água vaporizada vai depender da diferença de temperatura entre um reator e outro. Quanto maior essa diferença, maior a evaporação. Os valores de temperatura inicial em cada fase mostrados na Fig. 2.15 são apenas indicativos e dependem do arranjo de processo utilizado.

A Fig. 2.16 mostra o *flash*, ou evaporação súbita, que ocorre em cada um dos reatores. Em resumo, sempre que a água de alimentação entra na próxima fase, com temperatura mais quente que a existente no reator, ela irá evaporar, enquanto a água do mar vai sendo cada vez mais preaquecida até adentrar o aquecedor (ver Fig. 2.15). No entanto, quando passa para o estágio seguinte, a quantidade de vapor será menor porque o novo reator tem uma diferença de temperatura mais baixa. O concentrado continua a fluir, etapa por etapa, apenas pela diferença de pressão.

O destilado produzido em cada etapa é enviado para o nível de pressão imediatamente inferior. Ele sairá do evaporador na última fase e será bombeado para o sistema de pós-tratamento. Os gases não condensáveis são removidos da forma abordada anteriormente, quando da descrição do processo DME.

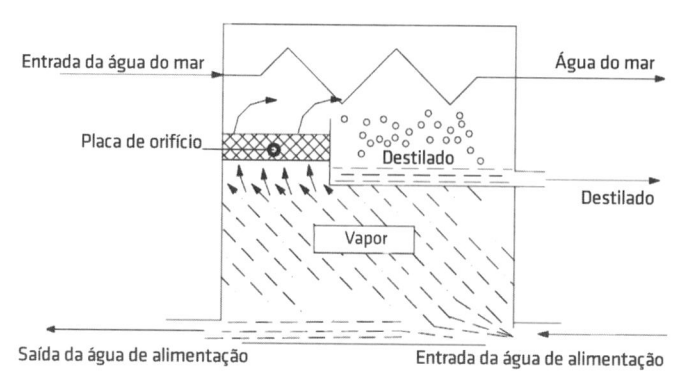

FIG. 2.16 *Estágio típico da destilação por MEF*
Fonte: USBR (2003).

2.5.2 Configurações de projeto do processo MEF

Existem basicamente duas configurações de projeto para o processo de destilação MEF: com ou sem recirculação. Cada uma dessas configurações pode ser concebida em arranjos com tubos longos ou transversais.

Na concepção de tubos longos, a tubulação é paralela ao fluxo de concentrado no reator, como mostra a Fig. 2.17. Na configuração com tubos transversais, o conjunto de tubos é colocado perpendicularmente ao fluxo do concentrado, como ilustra a Fig. 2.18.

Como as operações para os dois tipos de configuração são as mesmas, os parágrafos seguintes descrevem o processo para ambos os tipos de arranjo.

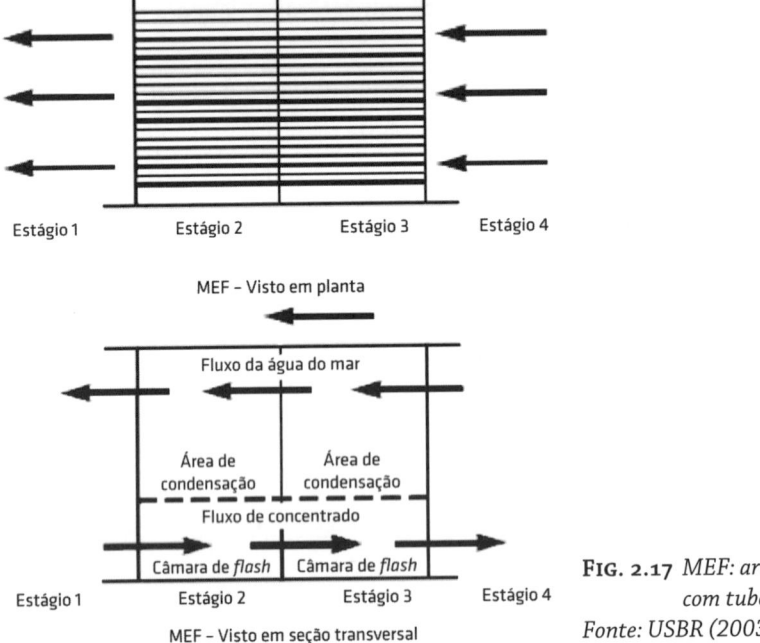

FIG. 2.17 MEF: arranjo com tubos longos
Fonte: USBR (2003).

Arranjo do processo MEF sem recirculação

A concepção de um processo MEF sem recirculação é ilustrada na Fig. 2.19. Como o próprio termo indica, a água de alimentação é bombeada através da seção de recuperação de calor e se concentra no aquecedor, então passa através das câmaras de *flash* sem reciclagem. O concentrado é eliminado. Na configuração com tubos transversais, o conjunto de tubos é colocado perpendicularmente ao fluxo do concentrado.

2 – Processos de dessalinização | 71

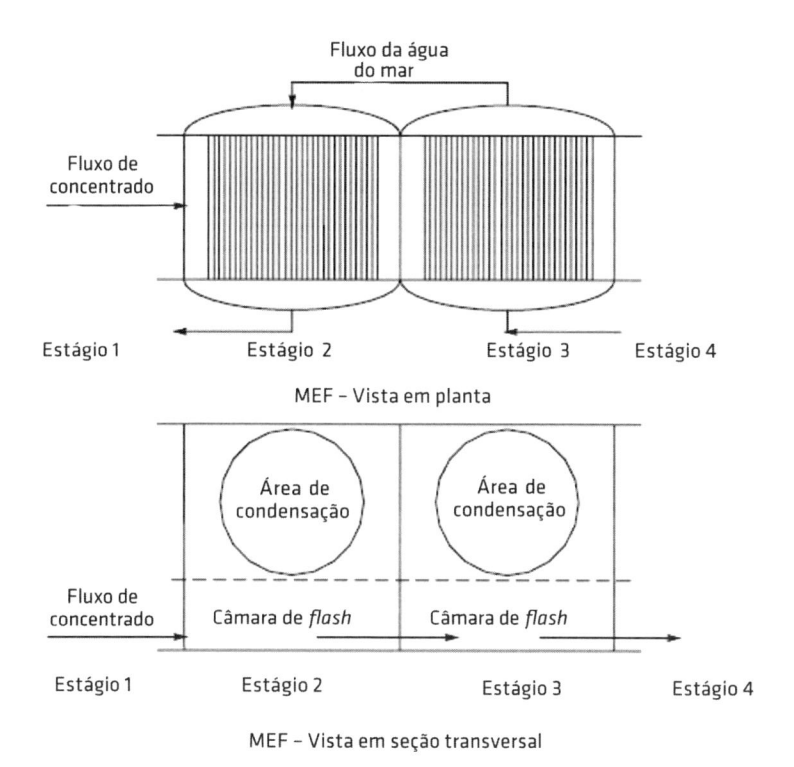

FIG. 2.18 *MEF: arranjo com tubos transversais*
Fonte: USBR (2003).

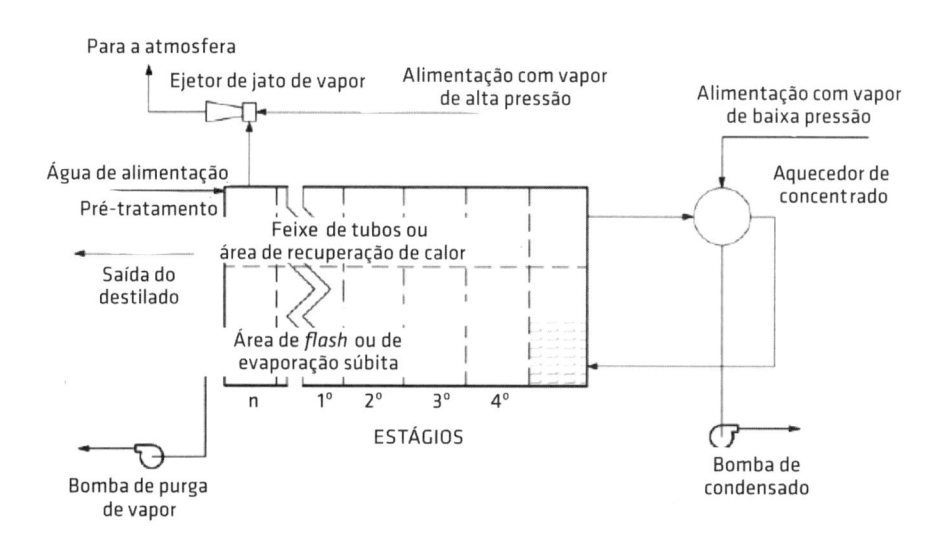

FIG. 2.19 *Arranjo esquemático do MEF sem recirculação*
Fonte: USBR (2003).

Arranjo do processo MEF com recirculação

O arranjo MEF com recirculação foi desenvolvido para reduzir os custos de bombeamento, tratamento químico, desaeração e descarbonatação. A Fig. 2.20 mostra um arranjo esquemático para o projeto com recirculação. O evaporador é dividido em duas seções distintas: a seção de rejeição, que é o "dissipador de calor" do processo, e a seção de recuperação, que serve para elevar a temperatura do reciclo. No processo MEF com recirculação, a água de alimentação passa pelos tubos da seção de rejeição e ao sair dessa seção é devolvida para a fonte original.

Continuando o fluxo, uma pequena parte é tomada como água de reposição do processo. Esse fluxo é pré-tratado e depois passa pelo descarbonizador e pelo desaerador antes de entrar na última etapa da seção de rejeição, quando então parte do fluxo de recirculação é removida e outra porção é utilizada como água de reposição. Essas duas correntes são usadas para controlar as concentrações no fluxo de recirculação. A maior parte do que seria a purga do sistema é reciclada para compor a água de alimentação para a seção de feixe de tubos. Uma pequena parte é descarregada através da bomba de descarga e substituída pela água de reposição. A seção que contém o feixe de tubos, em seguida, atua da mesma forma discutida anteriormente para o arranjo sem recirculação.

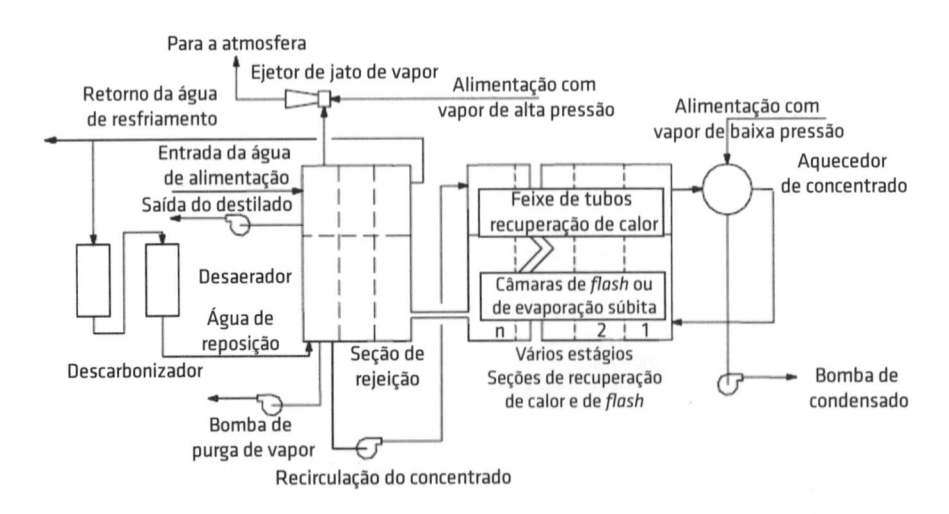

FIG. 2.20 *Arranjo MEF com recirculação*
Fonte: USBR (2003).

2.5.3 Problemas de incrustação no processo MEF

As curvas de funcionamento dos processos MEF para os arranjos com e sem recirculação e sua relação com as curvas de incrustação pelo sulfato de cálcio são mostradas na Fig. 2.21. Pode-se ali constatar que o arranjo sem recirculação, que normalmente opera a uma temperatura de 90,6 °C, não atinge a região de incrustação na forma anidra do sulfato de cálcio. Por sua vez, a curva do processo com recirculação cruza a região de incrustação a uma temperatura próxima de 90,6 °C. Assim, problemas de incrustação são mais prováveis de ocorrer no arranjo com recirculação, embora sempre se possa utilizar inibidores para evitar esse fenômeno. A incrustação é limitada nesse processo somente à forma anidra do sulfato de cálcio e ocorre lentamente, e a maior concentração ocorre na seção do *flash* da câmara, e não sobre a superfície do tubo ou por causa do uso de aditivos.

2.5.4 Problemas de corrosão no processo MEF

Além dos efeitos corrosivos decorrentes da agressividade da água de alimentação, as usinas tipo MEF também estão sujeitas a alguns problemas de erosão por impacto. A erosão ocorre em consequência da turbulência da água de alimentação na câmara de *flash*, especialmente no regime de fluxo de duas fases em que o concentrado passa de fase para fase através de placas de orifício (dispositivo que controla o fluxo em cada fase de alimentação). Por exemplo, para o arranjo com tubos longos, no qual as taxas de fluxo de massa normalmente excedem 16.800 kg/m^2.h, todo o casco deverá estar protegido superficialmente ou ser construído com chapa de aço inoxidável 316L.

Para o arranjo com tubos transversais, em que a taxa de fluxo de massa é mantida abaixo de 16.800 kg/m^2.h, aço comum pode ser usado, com exceção dos primeiros três estágios. Nestes, é recomendado que se faça proteção superficial ou revestimento com materiais mais resistentes, como chapas cladeadas, que são chapas de aço-carbono fundidas a chapas finas de aço inoxidável.

2.5.5 Características do processo MEF

Na Tab. 2.4 são apresentadas as características dos processos MEF com e sem recirculação. Embora o processo sem recirculação possa operar em temperaturas de até 110 °C, a temperatura máxima é geralmente limitada a 90,6 °C, razão pela qual se adotou essa temperatura máxima na tabela.

74 | Dessalinização de águas

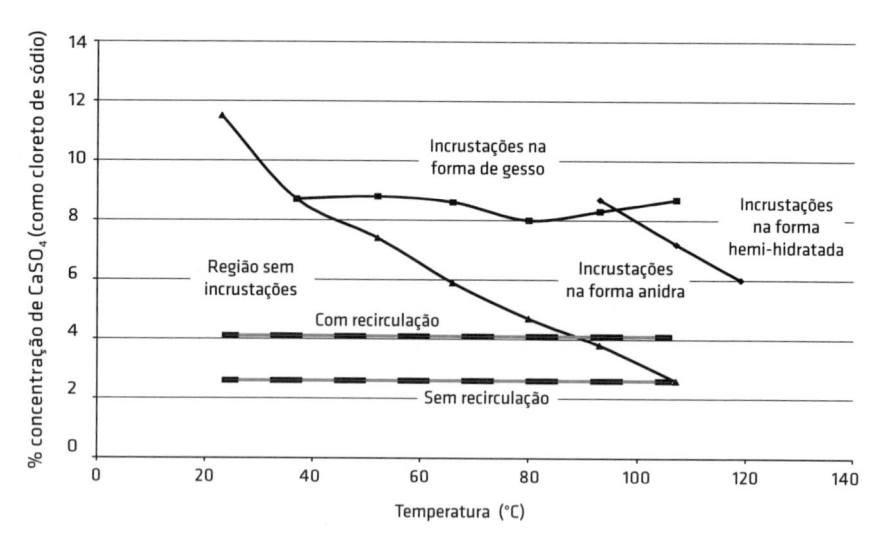

FIG. 2.21 *Operação do processo MEF e a solubilidade do sulfato de cálcio*
Fonte: USBR (2003).

TAB. 2.4 Características dos processos MEF com e sem recirculação

Características do processo MEF	Arranjo sem recirculação	Arranjo com recirculação
Temperatura máxima de operação (°C)	90,6	110
Recuperação de calor no processo (%)	10 a 15	10 a 20
Eficiência de produção (kg/MJ)	3,44 a 4,30	3,44 a 5,17
Coeficiente de transferência de calor (W/m².K)	2.271 a 3.407	2.207 a 3.407
Concentração de sólidos no concentrado (mg/L)	58.000	62.500
Consumo de energia (MJ/L): Para o vapor de alta pressão Para o vapor de baixa pressão Energia elétrica	ND 0,24 a 0,29 0,026	0,20 a 0,29 ND 0,026
Concentração de sólidos na água produzida (mg/L)	0,5 a 25	0,5 a 25
Pré-tratamento: Produto químico utilizado Dosagem de produto químico (mg/L)	Polifosfato 4,0 a 6,0	Ácido ou polímero Ácido (140); polímero (5 a 10)

Observações:
ND = informação não disponível;
kg/MJ = quilogramas de água produzida por megajoule de energia consumida;
W/m².K = watts por metro quadrado − Kelvin.

Fonte: USBR (2003).

2.5.6 Materiais utilizados nos processos MEF

Os materiais necessários para os arranjos de tubos longos e para os arranjos de tubos transversais são bem distintos. No arranjo de tubos longos, a velocidade do concentrado na zona de *flash* é mais que o dobro daquela usada no arranjo de tubos transversais, de modo que os materiais utilizados na concepção de tubos longos estão mais sujeitos a ataques de erosão e impacto.

Sabe-se que o aço-carbono não resiste a velocidades muito elevadas ou ao impacto resultante do concentrado à medida que este passa pela placa de orifício na zona de *flash* de cada etapa. Portanto, no projeto de tubos longos os materiais devem ser totalmente revestidos com aço inoxidável 316L ou material equivalente. Os materiais geralmente utilizados em cada tipo de arranjo MEF são apresentados no Quadro 2.2.

QUADRO 2.2 Especificação dos materiais utilizados em cada arranjo dos processos MEF

Item ou unidade	Materiais utilizados	
	Arranjo de tubos longos	Arranjo de tubos transversais
Câmara de *flash*	Chapa de aço-carbono cladeada com aço inoxidável 316L	Aço-carbono. Nos primeiros três estágios, aço-carbono cladeado com aço inox 316L
Suportes internos da câmara de *flash*	Aço inoxidável grau 316	Aço-carbono
Paredes da seção de condensação	Chapa de aço-carbono cladeada com aço inoxidável 316L	Chapa de aço-carbono cladeada com aço inoxidável 316L
Tubos (parede fina) do condensador: Seção de rejeição	70% de cobre e 30% de níquel	70% de cobre e 30% de níquel
Seção de recuperação de calor	90% de cobre e 10% de níquel até 80 °C e 70% de cobre e 30% de níquel acima de 80 °C	90% de cobre e 10% de níquel até 80 °C e 70% de cobre e 30% de níquel acima de 80 °C
Aquecedor de concentrado	70% de cobre e 30% de níquel	70% de cobre e 30% de níquel
Interligação – tubos com caixas-d'água	Aço-carbono cladeado com 90% de cobre e 10% de níquel	Aço-carbono cladeado com 90% de cobre e 10% de níquel

QUADRO 2.2 Especificação dos materiais utilizados em cada arranjo dos processos MEF (continuação)

Item ou unidade	Materiais utilizados	
	Arranjo de tubos longos	Arranjo de tubos transversais
Placa de orifícios: Seção de rejeição	70% de cobre e 30% de níquel	70% de cobre e 30% de níquel
Seção de recuperação de calor	90% de cobre e 10% de níquel até 80 °C e 70% de cobre e 30% de níquel acima de 80 °C	90% de cobre e 10% de níquel até 80 °C e 70% de cobre e 30% de níquel acima de 80 °C
Aquecedor de concentrado	70% de cobre e 30% de níquel	70% de cobre e 30% de níquel
Bombas	Bronze	Bronze
Chapas estruturais externas	Aço-carbono	Aço-carbono
Eliminador de névoa (demister)	Aço inoxidável grau 316	Aço inoxidável grau 316
Desaerador/ descarbonizador	Aço-carbono emborrachado (rubber lined)	Aço-carbono emborrachado (rubber lined)

Fonte: USBR (2003).

O arranjo com tubos transversais permite uma maior área de placas de orifício na zona de *flash*, o que resulta em menores velocidades do concentrado. Operações desse tipo de usina têm determinado que, para um fluxo de massa de até 16.800 kg/m².h, o aço-carbono pode ser usado sem necessidade de tratamento ou revestimento das paredes dos vasos ou de outros componentes internos. Já um arranjo com dimensões menores na placa de orifício da zona de *flash* resulta em reatores também menores, mas com necessidade de materiais mais resistentes por causa do aumento de velocidade.

Assim, a prática corrente em muitos projetos é o uso de um arranjo com tamanho maior e ainda com revestimento do aço-carbono para proporcionar maior vida útil de projeto e menor custo de manutenção.

Conforme salientado anteriormente, nos três primeiros estágios, quando se opera em alta temperatura (por exemplo, em temperatura máxima de 110 °C) o arranjo ainda deverá ser revestido ou cladeado, ou seja, nas velocidades mais altas devem ser utilizados materiais de aço-carbono cladeado.

2.5.7 *Status* do processo MEF

O processo MEF é o mais antigo de todos os processos de destilação. Quanto ao atual *status* referente aos arranjos sem e com recirculação, pode-se ressaltar:

- *Arranjo sem recirculação*: já está totalmente desenvolvido e provado. Muitas dessas unidades foram construídas nos últimos 30 anos.
- *Arranjo com recirculação*: nos últimos 20 anos, a maioria das plantas MEF foi construída com recirculação, sendo o arranjo de tubos transversais o preferido. O tipo de tubos longos era muito usado no início dos anos 1970, porém, devido a vários problemas, principalmente de erosão e corrosão, foi perdendo a preferência dos projetistas em novas instalações.

2.6 Destilação por compressão de vapor (DCV)

O processo DCV oferece maior percentual de recuperação de calor do que os processos anteriormente apresentados. Valores de até 50% são possíveis de conseguir quando se trata de água salgada. A eficiência em relação ao aporte de calor é moderadamente elevada, podendo chegar a até 7,7 kg/MJ (quilos de água produzida por megajoule).

2.6.1 Princípio de operação do processo DCV

No processo DCV, a compressão é feita no próprio vapor gerado na unidade. Dois métodos de compressão são utilizados:
- destilação por compressão mecânica do vapor (DCMV), em que o vapor é comprimido mecanicamente;
- destilação por termocompressão do vapor (DTCV), em que o vapor é comprimido termicamente.

No arranjo DCMV, o compressor é operado por um motor elétrico ou a diesel, enquanto no arranjo DTCV utiliza-se vapor com alta pressão para comprimir o vapor gerado no reator. O vapor comprimido é usado como fonte de calor adicional para realizar a vaporização da água de alimentação. Nesse arranjo, o vapor comprimido transfere calor à água de alimentação, gerando mais vapor, conforme mostra a Fig. 2.22.

O vapor quente circula no interior dos tubos enquanto a água de alimentação é pulverizada sobre sua superfície externa. O vapor gerado dessa forma é então comprimido para ser usado como fonte de calor no evaporador.

Pode-se comprimir o vapor por qualquer compressor mecânico ou por um compressor térmico por jato de vapor. Na maioria dos casos, são utilizados compressores mecânicos.

Fig. 2.22 *Arranjo esquemático do processo DTCV*
Fonte: USBR (2003).

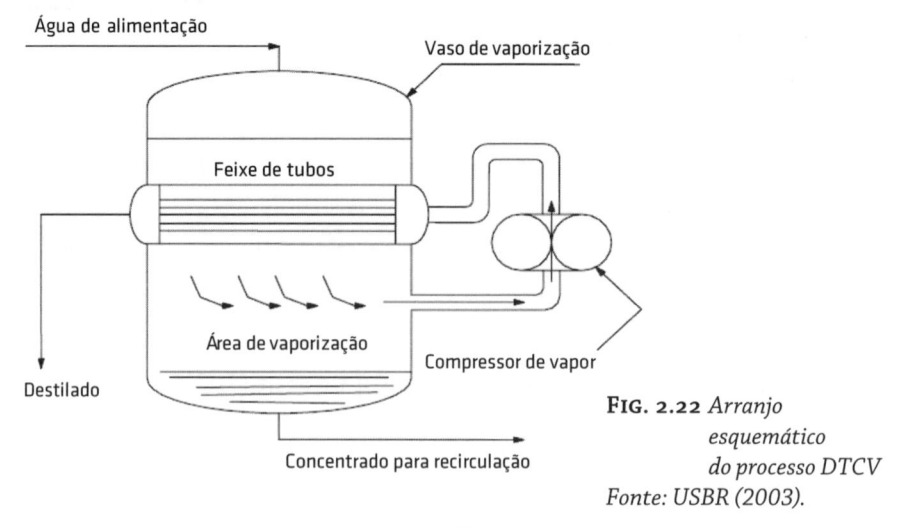

2.6.2 Arranjos do processo DCV

Dois tipos de arranjo DCV podem ser encontrados no mercado atualmente: com tubos trocadores de calor horizontais ou verticais. O DCV também pode ser projetado para operar em temperaturas muito baixas, da ordem de 46,1 °C, ou temperaturas mais altas, que podem chegar a até 101,7 °C.

2.6.3 Descrição sucinta do processo DCV

Na Fig. 2.23 é apresentado um diagrama esquemático do processo DCV. A água de alimentação entra no processo através de um trocador de calor (para pequenos sistemas, ele é geralmente do tipo placa) e é misturada com uma porção de concentrado de recirculação do sistema.

As taxas de alimentação do concentrado serão determinadas pela concentração de sólidos dissolvidos adotada no projeto. A água de alimentação é então pulverizada sobre a superfície do feixe de tubos, no caso do conjunto de tubos horizontais, ou distribuída nas extremidades dos tubos, quando o arranjo é de tubos verticais. Neste caso, parte do concentrado desce pela superfície interna dos tubos e é evaporada pela ação do calor existente em sua superfície externa.

O vapor gerado é comprimido por meios mecânicos ou térmicos. A compressão do vapor eleva a sua temperatura a um valor suficiente para servir como fonte de calor. O concentrado é removido do vaso evaporador pela bomba de recirculação de concentrado. Esse fluxo é então dividido e uma parte é misturada com a água de alimentação após esta ter passado pela bomba, e o restante do concentrado troca calor com a água de alimentação antes de ser bombeado para o destino final.

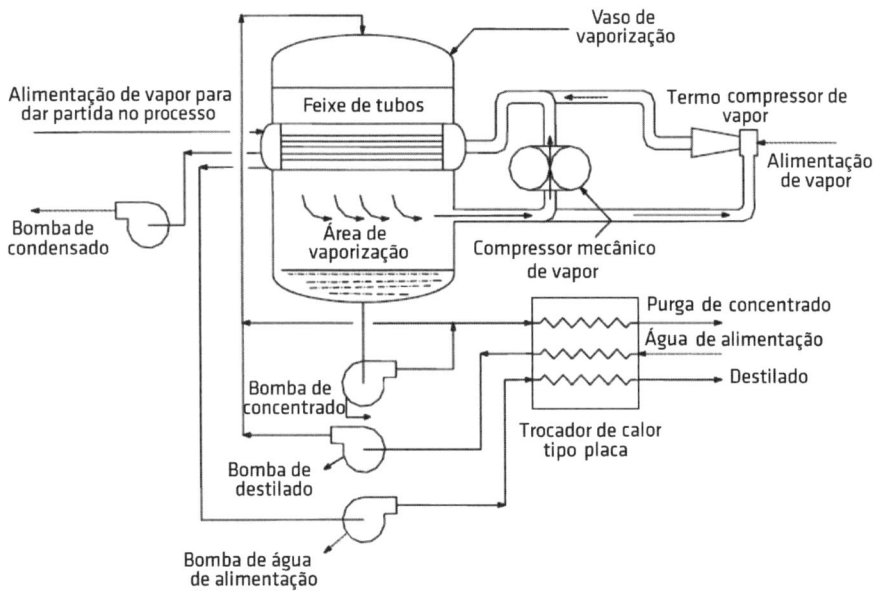

FIG. 2.23 *Arranjo esquemático global do processo DCV para compressão de vapor mecânica ou térmica*
Fonte: USBR (2003).

O vapor, ao ceder calor, condensa-se, formando o fluxo de destilado que é bombeado para o trocador de calor e em seguida para o sistema de pós-tratamento. O aquecedor de água de alimentação ganha calor a partir do destilado e do concentrado quentes que deixam a unidade. Nessa troca de calor que ocorre no aquecedor a água de alimentação é preaquecida. É necessária uma fonte de vapor externa para dar partida no sistema, mas, uma vez que este entre em operação, o calor adicional não é mais necessário, a menos que haja alguma alteração na temperatura de alimentação ou outras eventuais mudanças nas condições de funcionamento.

Na Fig. 2.24 são apresentadas as curvas de funcionamento do DCV e sua relação com as zonas de incrustação do sulfato de cálcio. Como se pode observar, a curva de funcionamento do DCV cruza a curva de solubilidade na forma anidra do sulfato de cálcio próximo da temperatura de 80 °C. Essa temperatura pode ser excedida em determinadas situações, uma vez que a incrustação pelo sulfato de cálcio na forma anidra ocorre bem lentamente. Por precaução, no entanto, podem ser usados aditivos para reduzir o potencial de incrustação.

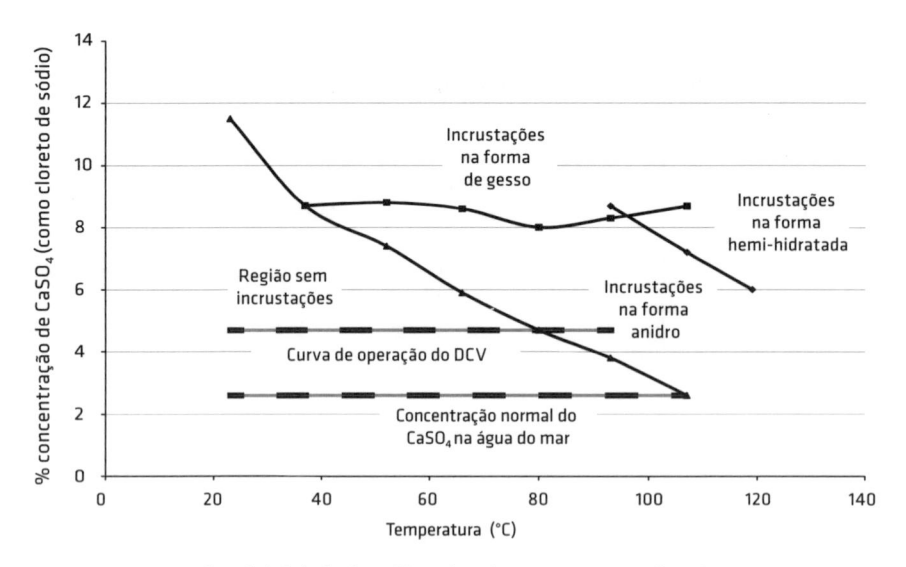

FIG. 2.24 *Curvas de solubilidade do sulfato de cálcio e a operação do DCV*
Fonte: USBR (2003).

2.6.4 Principais características do processo DCV

Na Tab. 2.5 são apresentadas as principais características dos processos DCV por compressão mecânica de vapor de baixa e de alta temperatura, além de uma unidade por termocompressão de vapor de baixa temperatura.

2.6.5 Materiais utilizados no processo DCV

A especificação dos materiais utilizados na configuração DCV depende da temperatura e da máxima concentração de sólidos dissolvidos adotadas na operação. Uma vez que o DCV pode operar numa larga faixa de condições, os tipos de material também irão variar. No Quadro 2.3 são apresentados os materiais mais utilizados para operação tanto em baixas quanto em altas temperaturas.

2.6.6 *Status* do processo DCV

Tanto os arranjos de baixa temperatura quanto os de alta temperatura são oferecidos hoje em dia no mercado mundial.

Unidades de baixa temperatura

São geralmente projetadas com capacidade de até 1.900 m^3/dia. Muitas plantas foram construídas em todo o mundo, uma vez que suprem as necessidades das pequenas localidades remotas.

TAB. 2.5 Características dos diversos arranjos dos processos DCV

Características dos processos DCV	Por compressão mecânica de vapor		Termocompressão de vapor de baixa temperatura
	Baixa temperatura	Alta temperatura	
Máxima temperatura de operação (°C)	46,1	101,7	46,1
Recuperação de calor (%)	40,0	40,0	40,0
Eficiência energética de produção (kg/MJ)	3,44 a 5,17	ND	ND
Coeficiente de transferência de calor (W/m² – K)	1.703 a 2.271	ND	ND
Sólidos no concentrado final (mg/L)	58.000	58.000	58.000
Sólidos no destilado final (mg/L)	< 25	< 10	< 25
Consumo de energia (MJ/m³):			
Vapor de alta pressão	Nenhum	Nenhum	0,0159 a 0,0238
Uso de eletricidade	0,0172 a 0,0252	0,0172 a 0,0252	0,00132
Pré-tratamento químico:			
Produto químico	Polifosfato	Ácido ou polifosfato	Polifosfato
Dosagem no pré-tratamento (mg/L)	0,5	4 a 10	0,5
Observação: ND = informação não disponível.			

Fonte: adaptado de USBR (2003).

QUADRO 2.3 Especificação dos materiais para processos DCV

Item ou unidade	Operação em baixa temperatura	Operação em alta temperatura
Concha do evaporador	Aço-carbono revestido com epóxi	Pode-se utilizar aço-carbono cladeado com aço inoxidável 316L ou totalmente com aço inoxidável 316L
Tubulação trocadora de calor	Alumínio	Titânio
Chapa de tubos	Alumínio	Aço-carbono cladeado com titânio
Tubos de interconexão	Não metálicos	Aço inoxidável 316L
Alimentação do aquecedor	Titânio	Titânio
Bombas	Bronze	Aço inoxidável grau 316
Chapas estruturais externas	Aço-carbono	Aço-carbono
Eliminadores de névoas (*demisters*)	Aço inoxidável grau 316	Aço inoxidável grau 316

Fonte: USBR (2003).

Unidades de alta temperatura

São mais usadas em áreas onde a água é escassa e onde, portanto, a água de refrigeração tem que ser conservada.

Muitos sistemas usando compressão mecânica de vapor foram projetados no mundo todo, sendo essas unidades, com capacidade de até 3.800 m³/dia, acionadas por motores a diesel.

2.7 Processos de destilação comparados aos demais processos

A seguir, os três processos de dessalinização por destilação (DME, MEF e DCV) são comparados entre si e também com os processos de separação por membranas. A ED e a eletrodiálise reversa (EDR) são também aqui brevemente comparadas com os processos de destilação. A comparação de ED/EDR com o processo OR será feita na subseção 2.8.10. A OR e a nanofiltração (NF) serão comparadas com os outros processos na subseção 2.9.9.

A destilação é a forma mais antiga de dessalinização de águas. Coletivamente, as plantas de destilação são aquelas que mais vezes foram utilizadas até agora, sendo a tecnologia MEF a mais usada para dessalinização de água do mar. Atualmente, o MEF foi utilizado em cerca de metade de toda a capacidade de dessalinização no mundo. No entanto, sabe-se que esse processo tem vários inconvenientes, apresentando custos de capital, de operação e de manutenção mais elevados do que os outros processos de dessalinização.

Pelos motivos apontados, o MEF é geralmente o processo mais indicado para usinas com dupla finalidade *(dual-purpose)* (geração de energia elétrica e produção de água potável) ou ainda naqueles casos em que o tratamento não pode ser realizado por OR ou EDR, como águas de alimentação com salinidade elevada (superior a 50.000 mg/L de sólidos totais dissolvidos), e para situações em que as características da água de alimentação prejudicam o desempenho e a vida útil das membranas.

Os recentes avanços nas tecnologias DME e DCV contribuíram para reduzir os custos de capital e a quantidade de energia auxiliar consumida, tornando esses processos economicamente competitivos não só em relação a todos os processos de destilação MEF, mas também em relação às maiores instalações de dupla finalidade. As maiores taxas de desempenho resultantes dos novos projetos DME simplificaram as suas plantas e contribuíram para um menor custo de capital em comparação com o MEF.

2.8 Processos de eletrodiálise e eletrodiálise reversa (ED/EDR)

A ED, um dos dois processos de membranas comumente usados para dessalinização de águas, é baseada no movimento seletivo de íons em solução. Nela, utiliza-se a corrente contínua para transferir íons através de uma membrana que possui grupos iônicos fixos quimicamente ligados à estrutura da membrana. A quantidade de energia elétrica consumida é diretamente proporcional à quantidade de sais a serem removidos. Assim, por motivos econômicos a ED fica limitada à dessalinização de águas com menos de 10.000 mg/L de sólidos totais dissolvidos, o que a torna mais adequada para a dessalinização de alguns tipos de água salobra. No entanto, para certas aplicações, as características especiais desse processo podem ser usadas em conjunto com a OR.

A EDR é baseada nos mesmos princípios de Eletroquímica usados na ED. A diferença fundamental na operação da EDR é que o projeto possibilita reversão periódica e automática da polaridade e da função das células. Essa reversão de fluxo, feita basicamente três a quatro vezes por hora com a finalidade de inverter o fluxo de íons através da membrana, melhora a tolerância dessa tecnologia no tratamento de águas propensas à incrustação e também para águas mais turvas.

A tecnologia ED tem sido sistematicamente substituída pela EDR nos Estados Unidos e em alguns outros países que ainda a utilizam.

2.8.1 Fundamentos dos processos ED/EDR

A ED é um processo de membrana regido pelas normas D5091-95 (ASTM, 2001a) e D5131-90 (ASTM, 2001b).

Os processos ED/EDR baseiam-se na capacidade de as membranas semipermeáveis deixarem passar determinados íons em uma solução de sais ionizados enquanto outros são bloqueados. Os sais estão em solução como partículas ionizadas com cargas positivas ou negativas. Por exemplo, o cloreto de sódio é composto de um íon positivo (Na^+) e um íon negativo (Cl^-). Quando uma corrente contínua é aplicada numa solução que contém esses dois íons, os positivos migram para o eletrodo negativo (catodo) e os negativos migram para o eletrodo positivo (anodo). Uma membrana catiônica permeável permite a passagem de íons positivos, mas bloqueia íons negativos. Uma membrana aniônica permeável faz o contrário: permite que íons negativos passem, mas bloqueia íons positivos. Deve-se ressaltar que a ED não remove matéria coloidal e matéria que não é ionizada nem bactérias.

A Fig. 2.25 mostra um arranjo esquemático do processo ED. Os dois tipos de membrana (catiônica e aniônica) criam alternadamente dois fluxos: um com uma solução pobre em sais e outro rico em sais. Pares de células múltiplas entre um anodo e um catodo compreendem uma *pilha*. Uma membrana aniônica, um espaçador de solução diluída, uma membrana catiônica e um espaçador de solução concentrada constituem uma unidade de repetição denominada *par de pilhas*.

Como se pode observar no arranjo dessa figura, ao fechar o interruptor, deixando passar corrente contínua no meio líquido, haverá uma tendência natural do polo positivo (anodo) atrair os íons negativos (Cl⁻) e do polo negativo (catodo) atrair os íons positivos. Ao interpor as membranas catiônicas (C) e as membranas aniônicas (A) umas em sequência das outras dentro do tanque que contém a água salina, a membrana catiônica só deixará passar o íon Na⁺ e a membrana aniônica só deixará passar o íon Cl⁻. Assim, o meio líquido número 1, onde está colocado o catodo ou polo negativo, reterá tanto o íon Na+ quanto o íon Cl⁻, uma vez que este não consegue passar pela membrana catiônica. Nesse trecho, será formado um líquido concentrado de sais, enquanto, por exemplo, no trecho 2 se formará um líquido isento desses sais. Em resumo, no líquido contido nos trechos 1, 3 e 5 da Fig. 2.25 estará o concentrado, e no líquido contido nos trechos 2, 4 e 6, a água dessalinizada.

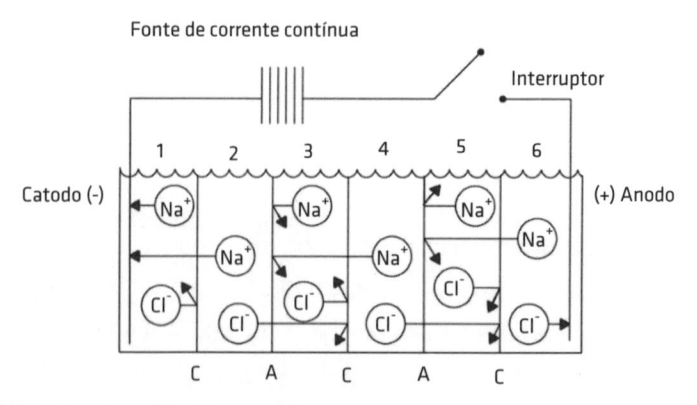

FIG. 2.25 *Arranjo esquemático do processo de ED*
Fonte: USBR (2003).

A inversão de polaridade (EDR) aumenta a eficiência do processo ED. Durante a reversão, as camadas concentradas que se formaram contra as membranas nos compartimentos concentrados são dissipadas.

As reversões reduzem a tendência à incrustação. A água produzida não é coletada durante um curto intervalo de tempo imediatamente após a reversão. Assim, inversões de polaridade periódicas e intercâmbio simultâneo do produto e do concentrado proporcionam melhor controle de incrustações e de acúmulos de matéria coloidal nas membranas, o que permite a operação com maiores níveis de supersaturação dos compostos que produzem incrustações sem necessidade de utilizar produtos químicos. Na Fig. 2.26 é apresentado um exemplo de pilha ED. O modo como as membranas são colocadas nas pilhas é chamado de *estágio em série* ou *staging*, segundo Meller (1984 apud USBR, 2003).

O objetivo dos estágios em série é proporcionar uma área de membrana e um tempo de retenção suficientes para que se possa eliminar uma fração especificada de sais da corrente de água desmineralizada. Dois tipos de estágio em série são usados: hidráulico e elétrico.

Em uma pilha dotada de um estágio hidráulico e de outro elétrico, cada incremento de água faz uma passagem por toda a superfície da membrana entre um par de eletrodos e sai. Em pilhas de membranas, como aquelas fabricadas pela empresa Ionics, a água flui por vários caminhos paralelos através da superfície da membrana e numa única passagem flui por um espaçador de fluxo de água entre duas membranas, saindo pelo barrilete.

Em uma pilha de escoamento laminar, como aquela fabricada pela empresa Asahi Glass, a água entra em uma extremidade da pilha e flui como uma lâmina através da membrana para sair na outra extremidade em uma única passagem. Na Fig. 2.27 são apresentados exemplos de estágios hidráulicos e elétricos.

Estágios hidráulicos adicionais devem ser incorporados para aumentar a quantidade de sais removidos em um sistema ED/EDR, como mostrado no esquema do lado esquerdo da Fig. 2.27. Essa figura apresenta também um exemplo de montagem de um estágio elétrico (esquema do centro). O estágio elétrico é realizado através da inserção de pares de eletrodos adicionais em uma pilha de membranas. Isso permite maior flexibilidade na concepção do sistema, que oferece taxas máximas de remoção de sais, evitando a polarização e as limitações das pressões hidráulicas.

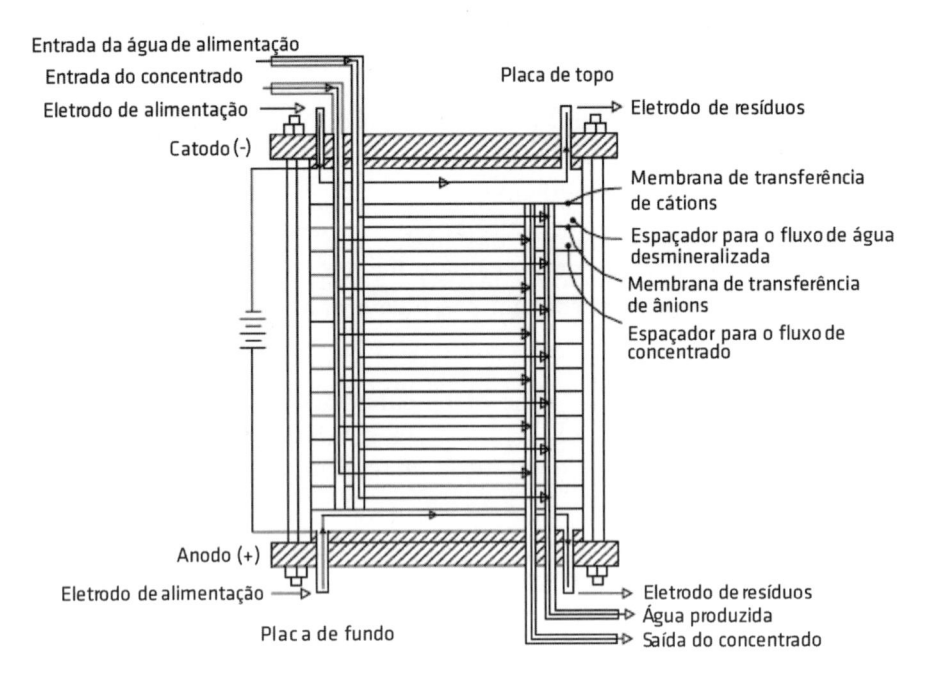

FIG. 2.26 *Esquema de dessalinização por ED: arranjo em pilhas verticais*
Fonte USBR (2003).

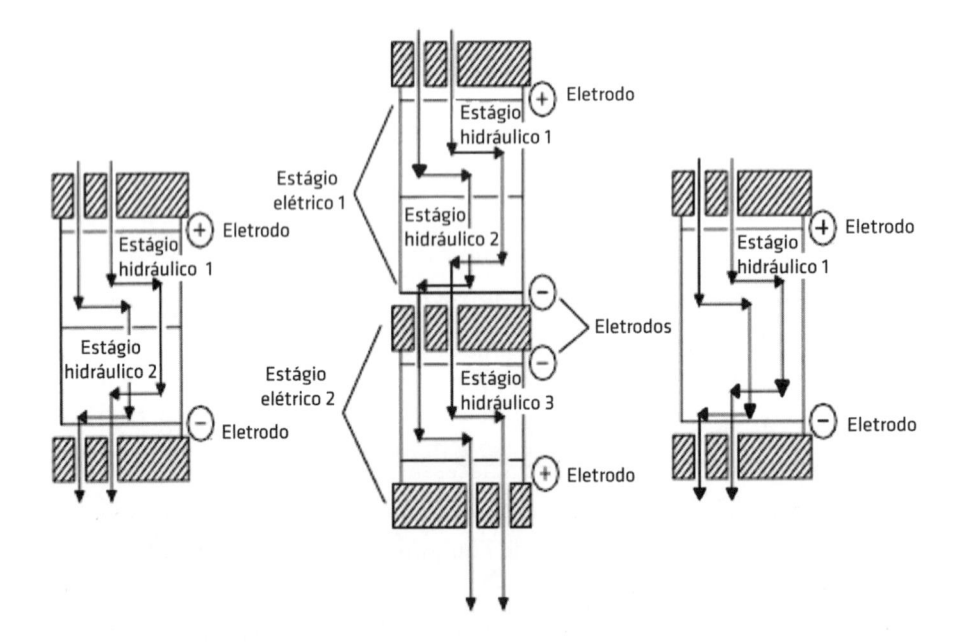

FIG. 2.27 *Arranjos ED com estágios hidráulicos e elétricos*
Fonte: USBR (2003).

2.8.2 Arranjos ED/EDR em pilhas

O arranjo em pilhas consiste de um canal de entrada de água de alimentação, membranas semipermeáveis, espaçadores, dois eletrodos, e placas na extremidade para formar um dispositivo rígido. As bordas dos pares de células (formados por duas membranas e um espaçador) são seladas pela pressão aplicada à extremidade das placas por meio de tirantes. Cada eletrodo é conectado a uma fonte de corrente contínua. Os espaçadores separam as membranas, contêm e direcionam o fluxo de água uniformemente em toda a face exposta da membrana. Os espaçadores têm geralmente cerca de 1 mm de espessura e são concebidos para causar uma mistura turbulenta. As pilhas podem ser dispostas em planos verticais ou horizontais.

As membranas catiônicas geralmente são fabricadas com um tipo de poliestireno sulfonado cuja finalidade é produzir grupos iônicos fixos na membrana. A membrana aniônica contém grupos de amônio quaternário fixos em um polímero similar. Na água, esses grupos iônicos fixos ionizam a forma móvel para conter os íons. Sob uma corrente direta aplicada, os íons móveis facilmente fazem a troca com íons de mesma carga advindos da solução. A Tab. 2.6 mostra as propriedades de algumas membranas comerciais ED/EDR.

2.8.3 Consumo de energia nos processos ED/EDR

Os processos ED/EDR usam energia elétrica para a transferência de íons através das membranas e também para fazer o bombeamento da água através do sistema.

Duas ou três unidades de bombeamento estão envolvidas no processo. Apesar de não haver necessidade de grandes alturas manométricas nessas bombas, a potência de bombeamento pode, às vezes, ser significativa. Para dessalinizar economicamente a água salobra, em termos de consumo de energia elétrica estima-se que cerca de 2 kWh são utilizados para cada 1.000 mg/L de redução da salinidade para um volume de 3,785 m^3 (ou 3.785 L) de água produzida.

Para o bombeamento, a potência necessária depende da taxa de recirculação do concentrado, da necessidade de água dessalinizada e dos resíduos descarregados, além da eficiência do equipamento de bombeamento.

São necessários retificadores de corrente para fazer a conversão da corrente alternada para corrente contínua, utilizada no transporte de íons através das membranas. É importante o ajuste da tensão elétrica em cada pilha, e para isso são utilizados transformadores com possibilidade de variação de tensão. A potência de corrente contínua necessária é proporcional à quantidade de sais a ser removida.

TAB. 2.6 Principais características das membranas comerciais para processos ED/EDR

Membrana	Tipo	Propriedades estruturais	CTI (meq/g)	Suportes	Espessura (mm)	% de gel na água	Resistência área 0,5 N NaCl (26 °C, Ω cm^2)	Permeabilidade seletiva 1,0/0,5 N KCl (%)
Asahi Chemical Industry Company Ltd. – Chiyoda-Ku, Tóquio, Japão								
K 101	Catiônica	Estireno/DVB	1,4	Sim	0,24	24	2,1	91
A 111	Aniônica	Estireno/DVB	1,2	Sim	0,21	31	2 a 3	45
Asahi Glass Company Ltd. – Chiyoda-Ku, Tóquio, Japão								
CMV	Catiônica	Estireno	2,4	PVC	0,15	25	2,9	95
AMV	Aniônica	Butadieno	1,9	PVC	0,14	19	2 a 4,5	92
ASV	Aniônica	Univalente	2,1	-	0,15	24	2,1	91
Ionics Inc. Watertown, MA 02172								
67 HMR	Catiônica	Acrílico	2,1	Acrílico	0,57	46	2,8	91
64 LMP	Catiônica	Acrílico-DVB	2,4	Polipropileno	0,56	42	6,5	90
61 CMR	Catiônica	Estireno-DVB	2,1	Acrílico	1,2	40	15,0	-
69 HMP	Catiônica	Acrílico-DVB	2,1	Polipropileno	0,63	49	6	-
204 SZRA	Aniônica	Acrílico	2,4	Acrílico	0,56	46	3,5	93
204 UZRA	Aniônica	Acrílico	2,8	Acrílico	0,57	40	3,7	96
103 QDP	Aniônica	Estireno-DVB	2,18	Polipropileno	0,54	36	4,1	96
Tokuyama Soda Company Ltd., NishiShimbashi, Minato-Ku, Tóquio, 105, Japão								
CL-25T	Catiônica	-	2,0	PVC	0,18	31	2,9	81
ACH-45T	Aniônica	-	1,4	PVC	0,15	24	2,4	90
CMS	Catiônica	Univalente	> 2,0	PVC	0,15	38	1,5 a 2,5	-
ACS	Aniônica	Univalente	> 1,4	PVC	0,18	25	2 a 2,5	-

Observação: CTI = capacidade de troca iônica.
Fonte: WTMP (1995 apud USBR, 2003).

O consumo de energia é afetado pela temperatura da água de alimentação. Se esta está aquecida, há diminuição da perda de carga nas tubulações e, portanto, redução do consumo de energia. Como regra geral, pode-se supor uma diminuição de 1% no consumo de energia a cada 0,5 °C de aumento da temperatura, quando a temperatura da água está acima de 21 °C, e um aumento de 1% no consumo de energia a cada 1 °C, quando a temperatura da água está abaixo de 21 °C. As membranas hoje disponíveis são limitadas a uma temperatura máxima de 38 °C, e a temperatura mínima da água de alimentação estaria limitada a 10 °C.

2.8.4 Variáveis do processo ED/EDR

A corrente elétrica nas pilhas pode ser prevista pelas relações teóricas de Faraday e pelas leis de Ohm. Sabe-se que um faraday é a quantidade de energia elétrica necessária para transferir um equivalente grama de sal (1 F = 96.485,34 coulombs). Para aplicação nos processos ED, segundo a Ionics (1984 apud USBR, 2003), a lei de Faraday pode ser assim escrita:

$$I = \frac{(F \cdot Q_p \cdot \Delta N)}{e \cdot N_{pc}} \quad (2.1)$$

em que:
I = intensidade da corrente contínua (em amperes);
ΔN = diferença da normalidade no fluxo diluído entre a entrada e a saída;
F = constante de Faraday;
Q_p = vazão do fluxo diluído;
e = eficiência da corrente;
N_{pc} = número de pares de células.

Pela lei de Ohm:

$$E = I \cdot R \quad (2.2)$$

em que:
E = diferença de potencial através da pilha (em volts);
I = intensidade da corrente contínua (em amperes);
R = resistência à passagem da corrente elétrica (em ohms – Ω). Para os processos ED/EDR tipo pilha, R é a combinação da resistência nas membranas e da resistência oferecida ao preenchimento do fluxo da água no caminho entre os espaçadores.

Na prática, a corrente realmente necessária é proporcional à redução do teor de sais para uma determinada vazão. A corrente real inclui as perdas de corrente por fuga através das pilhas múltiplas e transferências da água através da membrana. Outras variáveis do processo incluem polarização, densidade de corrente e voltagem da pilha.

- *Polarização*: tal fenômeno ocorre quando o transporte de íons através da membrana excede a entrada dos íons de reposição na superfície da membrana. Várias ocorrências são possíveis:
  - alterações no pH ao longo da solução;
  - perda de eficiência da corrente;
  - aumento da resistência;
  - ionização da água com H^+ e OH^-, causando graves avarias nas pilhas.
- *Densidade de corrente*: é a corrente por unidade de área de membrana disponível por onde essa corrente passa. Teoricamente, quanto maior a densidade de corrente, menor a área de membrana necessária e menor o custo de capital envolvido. Pode ocorrer polarização sempre que se ultrapassa uma densidade de corrente limite, valor esse que é fixado para cada aplicativo.
- *Voltagem nas pilhas*: a voltagem necessária depende da resistência das pilhas e da densidade de corrente. A tensão é controlada manualmente, com base na densidade de corrente necessária.

A velocidade com que a água de alimentação é dessalinizada depende do tempo de permanência dentro da pilha e da densidade de corrente. O valor da densidade de corrente é mantido o mais alto possível para aumentar a produção. A alta resistência elétrica que resulta quando o teor de sal no líquido é drasticamente reduzido limita o fluxo real de corrente. No lado da membrana em que fica o líquido concentrado, o alto teor de sais pode ser responsável pela formação de incrustações.

2.8.5 Equipamentos para o processo ED/EDR

Além das próprias pilhas, um conjunto completo ED/EDR exige os dispositivos e/ou os equipamentos descritos a seguir. Em alguns casos, um sistema de precondicionamento da água de alimentação pode ser necessário. Tais dispositivos são complementares ao equipamento normalmente fornecido como parte do processo ED/EDR. As questões referentes ao pré-tratamento da água

de alimentação serão abordadas posteriormente (esse é um dos itens a serem ainda pesquisados).
- *Filtros de cartucho*: são geralmente instalados como uma última barreira contra sólidos em suspensão de maior tamanho que podem adentrar o processo. O tamanho nominal dos sólidos removidos nos filtros de cartucho está na faixa de 10 µm a 20 µm. A vazão de projeto para um filtro longo de 25 cm está geralmente na faixa de 15 L a 19 L por minuto para minimizar a perda de carga.
- *Sistema de eletrodos*: um sistema químico é normalmente fornecido com o equipamento de ED/EDR de forma a controlar as condições de processo junto aos eletrodos, onde as reações químicas ocorrem. No anodo (eletrodo positivo) podem ser formados íons de hidrogênio (H^+), de cloro (Cl^-) e de oxigênio (O^-). No catodo (eletrodo negativo) podem ser formados gás hidrogênio (H_2) e íons hidroxila (OH^-). Portanto, o pH do meio tende a diminuir no anodo e se elevar no catodo. No processo ED, o ácido clorídrico é normalmente adicionado ao fluxo junto ao catodo para prevenir a incrustação. No processo EDR, frequentemente a inversão de polaridade praticamente elimina a necessidade da adição de ácido. No entanto, tanto na ED quanto na EDR os fluxos junto ao anodo devem ser desgaseificados para retirar o hidrogênio, o oxigênio e/ou o cloro que são gerados. Tais gases são então liberados para a atmosfera tomando-se os devidos cuidados e exercendo-se os controles ambientais adequados.
- *Sistema de limpeza*: na maioria dos casos, com uma planta adequadamente projetada, a limpeza da membrana não necessita ser frequente. Contudo, para ED e EDR, sistemas de limpeza localizados são normalmente fornecidos para possibilitar a circulação de soluções de ácido clorídrico com o objetivo de impedir incrustações ou de solução de cloreto de sódio com pH ajustado para a remoção de compostos orgânicos. Na maioria das plantas, são deixados espaços livres para possibilitar a desmontagem das pilhas e as operações manuais de limpeza.
- *Controle do sistema*: a maioria dos atuais sistemas ED/EDR é controlada por microprocessadores baseados em sistemas de controle programáveis (SCP). Tais sistemas são para aferir e controlar a voltagem nas pilhas, as vazões e pressões dos fluxos, a condutividade dos fluxos de líquido diluído (água dessalinizada) e de concentrado, a recuperação do sistema e o valor do pH. Para as plantas EDR, o SCP também inclui

a previsão de tempo de inversão de polaridade e de fluxo e válvulas operacionais e fornece a sequência de operação das múltiplas unidades.

2.8.6 *Layout* esquemático das plantas ED/EDR

Uma única pilha ED pode remover de 25% a 60% dos STD, a depender das características da água de alimentação. A dessalinização ainda requer que duas ou mais pilhas sejam colocadas em série, sendo cada uma delas chamada de fase ou de estágio. Uma fonte de alimentação separada é usada para cada fase.

A Fig. 2.28 mostra uma planta esquemática de ED operando com duas linhas paralelas de três estágios cada. Com essas duas linhas paralelas pode-se dobrar a produção. A água de alimentação é bombeada para uma seção de pré-tratamento e, em seguida, para as pilhas de membranas sucessivas. Uma parte do concentrado resultante é reciclada para melhorar o desempenho do sistema. O concentrado, que é removido do sistema, é substituído pela água de reposição.

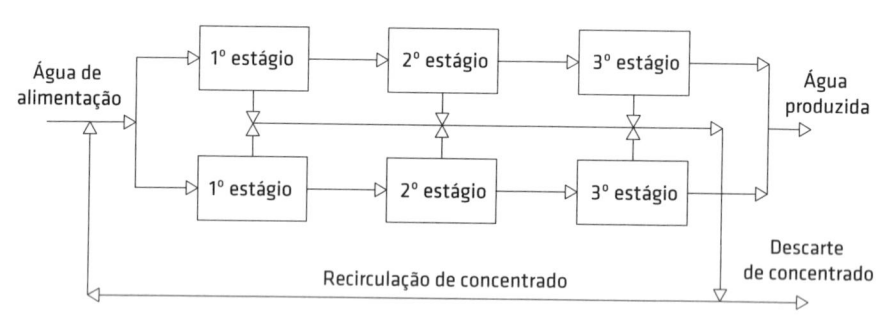

FIG. 2.28 *Arranjo esquemático de ED com duas linhas paralelas e três estágios em série Fonte: RosTek Associates, Inc. (2001 apud USBR, 2003).*

O número de estágios necessários para o tratamento de uma determinada água é geralmente determinado por meio de análises econômicas e com base nas análises químicas da água de alimentação e na qualidade desejada da água a ser produzida. Os principais fatores a serem considerados são dureza, alcalinidade, temperatura, sólidos totais dissolvidos e a presença ou não de íons particularmente problemáticos, como os de ferro e de manganês.

2.8.7 Incrustações *(fouling)* nas membranas ED/EDR

O *fouling* é a principal causa da perda de rendimento (perda da permeabilidade) nos processos que utilizam separação por membranas. Se-

gundo Baker (2004), as fontes causadoras do *fouling* podem ser divididas em quatro categorias:
- *substâncias que causam incrustações*, como o sulfato de cálcio ($CaSO_4$), o hidróxido de magnésio [$(Mg(OH)_2$] e o carbonato de cálcio ($CaCO_3$);
- *materiais finamente particulados*, em especial as sílicas (SiO_2) e os siltes, tipo de solo cujas partículas são maiores do que as de argila e menores do que as de areia (na faixa de 4 µm a 64 µm);
- *crescimento de micro-organismos (biofouling)*;
- *fouling orgânico* (óleos, graxas etc.).

Com a operação contínua nas plantas ED, vai havendo acúmulo de impurezas, as quais vão formando depósitos que podem ir se acumulando na superfície da membrana. A quantidade e os tipos de depósito dependerão da qualidade da água de alimentação. O *fouling* provoca um aumento nos requisitos de resistência e de potência nas pilhas. Técnicas para limpeza no local têm sido desenvolvidas para aumentar o intervalo de desmontagem periódica para limpeza manual. Os processos ED/EDR apenas removem os íons, portanto todas as bactérias, outras partículas coloidais ou sílica presentes no fluxo de água de alimentação permanecerão no fluxo de água produzida, sendo o pré-tratamento, desse modo, uma medida extremamente necessária.

A adição de ácido na água de alimentação evita não só a incrustação como também inibe o crescimento da biomassa. A inversão de polaridade (EDR) reduz ou elimina a necessidade de adição de ácido à água de alimentação. Dessa forma, o processo EDR tem requisitos de pré-tratamento menos rigorosos do que a ED. A inversão periódica da polaridade e da função das células ajuda a limpar as superfícies dos materiais que provocam o *fouling*. A lavagem periódica ou contínua dos eletrodos elimina também os gases neles formados. A maioria das águas que contém até 150 mg/L de sílica não prejudica a operação dos sistemas ED/EDR. A Tab. 2.7 lista os requisitos de pré-tratamento para sistemas EDR.

O custo do pré-tratamento da água de alimentação para ED variará com a qualidade da água de alimentação. Por exemplo, um poço de água doce isento de óxidos de ferro ou manganês requer pré-tratamento mínimo. Assim, os custos de pré-tratamento para ED/EDR estão relacionados com a concentração admissível de sais no fluxo de concentrado. A incrustação pode ocorrer quando o fluxo de concentrado se torna saturado de substâncias incrustantes alcalinas menos solúveis ou mesmo não alcalinas, tal como o sulfato de cálcio. O pré-tratamento é necessário para remover o potencial de incrustação.

TAB. 2.7 Requisitos de qualidade da água de alimentação para EDR (após o pré-tratamento)

Parâmetros gerais	Parâmetros específicos	Qualidade exigida da água de alimentação (após o pré-tratamento)
Materiais em suspensão	Turbidez	< 0,5 UNT
	IDS	< 15 min
Concentração máxima de íons	De ferro	0,3 mg/L
	De manganês	0,1 mg/L
	De sulfetos	0,1 mg/L
Substâncias orgânicas		Consultar o fabricante do equipamento
Aditivos químicos	Cloro residual	0,5 mg/L de cloro residual livre ou 2,0 mg/L de cloro residual total
	Inibidores de incrustações	Podem ser usados, se necessário. Consultar o fabricante do equipamento
	Acidificação	Pode ser usada para reduzir o ISL do concentrado. Consultar o fabricante do equipamento
Temperatura da água de alimentação	Mínima	1 °C
	Máxima	43 °C
ISL	Máximo no concentrado	+2,1
Solubilidade das seguintes substâncias	Sulfato de cálcio (CaSO$_4$)	Até 6,25 x K$_{SP}$ no concentrado
	Sulfato de bário (BaSO$_4$)	Até 150 x K$_{SP}$ no concentrado
	Sulfato de estrôncio (SrSO$_4$)	Até 8 x K$_{SP}$ no concentrado
	Fluoreto de cálcio (CaF$_2$)	Até 500 x K$_{SP}$ no concentrado
	Sílica	Até a saturação na água de alimentação

Observações: IDS = índice de densidade do silte; UNT = unidade nefelométrica de turbidez; ISL = índice de saturação de Langelier; e KSP = constante de solubilidade.
Fonte: adaptado de USBR (2003).

Incrustações alcalinas: carbonato de cálcio e hidróxido de magnésio tendem a se formar no lado do líquido concentrado das membranas. Adicionar ácido à água de alimentação de modo que o ISL não ultrapasse 2,5 no fluxo de concentrado é considerado um tipo de controle adequado para sistemas EDR. Já a incrustação pelo sulfato de cálcio pode ser impedida ao se limitar a sua concentração no líquido concentrado a valores não superiores à faixa de 150% a 200% do nível de saturação. Valores maiores que este podem ser utilizados desde que sejam empregados inibidores de incrustação no fluxo de recirculação do concentrado.

O pré-tratamento para remoção de ferro é recomendado sempre que a água de alimentação contiver mais do que 0,3 mg/L desse elemento. Ferro e manganês são removidos com permanganato de potássio ou abrandamento com cal (lime softening). A filtração remove o ferro insolúvel e os hidróxidos de manganês, $Fe(OH)_3$ e $Mn(OH)_4$, que se formam. Uma vez que as águas naturais contêm uma certa quantidade de sólidos em suspensão, a maioria das plantas ED são dotadas de filtros de polimento para sólidos com tamanho na faixa de 5 μm a 25 μm, colocados imediatamente antes da entrada da alimentação para a unidade. As operações normais de pré-tratamento das águas de alimentação das unidades ED são, na ordem:
- remoção de ferro e manganês;
- adição de ácido;
- filtração de polimento final.

Pode ser desejável fazer a desinfecção da água de alimentação para controlar o lodo ou para oxidar determinados constituintes. A prática normal consiste na remoção do cloro residual, antes das unidades de membrana, por meio da utilização de filtros de carvão ativado ou da adição de sulfito. No entanto, algumas membranas mais modernas apresentam alguma tolerância ao cloro, tornando-se desnecessária a descloração nesses casos.

2.8.8 Vida útil das membranas ED/EDR

A vida útil das membranas influencia significativamente no viés econômico do processo ED/EDR. A substituição das membranas é um processo difícil e demorado, principalmente se não for necessário substituir todas as membranas de uma pilha.

Uma vez que as membranas ED/EDR são resinas de troca iônica no formato laminar, estão sujeitas às mesmas características que as outras resinas de troca iônica, exceto no que diz respeito a danos mecânicos. Existem dois tipos diferentes de membrana: a aniônica e a catiônica. As membranas catiônicas normalmente duram mais do que as aniônicas. As membranas de troca iônica são particularmente suscetíveis à oxidação pelo cloro e por outros oxidantes fortes. Em certas circunstâncias, as membranas aniônicas à base de estireno podem tornar-se irreversivelmente contaminadas por vários compostos orgânicos encontrados em águas superficiais e efluentes tratados (Elyanow et al., 1991 apud USBR, 2003). Com a introdução no mercado, a partir de 1981, das membranas para EDR, com base em acrílico, tais problemas foram resolvidos, e essas membranas geralmente superam as suas antecessoras.

Devido às condições existentes nas vias de fluxo entre os espaçadores, algumas águas poderão induzir o crescimento de bactérias nas pilhas. As tentativas de desinfetar as pilhas podem causar danos à membrana. Pontos quentes ou mesmo curtos-circuitos no interior das pilhas também danificam a membrana, o que requer a desmontagem da pilha para substituição das membranas e espaçadores danificados. Em geral, uma vida útil de dez anos para as membranas pode ser, de certa forma, uma estimativa realista para determinar a necessidade de sua substituição. Em aplicações com águas limpas de poços, uma vida útil das membranas superior a dez anos é possível para uma usina adequada e bem projetada. As limpezas efetivas periódicas e no local também irão prolongar a vida útil da membrana e melhorar a qualidade do produto, bem como ajudar a poupar energia.

2.8.9 Vida útil dos eletrodos ED/EDR

Os eletrodos têm tido um desenvolvimento muito grande ao longo dos últimos anos, à medida que a experiência e a compreensão do processo têm aumentado. A ciência dos materiais tem possibilitado novas técnicas de revestimento e deposição. A vida útil dos eletrodos variou na última década com a aplicação e o tipo de água de alimentação e a capacitação dos operadores, entre outros fatores. Não era incomum uma vida útil de cinco anos de um eletrodo de platina em uma planta unidirecional.

A vida útil do anodo era geralmente menor do que a do catodo, porém, com o advento da EDR, a vida útil dos eletrodos foi reduzida em ambos os casos. A empresa Ionics realizou uma extensa pesquisa e um programa de desenvolvimento destinado a produzir um eletrodo que tivesse vida útil razoável e fosse razoavelmente barato e relativamente eficiente eletricamente. A vida útil do eletrodo é agora normalmente de dois a três anos. No entanto, deve-se ressaltar que os eletrodos podem ser recondicionados.

2.8.10 ED/EDR comparado a outros processos de dessalinização

Embora a ED tenha sido originalmente concebida como um processo de dessalinização de água do mar, o grande sucesso dessa tecnologia tem sido a dessalinização de águas salobras. A ED apresenta várias vantagens sobre a OR de baixa pressão, seu principal concorrente no mercado para tratamento da água salobra. A ED não separa substâncias apolares e, dessa forma, não é tão limitada pela concentração de sílica na água de alimentação. Devido ao projeto de canal aberto, um nível significativo de materiais em suspensão pode ser tolerado na água de alimentação se o recurso da reversão de polaridade (EDR) for incorporado ao projeto.

Com melhorias no projeto dos espaçadores e das membranas, a eficiência elétrica tem melhorado muito. O processo de reversão permite uma recuperação intrinsecamente superior para certos tipos de água de alimentação e a qualidade da água produzida pode ser adaptada a certas necessidades. O processo opera com pressões relativamente baixas e as pilhas são fabricadas principalmente com materiais resistentes à corrosão.

Como desvantagem, pode-se citar o fato de a ED não remover substâncias orgânicas e micro-organismos. Portanto, a água produzida não pode ser considerada potável em razão de a população de bactérias, cistos ou vírus não ter sido removida, como seria desejável. A ED também não remove substâncias que dão gosto e odor à água.

O consumo de energia também aumenta muito com o aumento da concentração de sólidos suspensos dissolvidos. Há um limite de tolerância para os componentes oxidáveis presentes na água de alimentação, como sulfeto de hidrogênio (H_2S) e ferro (Fe).

A ED/EDR deve ser sempre considerada como uma alternativa para a OR se as necessidades apontarem para os dois processos. Em muitos casos, as vantagens de ED/EDR, principalmente a alta taxa de recuperação, podem compensar suas desvantagens. Por exemplo, de acordo com Werner e Gottburg (1998 apud USBR, 2003), a quantidade de água de alimentação em Suffolk, Virginia, em 1990 era limitada, sob controle da regulamentação e com alta concentração de sílica, o que limitava a recuperação para um suposto processo OR a cerca de 85%. Foi realizado um teste-piloto e, como resultado, foi tomada a decisão de construir uma planta EDR com capacidade para 14.400 m^3/dia e taxa de recuperação de 94%.

2.9 Dessalinização por OR e por NF

A OR e a NF são processos que utilizam a pressão hidráulica para forçar a passagem da água de alimentação através de uma membrana semipermeável, formando dois fluxos: um de água pura e outro de concentrado (salmoura ou água mais concentrada em sais do que a água de alimentação). A tecnologia atual da OR, que pode ser usada para dessalinizar água do mar e também água salobra, é regida pelas normas ASTM listadas no Quadro 2.4.

QUADRO 2.4   Normas ASTM para a tecnologia atual da OR

Norma ASTM	Ano	Título
D3739-94	1998	Standard practice for calculation and adjustment of the LSI for RO
D3923-94	1998	Standard practices for detecting leaks in RO devices
D4189-95	2002	Standard test method for SDI of water
D4194-95	2001	Standard test methods for operating characteristics of RO devices
D4195-88	1998	Standard guide for water analysis for RO application
D4472-89	1998	Standard guide for record keeping for RO systems
D4516-00	2000	Standard practice for standardizing RO performance data
D4582-91	2001	Standard practice for calculation and adjustment of the SDSI for RO
D4692-01	ND	Standard practice for calculation and adjustment of sulfate scaling salts ($CaSO_4$, $SrSO_4$, and $BaSO_4$) for RO and NF
D4993-89	1998	Standard practice for calculation and adjustment of silica ($SiO2$) scaling for RO

Observações: LSI = *Langelier saturation index*; ND = informação não disponível; NF = *nanofiltration*; RO = *reverse osmosis*; SDI = *silt density index*; SDSI = *Stiff and Davis stability index*; $CaSO_4$ = sulfato de cálcio; $SrSO_4$ = sulfato de estrôncio; $BaSO_4$ = sulfato de bário.

As membranas utilizadas nos processos OR são geralmente feitas de poliamidas ou de produtos da celulose. O acetato de celulose ainda é utilizado na fabricação das membranas tanto de fibras planas quanto de fibras ocas. O composto de poliamida, usado na fabricação de membranas de fibras planas por vários fabricantes, domina atualmente a tecnologia de membranas. Novos produtos estão constantemente sendo desenvolvidos. Infelizmente, muitos não cumprem os critérios básicos para alcançar sucesso comercial: desempenho estável por longo período, baixo custo, operação com alto rendimento e manutenção da estabilidade de suas principais características.

2.9.1 Fundamentos dos processos OR/NF

A osmose é um processo natural no qual a água passa, através de uma membrana semipermeável, de uma solução de baixa concentração de sal a uma solução salina mais concentrada. As plantas usam esse fenômeno para extrair a água do solo. A força motriz para sua ocorrência é conhecida como pressão osmótica, que depende da diferença nas concentrações de sais das duas soluções, como mostrado na Fig. 2.29.

A carga de pressão é igual à pressão osmótica no ponto em que não há pressão líquida de água através da membrana. Se uma pressão superior à pressão osmótica da solução é aplicada no lado da solução concentrada, a água pura atravessa a membrana permeável seletiva a partir da solução concentrada. No entanto, dependendo da seletividade da membrana, os sais dissolvidos ali permanecem.

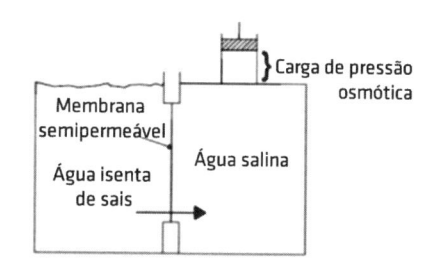

FIG. 2.29 *Pressão osmótica*
Fonte: USBR (2003).

O fluxo de água e a passagem de sais são os dois principais parâmetros descritivos das membranas OR e NF e que irão afetar seu desempenho. O fluxo é muitas vezes caracterizado pelo coeficiente de transporte do solvente (água) e a passagem de sais é dependente do coeficiente de transporte do soluto (sais). O coeficiente de transporte da água é proporcional à pressão aplicada ao líquido, enquanto o coeficiente de transporte de sais é função do material da membrana em si. O fluxo e a rejeição dependerão das condições de funcionamento, ao passo que os coeficientes de transporte são uma qualidade intrínseca da membrana. Assim, esses termos, bem como os seus respectivos coeficientes de transporte, não são realmente sinônimos. A Fig. 2.30 mostra em detalhes como isso funciona na osmose e na OR. As membranas semipermeáveis não são perfeitas. Certo percentual de sais poderá acompanhar a água na sua passagem pela membrana.

Basicamente, o fluxo é a taxa na qual o solvente passa através de uma unidade de área da membrana, sendo normalmente expresso em L/m^2.h (litros por metro quadrado e por hora). A passagem de sais está relacionada com a qualidade da água produzida por um íon específico ou pela concentração de sólidos suspensos dissolvidos. Para a qualidade da água de alimentação, é apenas um percentual. Cuidados devem ser tomados ao indicar as regras sob as quais esse cálculo ocorre. Uma possibilidade de passagem de sais de 1,0% em relação à concentração existente na água de alimentação significa, por exemplo, que uma concentração de 1.000 mg/L na água de alimentação resultará em 10 mg/L na água produzida.

Existem algumas expressões que descrevem a passagem do solvente e do soluto através de uma membrana. A equação a seguir expressa a maneira pela qual um solvente, como a água, passa através de uma membrana de OR:

$$Q_A = K_A \cdot (\Delta P_H - \Delta P_O) \cdot A_m / E_M \qquad (2.3)$$

em que:
Q_A = fluxo de água através da membrana;
K_A = coeficiente de permeabilidade da membrana (para passagem da água);
ΔP_H = gradiente de pressão hidráulica através da membrana;
ΔP_O = gradiente de pressão osmótica através da membrana;
A_m = área superficial ativa da membrana;
E_M = espessura da membrana.

A passagem do soluto pela membrana também pode ser descrita. A equação a seguir, por exemplo, expressa como um soluto, como o sal, passa através de uma membrana OR:

$$Q_S = K_S \cdot \Delta C_S \cdot A_m / E_M \qquad (2.4)$$

em que:
Q_S = fluxo de sal através da membrana;
K_S = coeficiente de permeabilidade da membrana (para passagem do sal);
ΔC_S = diferença de concentração do sal através da membrana;
A_m = área superficial ativa da membrana;
E_M = espessura da membrana.

É evidente que a pressão aplicada tem um papel importante no fluxo do solvente (água), e isso é levado em conta na equação correspondente. Porém, não aparece qualquer componente de pressão na equação de passagem de soluto (do sal). Conforme a pressão aumenta, aumenta a taxa de penetração do solvente, mas a passagem do soluto permanece constante, assim resultando numa melhor qualidade da água produzida. Vários mecanismos impedem a passagem de sais através de uma membrana. Tal impedimento é referido como rejeição de sal. As propriedades da água de alimentação que têm maior influência na rejeição de sal pela membrana são:
- *Valência iônica*: a rejeição aumenta com o número de valência do íon; os íons divalentes e trivalentes são mais rejeitados do que os monovalentes.
- *Tamanho da molécula*: a rejeição aumenta com o aumento do tamanho da molécula.

- *Tendência de ligação com o hidrogênio*: diminui a rejeição aos compostos com forte ligação com o hidrogênio. Por exemplo: água com amônia.
- *Gases dissolvidos*: os gases são permeáveis em seus estados livres. Por exemplo: o gás sulfídrico (H_2S) e o dióxido de carbono (CO_2).

Vai ocorrer o fenômeno da osmose sempre que soluções de mesma massa, sendo uma de alta e outra de baixa concentração de sais, forem separadas apenas por uma membrana semipermeável.

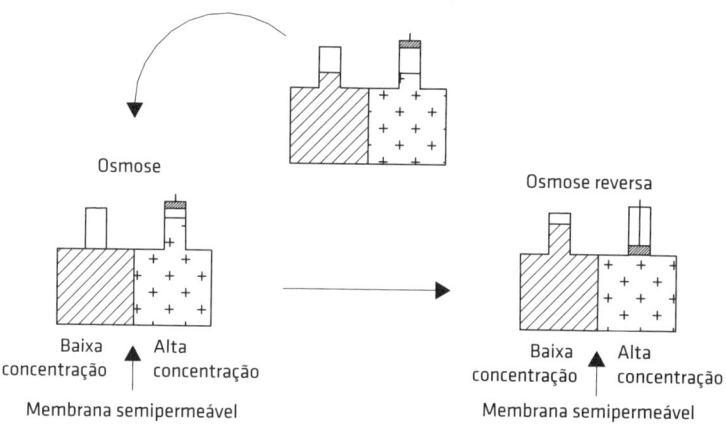

Osmose

Osmose reversa

Baixa concentração | Alta concentração
Membrana semipermeável

Baixa concentração | Alta concentração
Membrana semipermeável

Quando os dois tanques estão sob a mesma pressão, a água migra, através da membrana semipermeável, do tanque de baixa concentração para o tanque de alta concentração de sais. A solução no reservatório de alta concentração torna-se, então, mais diluída. Esse fluxo cessará quando a carga hidráulica no tanque de alta concentração igualar a pressão osmótica da solução.

Se uma pressão maior do que a pressão osmótica for aplicada no tanque de alta concentração de sais, a água pura migrará, através da membrana semipermeável, do tanque de alta concentração para o tanque de baixa concentração de sais. O fluxo cessará quando a carga hidráulica no tanque de baixa concentração igualar a pressão osmótica existente no tanque de alta concentração de sais.

FIG. 2.30 *Osmose e osmose reversa*
Fonte: Chapman-Wilbert et al. (1998 apud USBR, 2003).

2.9.2 Comparação entre as membranas OR e NF

As membranas OR e de NF disponíveis hoje no mercado são muito semelhantes. Parece que os fabricantes, em vez de comercializarem membranas OR e NF, estão preferindo produzir diferentes membranas para cobrir uma ampla gama de características de rejeição. Assim, por exemplo, toda membrana com mais de 95% de rejeição de cloreto de sódio pode ser considerada de OR. Como então proceder para escolher qual membrana usar numa situação particular? As seguintes perguntas podem ser respondidas com uma boa análise de qualidade da água e ajudarão nessa discussão:

- Qual é a concentração de STD na água de alimentação? Se for maior do que 1.500 mg/L, provavelmente a membrana OR será melhor.

- Qual é a meta de qualidade da água a ser produzida? Se for necessária uma redução de STD maior do que 95%, é melhor usar membranas OR.
- Qual é a percentagem de íons multivalentes? Se nos STD houver predominância de íons multivalentes, a membrana NF pode ser melhor.
- Que componentes presentes na água de alimentação excedem os padrões primários e secundários de classificação da água potável? A água produzida por OR pode ser misturada com águas de outras fontes. No entanto, se houver contaminantes que excedam os padrões para água potável, mesmo quando misturada com outras fontes, o custo do tratamento dessa água misturada deve ser considerado. Se o custo for alto e/ou se houver elevada percentagem de íons multivalentes, então a membrana NF pode ser melhor escolha.
- Há restrições de dimensões e de custo? Os sistemas sempre podem ser projetados para minimizar qualquer parâmetro, mas há a necessidade de abdicar de certas vantagens com a finalidade de obter outras.
- Quais são as opções de disposição final do concentrado (salmoura)? Em alguns locais, o uso na irrigação agrícola pode ser possível se a concentração de STD não for muito alta. O que é considerada "muito alta" depende dos solos locais, regime de precipitação e tipo de vegetação cultivada na área. Em outros locais, o volume de concentrado é sempre um fator muito importante.

2.9.3 Configurações de sistemas com membranas de OR

Duas configurações de membranas dominam hoje o mercado para fins de dessalinização de águas salobras e águas salinas por OR e NF: membranas enroladas em espiral (MEE) e membranas de fibras ocas finas (MFOF). Duas outras configurações de membranas, tubulares e de placas planas, raramente são utilizadas para dessalinização, mas são amplamente usadas no processamento de alimentos e em outras aplicações industriais.

Membranas enroladas em espiral (MEE)

As MEE são arranjadas em um envelope selado em três lados e fabricadas a partir de membranas de placas planas. As modernas membranas de placas planas consistem basicamente de um material de suporte que fornece a resistência mecânica, uma densa camada fina ativa e outra camada porosa esponjosa para suportar a camada ativa.

Um esboço do dispositivo, mostrado na Fig. 2.31, é montado em um vaso de pressão conforme apresentado na Fig. 2.32.

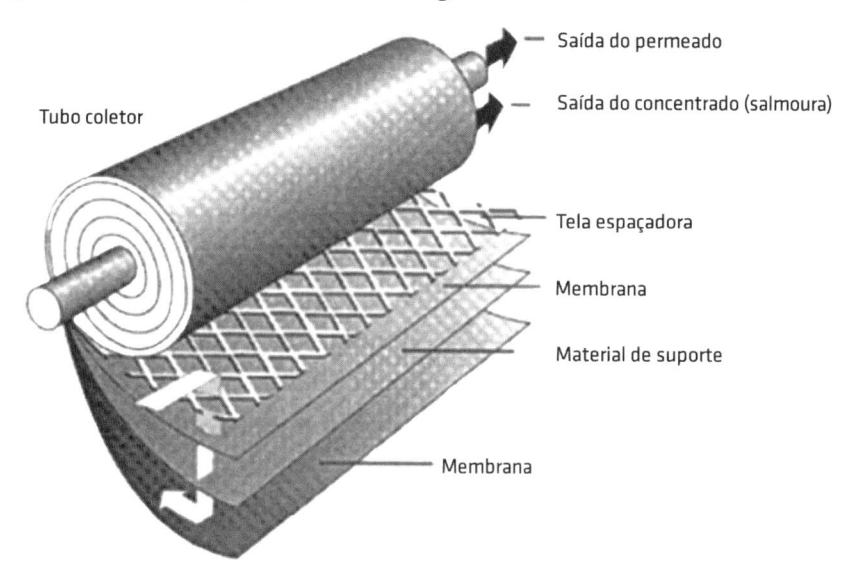

FIG. 2.31 *Membranas enroladas em espiral*
Fonte: USBR (2003).

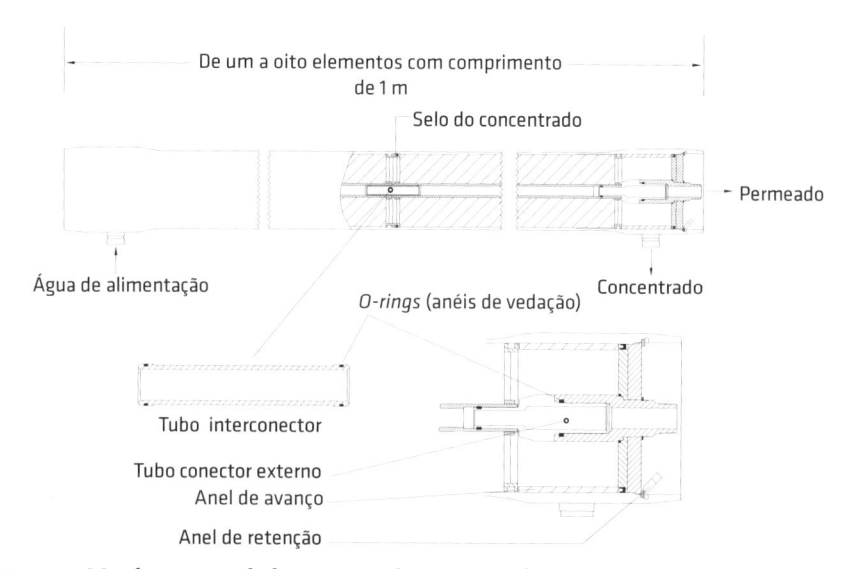

FIG. 2.32 *Membranas enroladas em espiral: montagem do conjunto*
Fonte: USBR (2003).

O material usado na fabricação da membrana pode ser a celulose (membrana de acetato de celulose) ou um material não celulósico (membrana composta). Para as membranas de acetato de celulose, as duas camadas têm formulações diferentes do mesmo polímero, conhecidas como *assimétricas*. Para membranas compostas, as duas camadas são polímeros completamente diferentes, com o substrato poroso sendo muitas vezes a polissulfona.

Uma grade de apoio chamada de transportador da água produzida fica no interior desse envelope. Todo o envelope é enrolado em um tubo central de coleta da água produzida, com as extremidades seladas para o tubo. Vários envelopes, ou folhas, são unidos por espaçadores abertos entre as folhas. Este é o espaçador da água de alimentação ou concentrado, ou lado de alimentação. As folhas são enroladas em torno do tubo de água do produto, formando espirais se forem vistas em seção transversal. Cada extremidade da unidade recebe um acabamento com um molde de plástico chamado de *dispositivo antitelescópico* e todo o conjunto é envolto por uma cápsula de fibra de vidro fino. A água de alimentação flui através da espiral sobre a superfície da membrana de modo mais ou menos paralelo ao tubo de água do produto. A água produzida flui num caminho em espiral dentro do envelope para o tubo central de coleta. Um anel de chevron em torno do exterior do compartimento de fibra de vidro força a água de alimentação a fluir através do elemento.

Membranas de fibras ocas finas (MFOF)

No projeto com MFOF um grande número de membranas de fibras ocas é montado em um vaso de pressão. O material usado na fabricação dessas fibras ocas pode ser a poliamida ou uma mistura de acetatos de celulose.

Essas finas membranas têm diâmetro externo de aproximadamente 100 μm a 300 μm (0,1 mm a 0,3 mm) e diâmetro interno entre 50 μm e 150 μm (0,05 mm e 0,15 mm). Normalmente, as fibras são montadas em formato de U, ou seja, ambas as extremidades são encaixadas em um placa de acoplamento *(tubesheet)* de plástico. A água salina pressurizada é introduzida no vaso e passa pelo exterior das fibras ocas. Sob pressão, a água é dessalinizada ao passar através das paredes da fibra e fluir para o interior delas, seguindo um fluxo em direção ao tubo de coleta. Na Fig. 2.33 é apresentado um esquema de montagem de MFOF. A Companhia DuPont, pioneira em OR, única fabricante dos Estados Unidos de grandes conjuntos de MFOF desde que a Dow Chemical se retirou do mercado, em 1980, anunciou recentemente que deixará de participar do mercado desse tipo de membrana. Isso deixa apenas a empresa Toyobo como fornecedora de MFOF, no entanto seus produtos têm sido raramente usados nos Estados Unidos.

Membranas em configuração tubular (MCT)

A configuração tubular utiliza tubos porosos (Fig. 2.34). Os diâmetros dos tubos variam, a depender da aplicação e do fabricante. A membrana é geralmente lançada na parede interna do tubo, podendo ser utilizada uma ampla variedade de polímeros.

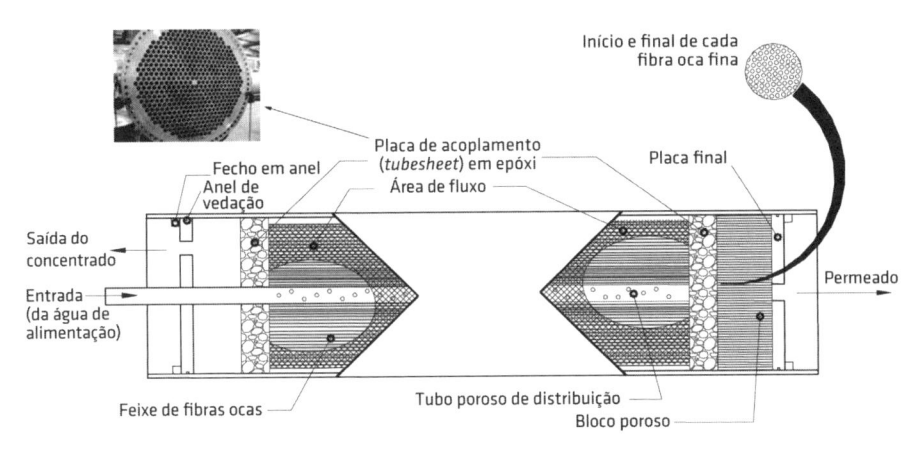

FIG. 2.33 *Esquema de montagem de MFOF*
Fonte: adaptado de USBR (2003).

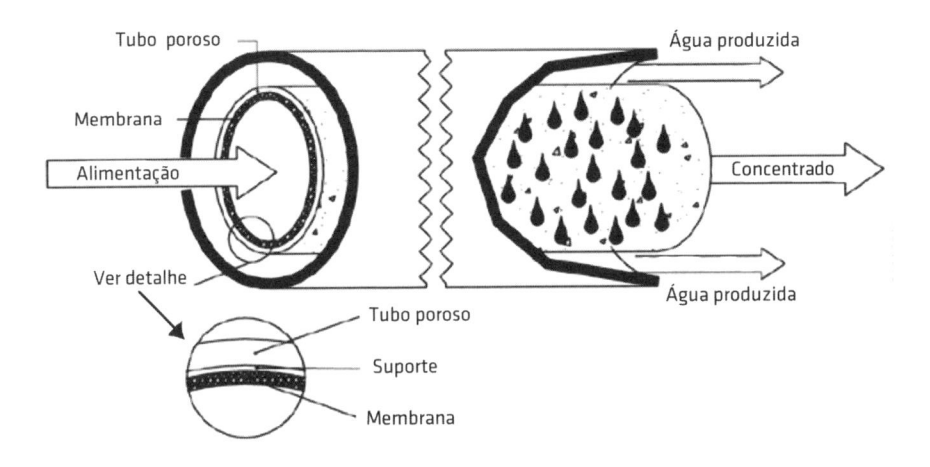

FIG. 2.34 *Esquema da configuração com membranas tubulares*
Fonte: USBR (2003).

Algumas membranas são bastante práticas (podem ser colocadas no meio de um suporte no próprio local). Tais dispositivos podem ser usados com vários tipos diferentes de membrana, e a grande vantagem para muitas aplicações é que o material da membrana pode ser reparado. Os tubos são geralmente agrupados e inseridos em um alojamento com alimentação simples, permeiam, e o concentrado sai do lado oposto da alimentação enquanto o permeado flui pelo lado externo do tubo poroso.

A configuração com membranas tubulares é geralmente mais cara e menos eficiente em termos de espaço ocupado do que as outras configurações (MFOF ou MEE). Em consequência disso, esse tipo de projeto é usado principalmente na indústria e no processamento de alimentos, aplicações para as quais se mostra adequada.

Membranas em configuração de placa e quadros (MCPQ)

A quarta opção é a configuração de placa e quadros (Fig. 2.35). Apesar de não ser muito utilizada para a obtenção de água potável, aparece com alguma frequência em vários nichos do mercado industrial, como processamento de alimentos e tratamento de chorume de aterros sanitários.

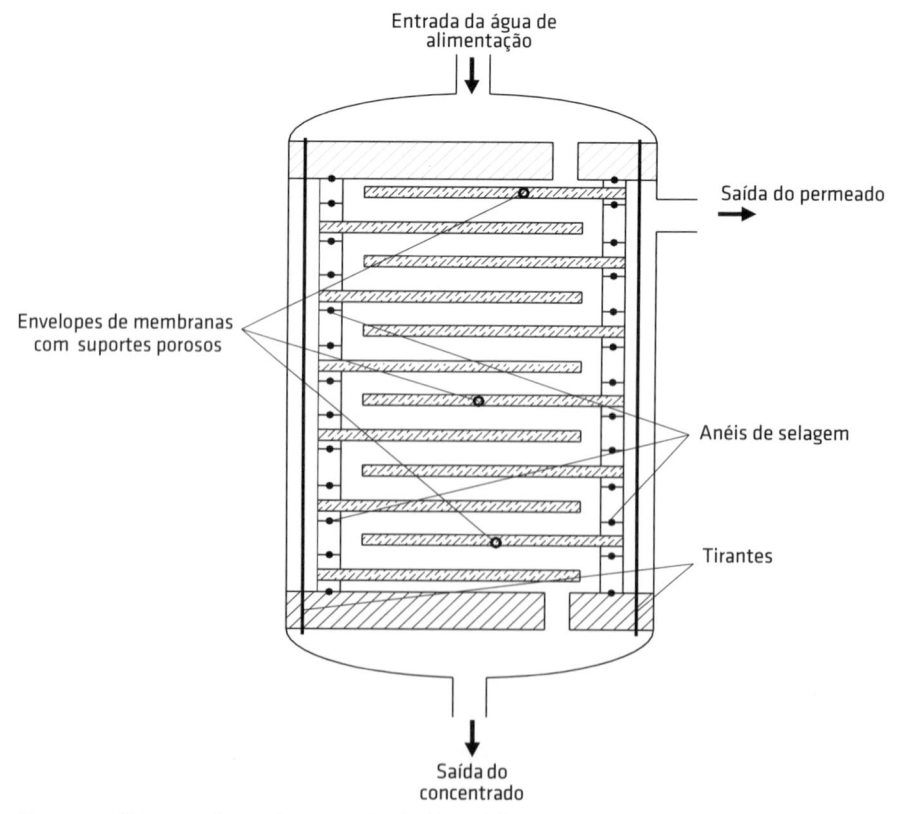

FIG. 2.35 *Esquema da configuração de placa e quadros*
Fonte: USBR (2003).

A configuração de placa e quadros é parecida com a de um filtro-prensa de placas. Utiliza membranas de placas planas, geralmente feitas com os mesmos polímeros utilizados em MEE e colocadas num dispositivo com um espaçador de alimentação aberto e uma via de passagem do fluxo.

Essa característica de projeto permite a introdução de água de alimentação com teores de sólidos suspensos relativamente altos, mas normalmente apresenta pequena capacidade de filtração e os mais altos custos por metro cúbico de água produzida quando comparada com as demais configurações de OR.

No Kuwait, foi feito um esforço significativo para tentar melhorar o custo efetivo de um sistema desses para a dessalinização de água do mar, porém sem sucesso.

Considerações sobre as configurações de projeto OR/NF

Uma das principais considerações sobre a configuração de projeto de membranas é o fenômeno da concentração-polarização. Como a água pura é forçada a passar através da membrana, uma camada de alta concentração de sais vai se acumulando no lado de alimentação. Essa concentração local de sal pode atingir níveis várias vezes maiores do que no fluxo de massa. Esse acúmulo, chamado de *concentração-polarização*, pode causar vários problemas:

- a pressão osmótica na superfície da membrana torna-se muito maior do que a pressão no fluxo de massa, reduzindo assim a pressão que efetivamente promove a passagem do líquido;
- o transporte de sal através da membrana aumenta devido ao gradiente de aumento da concentração de sal, resultando na deterioração da qualidade do produto;
- compostos como o sulfato de cálcio e o carbonato de cálcio tornam-se mais concentrados e mais propensos a precipitar.

Uma maneira eficaz de combater a concentração-polarização é manter valores adequados de velocidades das águas de alimentação e do concentrado através da unidade. Isso pode ser feito com cuidado obedecendo às recomendações do fabricante da membrana para vazões mínimas e quedas de pressão máximas durante a fase de projeto dos sistemas.

2.9.4 Consumo de energia elétrica nos processos OR/NF

O consumo de energia elétrica nos processos OR está diretamente relacionado com o sistema de bombeamento. Nos últimos dez anos, a pressão líquida necessária para possibilitar a permeação (PLNP) foi sendo significativamente reduzida, e a necessidade de energia elétrica nesses processos também diminuiu bastante. A PLNP para qualquer aplicação de membrana, seja em OR, seja em NF, é função tanto da mudança de pressão osmótica quanto da resistência hidráulica e pode ser calculada com base em:

$$PLNP = P_{alim} - [(\Delta P_{alim} \div 2) + P_{osm.\,med.\,alim.} + P_{ret.\,ag.\,prod.} - P_{osm.\,ag.\,prod.}] \quad (2.5)$$

em que:

P_{alim} = pressão de alimentação/concentrado;
ΔP_{alim} = perda de pressão no lado da alimentação (concentrado);
$P_{osm.\,med.\,alim.}$ = Pressão osmótica média no lado da alimentação (concentrado);
$P_{ret.\,ag.\,prod.}$ = pressão de retorno da água produzida;
$P_{osm.\,ag.\,prod.}$ = pressão osmótica da água produzida.

O termo $P_{osm.\,ag.\,prod.}$ é geralmente ignorado, pois é muito pequeno quando comparado com os outros termos. O termo $P_{ret.\,ag.\,prod.}$ está se tornando cada vez mais significativo à medida que a PLNP para membranas comerciais utilizadas na dessalinização de águas salobras diminui. Em uma aplicação para água salobra típica, a pressão de retorno da água produzida pode variar de 3 mca a 10 mca (metros de coluna d'água) quando a água é direcionada para um tanque de armazenamento no solo ou mesmo um desgaseificador.

A PLNP é influenciada pelo fator de concentração (FC) no processo e, portanto, pela água recuperada. O termo recuperação (R) é usado para descrever a eficiência do processo em termos de rendimento e normalmente medido como a fração da água de alimentação recuperada como permeado, isto é:

$$R = (Q_{Perm} \div Q_{Alim}) \times 100 \, (\%) \quad (2.6)$$

em que:

Q_{Perm} = vazão do permeado (m³/s);
Q_{Alim} = vazão de alimentação (m³/s).

Valores típicos de consumo de energia em alguns locais (unidades OR utilizadas na dessalinização de águas) são apresentados na Tab. 2.8.

A temperatura também influencia o consumo de energia em bombas de alimentação de OR, uma vez que afeta o fluxo, que, por sua vez, impacta a PLNP. O fluxo aumenta à medida que aumenta a PNLP. Altas eficiências tanto do motor quanto da bomba devem ser as diretrizes principais na seleção de bombas de alimentação. Inversores de frequência atualmente são comuns em plantas OR para água salobra. Essas unidades de frequência devem ser selecionadas também em função da eficiência.

TAB. 2.8 Valores típicos de consumo de energia em sistemas de bombas de OR

Local	Sólidos totais dissolvidos na água de alimentação (mg/L)	Recuperação (R, em %)	Temperatura (°C)	Pressão de alimentação (em MPa)	Consumo de energia no bombeamento em função da vazão de água produzida (kWh/m³)
Jupiter (fase 1)	5.000	75	21	2,4	1,125
Jupiter (fase 2)	5.000	75	21	1,44 a 1,72	0,650
Cape Coral (planta 2)	1.300	85	28	1,25	0,454
Kill Devil Hills	2.300	75	20	1,82	0,828
Santa Barbara (Califórnia)	AST	40	10 a 15	6,0 a 6,5	3,5 a 4,0
Key West	AST	30	20 a 28	5,5 a 6,0	4,0 a 4,5
Arlington (Califórnia)	1.200	77	21	1,45	0,515
Marco Island	10.000	75	21	2,31 a 2,72	1,111

Observação: AST = água salina típica (ou seja, com sólidos totais dissolvidos acima de 30.000 mg/L).
Fonte: adaptado de USBR (2003).

Valores típicos de consumo de energia para alimentação de bombas para plantas OR tratando água salobra estão na faixa de 0,5 kWh/m³ a 2,0 kWh/m³. Para dessalinização de água do mar por OR, atualmente o consumo de energia é em geral menor que 3 kWh/m³ se utilizados dispositivos de recuperação de energia (geralmente são utilizados dispositivos que aproveitam a pressão de retorno do concentrado).

A recuperação de energia tem se tornado bastante comum nos projetos de sistemas de dessalinização de água do mar por OR, podendo-se

recuperar entre 25% e 35% da energia de entrada. Há quatro tipos básicos de equipamento:
- roda Pelton;
- permutador de trabalho;
- permutador de pressão;
- turbocompressor hidráulico.

Nas três grandes usinas de dessalinização que até a elaboração do manual da USBR (2003) estavam sendo construídas na Espanha, em Trinidad e em Tampa Bay, na Flórida, foi prevista a utilização da roda Pelton como dispositivo de recuperação de energia. Para capacidades de produção de 454 m^3/h (10.896 m^3/dia) ou maiores, a eficiência de recuperação é alta (acima de 80%) na maioria dos casos. O permutador de pressão é usado geralmente para sistemas de menor porte e tem eficiência ainda mais elevada (acima de 90%). O turbocompressor hidráulico tem atualmente eficiência entre 60% e 70% e é também utilizado para plantas de menor porte, e a maior unidade atualmente em operação que utiliza esse tipo de equipamento tem capacidade de 409 m^3/h (9.816 m^3/dia).

Aqui se faz uma pausa na tradução de USBR (2003) para ilustrar a complexidade de um projeto do porte da usina de dessalinização de água do mar instalada em Tampa Bay, na Flórida (EUA). Essa usina de dessalinização tem capacidade instalada de cerca de 95.000 m^3/dia para a primeira etapa e é uma das maiores dos Estados Unidos entre as que utilizam o processo OR. A Fig. 2.36 mostra um esquema contendo as principais unidades dessa usina.

São reproduzidos a seguir trechos traduzidos de um artigo publicado pela Tampa Bay Water (TBW, 2011), responsável pelo gerenciamento do serviço de água daquela cidade. Segundo a TBW (2011), essa usina estava originalmente programada para começar a operar em 2006, mas só entrou em operação no início de 2008.

A história da construção da usina de Tampa Bay foi muito conturbada, incluindo a falência de três das empresas envolvidas no seu projeto e construção, além de uma disputa sobre a sua propriedade e controle. A estimativa inicial de custo do projeto era de US$ 110 milhões, mas esse número acabou chegando a US$ 158 milhões devido à necessidade de readequação das unidades. O custo da água produzida (média estimada e projetada para 30 anos) é de US$ 0,659/m^3, mas com subsídio ela pode ser comercializada por US$ 0,497/m^3 (Applause..., 2007).

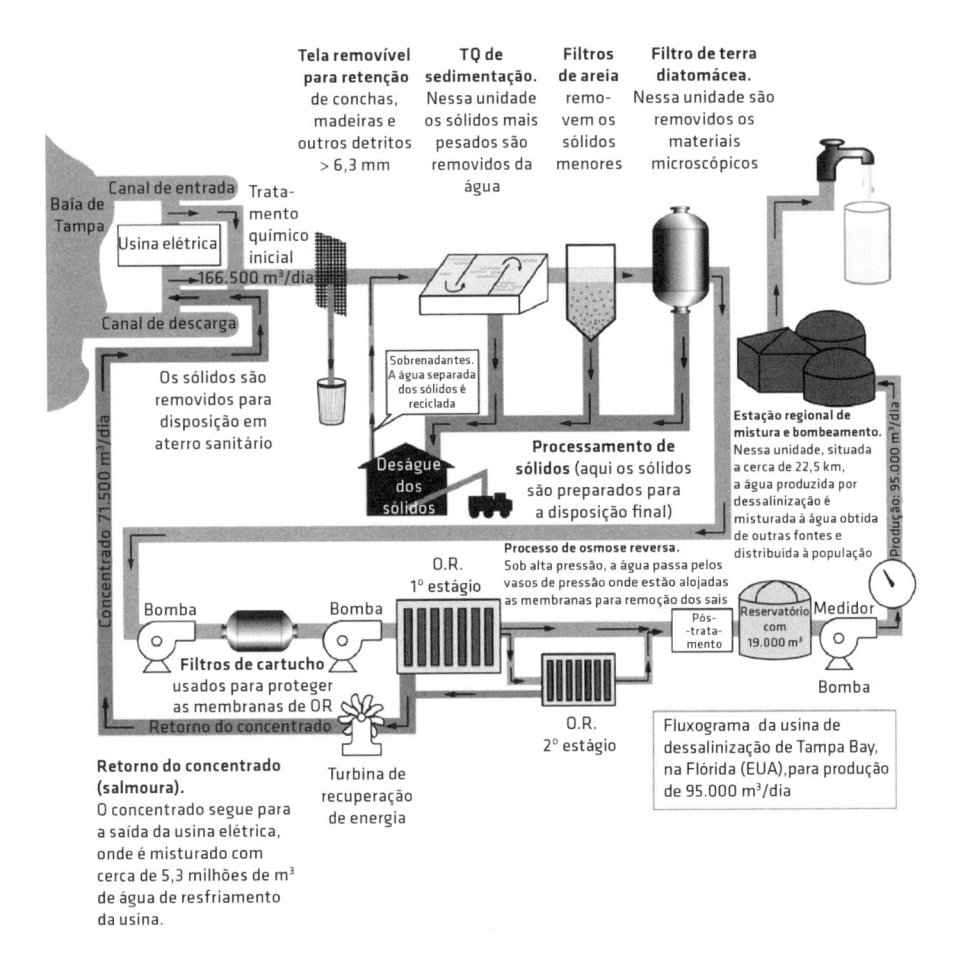

FIG. 2.36 *Fluxograma da usina de dessalinização de Tampa Bay, na Flórida (EUA)*
Fonte: TBW (2011).

O interessante nesse projeto é que a alimentação de água bruta fica ao lado dos quatro túneis de descarga de uma usina elétrica vizinha, dois dos quais foram aproveitados para desviar cerca de 166.000 m³/dia da saída de água de resfriamento para a estrutura de captação. A partir da captação, a água é bombeada para as unidades de pré-tratamento.

Condicionadores químicos, auxiliares de filtração e sulfato férrico são adicionados à água em sua entrada, antes que ela passe por um filtro de areia de dois estágios. O meio filtrante é continuamente lavado, o que ajuda a diminuir o índice de densidade de lodo da água de lavagem. Há também um dispositivo para permitir a dosagem de produtos químicos a fim de ajustar o pH quando necessário. O sistema OR tem sete baterias independentes, cada qual composta por uma bomba de transferência, filtros de cartucho e membranas OR, sendo essas baterias associadas às bombas de alta pressão e às turbinas de recuperação de energia (TREs).

Uma bomba de transferência tipo turbina vertical de 800 HP em cada bateria bombeia a água bruta do poço de pré-tratamento para um conjunto de filtros de cartucho de 5 μm, e a partir daí a água entra nas unidades de filtração por OR.

Cada bateria de membranas OR é alimentada com água pressurizada por bombas horizontais equipadas com controladores de variação de frequência (CVFs) e que proporcionam alta pressão de alimentação, na faixa de 625 psi a 1.050 psi ou 4,3 MPa a 7,2 MPa. A potência nominal de cada bomba é de 2.250 HP.

Os CVFs foram montados para que as bombas pudessem atender à variação de salinidade da água, que normalmente varia entre 18.000 mg/L e 32.000 mg/L em Tampa Bay, em comparação com os 28.000 mg/L a 35.000 mg/L da água do mar típica. Essa possibilidade de variar a pressão de entrada permite que a planta atenda as necessidades de energia operacional para as citadas variações de salinidade.

Para fins de comparação, a água utilizada na primeira fase da pesquisa de laboratório desse GEP apresentou os seguintes resultados: concentração de sólidos totais, 38.495 mg/L; sólidos totais fixos, 31.650 mg/L; e sólidos totais voláteis, 6.845 mg/L.

Cada uma das sete baterias de OR da usina tem capacidade de produção nominal mínima de 16.000 m³/dia e é formada por 168 vasos de pressão, cada qual com oito membranas OR. A água produzida (permeado) flui por um tubo principal de 1,00 m de diâmetro situado na parte inferior das baterias. O concentrado, sob alta pressão, retorna para as TREs e depois é misturado com a água de refrigeração da central elétrica vizinha em uma proporção de aproximadamente 70:1 para diluir sua alta salinidade antes de ser finalmente descarregado. O permeado requer tratamento adicional antes de sua distribuição e utilização, o que levou à construção de vários tanques de armazenamento de produtos químicos.

Um tanque com 22,5 m³ e outro com 4,5 m³ foram construídos para armazenar o hipoclorito de sódio utilizado para clorar a água. O hidróxido de cálcio, usado para introduzir dureza e que está alojado em um silo com capacidade de 50 t, é adicionado à água na forma de uma polpa em duas câmaras de contato de fluxo vertical com altura de 12,00 m.

Para corrigir o pH, uma solução de ácido carbônico é simultaneamente difundida na câmara. O dióxido de carbono usado para fazer essa solução é armazenado em outro tanque no local. Difusores de produtos químicos instalados nas câmaras de descarga de cal permitem um ajuste ainda maior de pH, se necessário. O produto final (água produzida e corrigida) flui então para um tanque de armazenamento com capacidade de 19.000 m³. Posteriormente, essa água é bombeada através de uma tubulação que cruza dois rios navegáveis e possui 1,00 m de diâmetro, num trajeto de 14 milhas (≈ 22,5 km), para uma unidade regional de mistura e bombeamento. Na transposição dos rios foi usado o método de perfuração direcional em um trecho de 550 m, com tubulação de plástico reforçado com fibra de vidro, cerca de 18 m abaixo do leito do rio. Nessa última unidade, a água produzida por dessalinização é misturada com água de outras fontes para ser distribuída à população.

Retoma-se agora a tradução de USBR (2003). Até a introdução das membranas de ultrabaixa pressão para dessalinização de águas salobras houve pouco incentivo para a inclusão de dispositivos de recuperação de energia nos projetos, exceto quando a concentração de sólidos totais dissolvidos era alta, e a recuperação, baixa. No entanto, dadas as características das atuais membranas de baixa pressão, com pressão de alimentação reduzida, mas introduzindo incrementos entre os estágios, os dispositivos de recuperação de energia têm sido empregados com sucesso em algumas localidades.

2.9.5 Variáveis dos processos OR/NF

A recuperação é a variável mais importante do processo OR, sendo as outras variáveis em grande medida dela dependentes. Ela controla, por exemplo, o fator de concentração (FC):

$$FC = 1 \div (1 - R) \qquad (2.7)$$

em que:
R = recuperação, expressa como uma fração.

A Fig. 2.37 mostra o FC em função da recuperação, assumindo-se a condição de uma membrana ideal. Utilizar tais valores resultará em um projeto ligeiramente conservador, ou seja, a favor da segurança.

A recuperação é limitada pela química da água para sistemas de dessalinização de águas salobras e a pressão de alimentação é um item importante

para a dessalinização da água do mar. Outras variáveis de processo que interferem e devem ser consideradas são:
- *Vazão*: seu valor determinará a área da membrana a ser utilizada e a pressão de alimentação necessária. A vazão também influencia a taxa de incrustação.
- *Taxa de alimentação por vaso*: essa taxa também terá impacto na fixação da pressão de alimentação por causa da queda de pressão do sistema. Ela estabelece a velocidade de fluxo cruzado e afeta o fenômeno polarização-concentração.
- *Vazão mínima do concentrado*: estabelecer um fluxo em toda a superfície da membrana é importante no controle do fenômeno polarização-concentração.
- *Qualidade da água produzida*: é influenciada pela seleção do tipo de membrana e pela vazão.
- *Temperatura*: parâmetro importante na fase de concepção do processo, pois tem impacto significativo na vazão e, portanto, nos custos operacionais e de capital. A temperatura das águas subterrâneas é relativamente constante, enquanto a temperatura da água nas tomadas d'água a céu aberto pode variar muito.

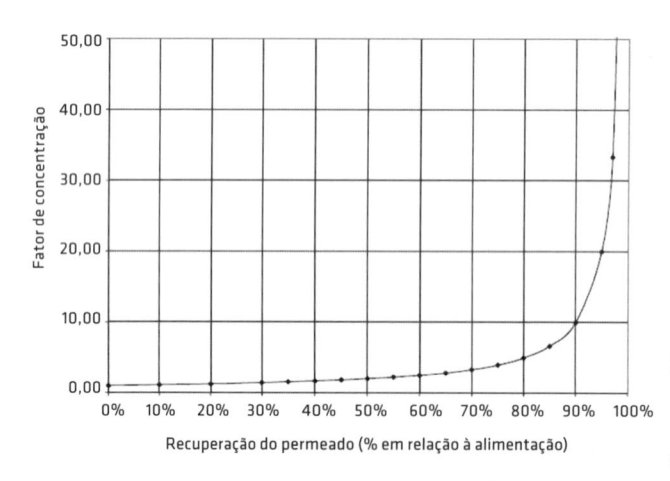

FIG. 2.37 *FC do soluto em função da recuperação*
Fonte: USBR (2003).

2.9.6 Unidades complementares para sistemas OR/NF

Para complementar o sistema de membranas propriamente dito, são necessárias outras unidades, incluindo:
- *Sistema de filtração fina*: é feita geralmente com filtros de cartucho, visando retenção de sólidos na faixa de 5 μm a 10 μm. Esses filtros não são

usados rotineiramente, mas somente nos casos de mudanças significativas na qualidade da água de alimentação e que possam vir a causar danos às bombas de alimentação ou às membranas. Algumas vezes, os filtros de cartucho são colocados a jusante das bombas de alimentação, caso em que deverão ser incluídas peneiras de malhas finas para proteger as bombas. A Fig. 2.38 mostra um sistema de filtros de cartuchos horizontais.

FIG. 2.38 *Filtros de cartuchos horizontais*
Fonte: USBR (2003).

- *Sistema de controle de incrustação*: na maioria dos sistemas OR é necessária a utilização de inibidores de incrustação e, algumas vezes, a introdução de ácido para o controle de incrustação na matriz da membrana, uma vez que pelo menos um constituinte da água de alimentação estará supersaturado no concentrado.
- *Sistema de armazenamento e injeção de produtos químicos*: inclui tanques para armazenamento de produtos a granel e de uso diário. Equipamentos de segurança adequados também têm que ser previstos. A Fig. 2.39 mostra um sistema de armazenamento e injeção de ácido instalado na usina de Júpiter, na Flórida (EUA).
- *Sistema de filtração final*: manda a boa técnica que esse sistema faça parte dos requisitos necessários a uma usina de dessalinização comercial por OR. Consiste geralmente de um ou dois tanques, uma bomba

de recirculação e dispositivos de filtração fina, de instrumentação e de monitoramento. A Fig. 2.40 mostra um sistema de filtração final instalado na usina de dessalinização de Hatteras Norte, no condado de Dare, na Carolina do Norte (EUA).

FIG. 2.39 *Sistema de armazenamento e injeção de ácido instalado na usina de Júpiter, na Flórida (EUA)*
Fonte: USBR (2003).

2.9.7 *Layout* típico das usinas de dessalinização OR/NF

A Fig. 2.41 mostra um diagrama simplificado de um sistema de dessalinização por OR.

É feito o pré-tratamento necessário na água de alimentação, a bomba de alimentação aumenta a pressão da água e, em seguida, esta entra nos vasos que contêm a membrana. O arranjo em grupos de vasos paralelos ou em séries é que determina a capacidade e a recuperação de energia. As membranas em espiral são colocadas no interior dos vasos de pressão, os quais são fabricados ou de plástico reforçado com fibras de vidro ou de aço inoxidável. O vaso de pressão padrão pode conter de um a oito elementos com comprimento de 40 polegadas (≈ 1,00 m).

FIG. 2.40 *Sistema de filtração final instalado na usina de dessalinização de Hatteras Norte, no condado de Dare, na Carolina do Norte (EUA)*
Fonte: USBR (2003).

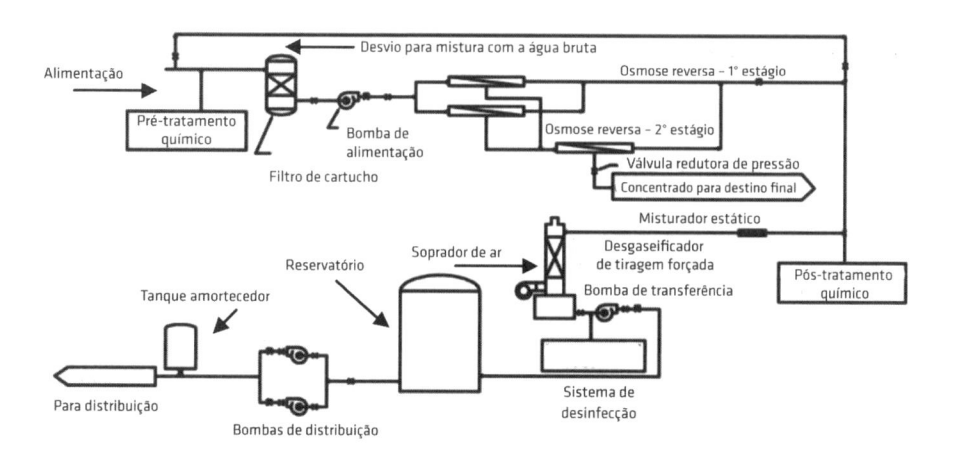

FIG. 2.41 *Diagrama simplificado do processo de dessalinização por OR*
Fonte: USBR (2003).

Normalmente, para se obter água potável por dessalinização de água salobra ou com o tratamento de águas residuárias em grandes sistemas NF, os vasos são projetados com seis ou sete elementos-padrão com diâmetro de 8 polegadas (≈ 200 mm) e comprimento de 40 polegadas (≈ 1,00 m).

Para a dessalinização de água do mar é mais comum o projeto prever sistemas com sete elementos em um ou dois estágios. Um sistema de vasos com sete elementos exige um espaço de aproximadamente 7,60 m. Além disso, deve ser previsto um espaço de mais 1,20 m em cada extremidade para permitir a operação. Assim, pode-se estimar um espaço necessário entre 10,00 m e 10,70 m de comprimento para cada vaso. A largura vai depender da capacidade de cada usina e do tipo de água de alimentação. Ao analisar as atuais instalações existentes verifica-se a necessidade de uma área que varia de 0,022 m^2 a 0,029 m^2 por metro cúbico tratado.

Nos vasos de pressão, os tubos que conduzem a água que já passou através da membrana (água produzida) são conectados, junto com o anel de selagem, nas interconexões. Os vasos são então agrupados em paralelo para formar estágios, e os estágios são dispostos em série para manter o fluxo cruzado e um fluxo mínimo adequado de concentrado.

A válvula de controle do concentrado mantém a pressão no sistema de membranas, de modo que os requisitos de PLNPs de cada etapa possam ser cumpridos. Em algumas aplicações de ultrabaixa pressão, pode ser necessário retornar a água produzida para a primeira etapa ou para algum ponto entre os estágios, passando por bombas para aumentar a pressão, possibilitando um melhor controle de fluxo, através das válvulas de controle, de modo a também evitar problemas de incrustações prematuras nas membranas.

A Tab. 2.9 fornece diretrizes para selecionar o comprimento do vaso em função da recuperação. A Fig. 2.42 mostra os arranjos típicos de OR em estágios.

2.9.8 Vida útil das membranas OR/NF

A vida útil dos sistemas OR ou NF é geralmente função do material da membrana e do tipo de aplicação. Para as membranas celulósicas, a expectativa de vida mais comumente utilizada no planejamento é de 3 a 5 anos. No entanto, tem havido exemplos de vida muito mais longa, principalmente quando a OR é usada para tratar a água subterrânea, isenta de oxigênio dissolvido.

TAB. 2.9 Recuperação típica para vários comprimentos de vasos de pressão

Número de elementos por vaso	Recuperação máxima nos sistemas de pressão padrão por estágio (%)	Recuperação máxima nos sistemas de baixa pressão por estágio (%)
4	40	35
5	50	45
6	55	50
7	65	60
8	75	Não adotado

Fonte: USBR (2003).

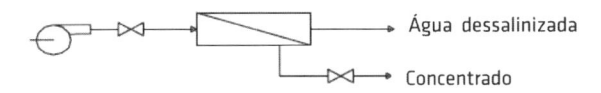

a) 1° estágio – recuperação máxima de 55%

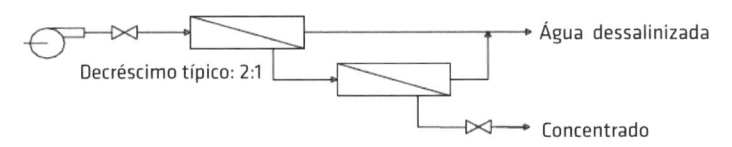

b) 2° estágio – recuperação máxima de 80%

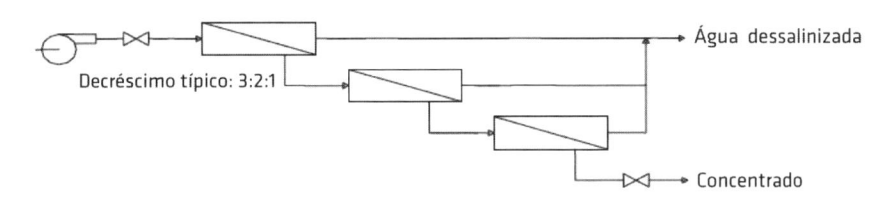

c) 3° estágio – recuperação máxima de 90%

FIG. 2.42 *Arranjos típicos de OR em estágios*
Fonte: USBR (2003).

As membranas não celulósicas podem funcionar em uma gama muito mais ampla de pH. A maioria, entretanto, tem resistência limitada ao cloro e a outros oxidantes fortes. Normalmente, para fins de planejamento, o tempo de vida das membranas não celulósicas é estimado entre 5 e 7 anos. No entanto, alguns sistemas contendo membranas em espiral com 10 anos de idade ainda estão em operação normal, embora já tenha sido relatado que em alguns sistemas que usam MFOF o desempenho do sistema de permeação foi mantido por mais de 15 anos.

2.9.9 OR/NF comparadas a outros processos de dessalinização

Os processos OR são hoje operados em todo o mundo, em aplicações que vão desde a produção de água ultrapura até a conversão de água do mar em água potável.

As capacidades de produção variam de uns poucos m³/dia até 272.500 m³/dia, que é a produção prevista para a usina de dessalinização de grande porte de Yuma, no Arizona (EUA). Essa usina teria o objetivo de captar água de drenagem do sistema de irrigação (que, no caso, é muito salgada) e convertê-la em água potável para enviar ao México, atendendo as obrigações dos Estados Unidos estabelecidas em um tratado com aquele país (Davis, 2010).

Sem essa usina, os Estados Unidos teriam que enviar mais água do rio Colorado para o México a partir do lago Mead, que é uma importante fonte de água bruta para abastecer as cidades de Tucson e Phoenix. Davis (2010) mostra que há uma polêmica muito grande em relação a essa usina: o custo de execução é considerado muito alto (US$ 23 milhões para um teste de 12 meses), e na opinião do Bureau of Reclamation poderia até ser mais barato e inteligente pagar aos agricultores da área de Yuma para deixarem de cultivar a terra. Assim agindo, a água do rio Colorado que é utilizada para irrigação poderia seguir para o México, reduzindo a necessidade de se obter água por dessalinização.

Diferentemente das usinas cujo objetivo é a obtenção de água potável para distribuição, a usina de Yuma está situada numa região agrícola, com agricultura irrigada por água captada de um canal que vem do rio Colorado, sendo, portanto, um caso raro, bem específico e atípico.

No que se refere a fabricantes de membranas nos Estados Unidos, consta em USBR (2003) que a maior fábrica em operação está instalada em Boca Raton, na Flórida, que produz apenas membranas UF. A OR, quando usada para dessalinização de água salobra, pode remover orgânicos e micro-organismos da água de alimentação. Os requisitos de PLNPs vêm sendo bastante reduzidos nos últimos anos, resultando em menores custos operacionais.

Por sua vez, as membranas OR hoje apresentam melhores características com relação à rejeição de sais, permitindo maiores taxas de mistura. Certas membranas especializadas, tais como as de NF e de ultrabaixa pressão, alargaram o espectro de aplicações.

Águas brutas adequadamente pré-tratadas às vezes são diluídas (misturadas com a água produzida) para reduzir o tamanho dos equipamentos de OR e às vezes são também usadas para remineralizar águas com baixos teores de sólidos dissolvidos.

Geralmente, os processos OR apresentam menores custos de investimento e de operação do que os processos de destilação. Bombas de alimentação de OR podem ser acionadas por turbinas a vapor, permitindo o acoplamento aos produtores de vapor em instalações acopladas à cogeração de energia elétrica.

A seleção de materiais é importante, mas não tão crítica quanto seria para os processos térmicos de dessalinização. No entanto, a necessidade de unidades de pré-tratamento é particularmente crítica nos sistemas OR, uma vez que elas ajudam a aumentar significativamente os custos de investimento e de operação.

2.10 OUTROS PROCESSOS DE DESSALINIZAÇÃO

As seções a seguir, exceto onde especificamente indicado, foram traduzidas e adaptadas de Buros (1990, p. 19-23). De acordo com esse autor, alguns outros processos têm sido usados para a dessalinização de águas, e, embora não tenham chegado a atingir o mesmo sucesso comercial dos tradicionais processos de destilação e de uso de membranas, podem ser úteis em circunstâncias especiais ou mediante maior desenvolvimento dessas técnicas.

2.10.1 Dessalinização por congelamento da água salina

Muitas pesquisas foram realizadas nas décadas de 1950 e 1960 visando ao desenvolvimento da tecnologia de dessalinização da água salina por congelamento. Fisicamente, sabe-se que, durante o processo de congelamento, os sais dissolvidos são naturalmente excluídos quando da formação dos cristais de gelo. Assim, o congelamento da água salina formará cristais de gelo e, em condições controladas, pode ser usado para dessalinizar a água do mar. Porém, antes que toda a massa de água tenha sido congelada, a mistura deve ser lavada e enxaguada para eliminar os sais presentes pelo contato com a água residuária (salmoura) ou aderida aos cristais de gelo. O gelo é então derretido para produzir a água doce.

Teoricamente, o congelamento tem algumas vantagens quando comparado com a destilação, que era o processo de dessalinização predominante na época em que os estudos sobre congelamento começaram a ser desenvolvidos. Tais vantagens incluem menor consumo teórico de energia para o funcionamento em estágio único, reduzido potencial de corrosão e poucos problemas de incrustações ou precipitações. A desvantagem é que o processo envolve o manuseio de gelo e água, que são misturas complexas para o transporte mecânico e o processamento.

Existem vários e diferentes processos para dessalinizar a água do mar por congelamento, e algumas plantas foram construídas ao longo dos últimos 50 anos. No entanto, segundo Buros (1990), esses processos não teriam tido muito sucesso comercial na produção de água doce para fins de abastecimento público, e pelo menos até 1990 a dessalinização por congelamento possivelmente teria tido melhor aplicação no tratamento de efluentes industriais do que na produção de água potável para abastecimento público.

Processo de dessalinização por congelamento a vácuo (DCAV)

A Fig. 2.43 apresenta um esquema do processo de dessalinização por congelamento a vácuo (DCAV) (*vacuum freeze desalination*, VFD). Conforme já mencionado, durante o processo de congelamento da água salgada os sais são excluídos quando da formação dos cristais de gelo. No processo DCAV, que se aproveita desse fenômeno natural, uma água salina previamente resfriada é pulverizada numa câmara de vácuo a uma pressão efetiva na faixa de 0,004 atm. Na presença de vácuo, parte dessa água se transformará em vapor, removendo mais calor do meio líquido e transformando outra parte da água em cristais de gelo. Essa mistura de salmoura gelada contendo cristais de gelo é transferida para outra câmara de fusão e lavagem. Os cristais de gelo flutuam na salmoura e são lavados com água doce, sendo derretidos então em meio a essa água, que, por ser menos densa do que a água salgada, permanece na parte superior da câmara. Finalmente, a água dessalinizada é vertida para fora da câmara de fusão e lavagem por transbordamento, enquanto a salmoura pode ser retirada pela parte inferior da câmara, conforme mostra o diagrama da Fig. 2.43.

Processo de dessalinização por congelamento com refrigeração secundária (DCRS)

A FWR (2011) descreve o processo de dessalinização por congelamento com refrigeração secundária (DCRS) (*secondary refrigerant freezing*, SRF). Nessa variante de processo de dessalinização por congelamento, um hidrocarboneto líquido refrigerante, como o butano, produto que não se mistura com a água, é vaporizado em contato direto com a água salina, formando assim uma suspensão de gelo em água salgada. O gás refrigerante vaporizado é retirado, comprimido e arrefecido na câmara de fusão e reciclado novamente para o congelador/cristalizador, e a suspensão de gelo e salmoura é removida, lavada e passada para a câmara de fusão. A vantagem que se alega para o processo DCRS é uma exigência de energia ainda menor do que para a dessalinização convencional por congelamento, além da baixa suscetibilidade à incrustação e à corrosão.

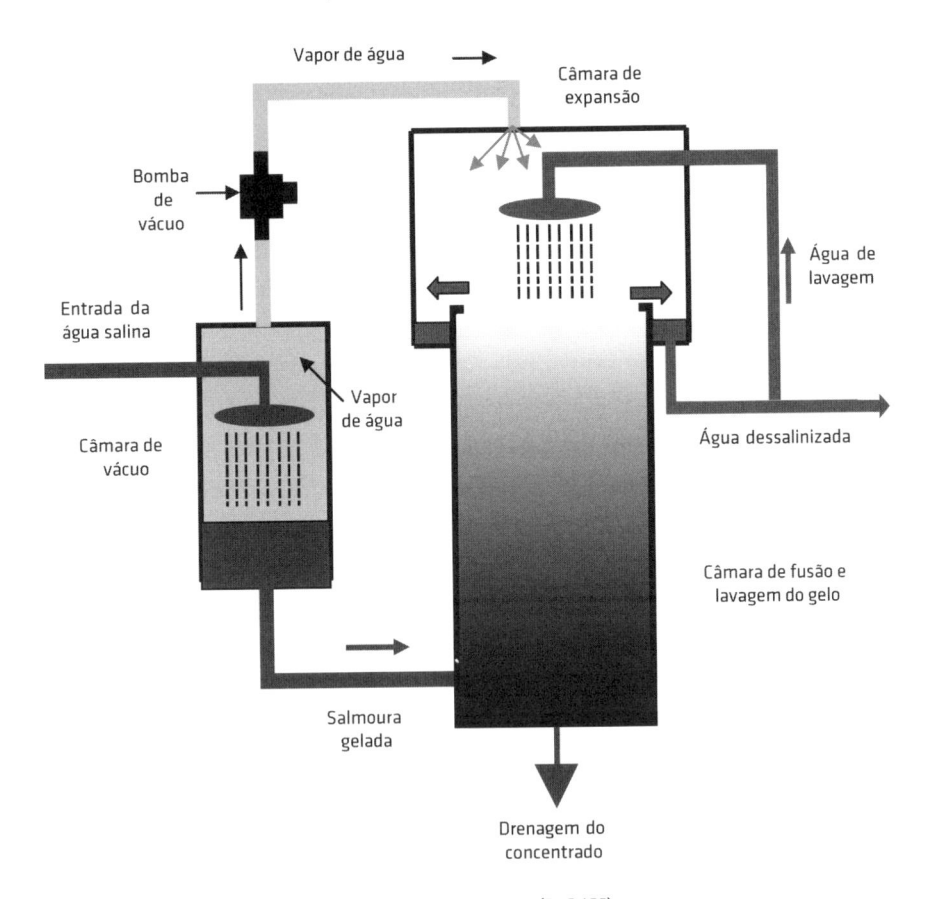

FIG. 2.43 *Dessalinização por congelamento a vácuo (DCAV)*
Fonte: adaptado de FWR (2011).

O processo DCRS foi considerado pelo Conselho de Pesquisa da Água no Reino Unido, na década de 1970, como um possível método para complementar o abastecimento de água na Inglaterra e no País de Gales, mas, apesar de alguns trabalhos de desenvolvimento terem sido feitos, nunca chegou a ser comercializado.

2.10.2 Processo que combina destilação e membrana (DEST_MEMB)

Segundo Buros (1990), o processo que combina destilação e membrana, batizado por nós como DEST_MEMB, foi introduzido comercialmente, em pequena escala, durante a década de 1980, mas também até agora não alcançou sucesso comercial. Nesse processo, a água salgada é aquecida para aumentar a produção de vapor, o qual é exposto a uma membrana que deixa passar o vapor de água, mas não o líquido. Após passar pela membrana, o vapor condensa-se sobre uma superfície mais fria para produzir a água dessalinizada. Na forma líquida, a água produzida não pode retornar através da membrana, de modo que pode então ser recolhida como água isenta de sais, produzida no processo.

As principais vantagens da DEST_MEMB residem na sua simplicidade e na necessidade de pequenas diferenças de temperatura para operar, o que tem conduzido à utilização da destilação por membrana em unidades experimentais de dessalinização com uso de energia solar.

O diferencial de temperatura e a taxa de recuperação, semelhantemente ao que ocorre nos processos de destilação MEF e DME, determinam a eficiência térmica global para o processo DEST_MEMB. Assim, quando ele é executado com diferenciais de baixas temperaturas, grandes quantidades de água devem ser usadas, o que afeta a sua eficiência energética global.

2.10.3 Destiladores solares

De acordo com Buros (1990), o uso direto de energia solar para a dessalinização de água salina foi investigado e utilizado durante algum tempo. Na Segunda Guerra Mundial, um esforço considerável foi realizado para projetar pequenos dispositivos solares a serem utilizados nos botes salva-vidas. Esse trabalho continuou depois do conflito, com uma variedade de dispositivos sendo criados e testados.

Os destiladores solares imitam a parte do ciclo hidrológico natural em que o calor dos raios de sol aquece a água salina, com a produção de vapor de água. O vapor de água é então condensado sobre uma superfície mais fria, e o condensado, recolhido. Na também chamada estufa solar (esquema da Fig. 2.44), a água salina é aquecida pela luz solar em um reservatório raso, e o vapor de água condensa na parte superior de um telhado de vidro inclinado que cobre a bacia. Ao resfriar e escorrer internamente pelo telhado, é recolhido num sistema calha-condutor como água doce produzida.

Variações desses tipos de destiladores solares têm sido estudadas na tentativa de aumentar a eficiência na produção de água dessalinizada, mas, de acordo com Buros (1990), todas elas partilham das mesmas dificuldades, que restringem a utilização dessa técnica para produção em larga escala:
- necessidade de grandes áreas de exposição solar;
- alto custo de capital;
- vulnerabilidade aos danos causados pelas intempéries.

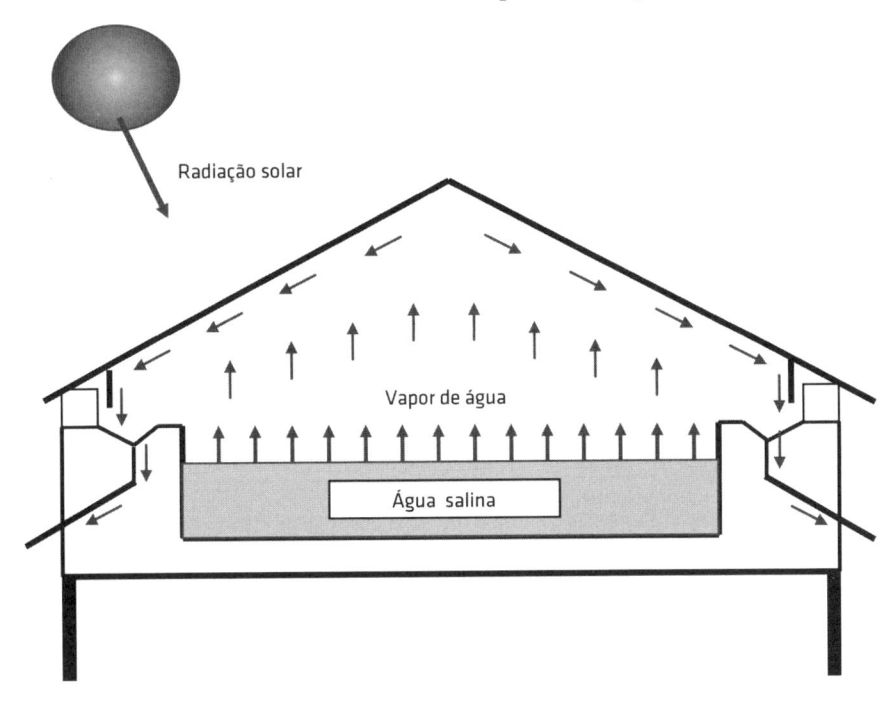

FIG. 2.44 *Desenho esquemático de um destilador solar*

Buros (1990) cita como exemplo uma instalação de dessalinização por destilação solar que abastece uma vila no Haiti, ocupa uma área de aproximadamente 300 m² e começou a operar em 1967 e, pelo menos até 1998, continuava operando normalmente. Esse autor não cita a produção diária de água dessalinizada nesse caso, mas, segundo ele, uma regra geral que pode ser aplicada para estufas solares aponta para a necessidade de uma área de exposição de cerca de 1 m² para produzir 4 L de água por dia. Assim, para uma instalação com capacidade de 4.000 m³/dia, que poderia abastecer diariamente cerca de 20.000 pessoas, seria necessária uma área mínima de 100 ha (10^6 m²). Naturalmente, instalações maiores necessitariam de áreas ainda maiores, tornando seu custo impeditivo, principalmente se localizadas perto de cidades onde as áreas disponíveis são geralmente escassas e caras. No entanto, a FWR (2011) afirma que uma estufa solar bem projetada pode chegar a produzir o dobro do valor citado por Buros (1990), ou seja, 8 L de água para cada 1 m² de exposição, o que, no exemplo anterior, diminuiria a área mínima necessária para 50 ha, que é ainda assim uma área considerável.

A construção das estufas solares é também considerada de alto custo e, embora a energia térmica seja gratuita, sempre é necessária energia adicional para bombear a água de alimentação para a instalação e dali para o local de armazenamento e distribuição. Além disso, deve-se atentar para a necessidade de operação e manutenção de rotina, de forma a manter a estrutura funcionando a contento, como:

- evitar a formação de incrustações nos reservatórios de água salina;
- evitar a proliferação de algas;
- efetuar eventuais reparos nas junções dos vidros para evitar fugas de vapor;
- dar destino final adequado ao rejeito salino.

De qualquer forma, as unidades de destilação solar têm sido utilizadas na dessalinização de água em pequena escala para famílias ou pequenas aldeias, onde a energia solar é abundante, a mão de obra é barata e não há disponibilidade de energia elétrica.

Uma instalação desse tipo também pode ser bastante robusta, tendo sido relatados casos de operação com sucesso por 20 anos ou mais. A chave do sucesso é conseguir que os trabalhadores e usuários tenham um envolvimento real no empreendimento, ou seja, sejam adequadamente treinados tanto para construir quanto para operar e fazer a sua manutenção. Uma instalação desse tipo, quando dada como sendo um presente para a comunidade, mas deixando-a em seguida à sua própria sorte, provavelmente resultará em insucesso.

Vários pesquisadores têm realizado esforços para aumentar a eficiência dos destiladores solares, mudando o desenho, utilizando efeitos adicionais, adicionando materiais absorventes etc. Em muitos casos, segundo Buros (1990), essas modificações, apesar de aumentarem a produção por unidade de área, têm também aumentado as complicações na operação e na manutenção dos dispositivos quando instalados em aldeias remotas.

Como acontece com qualquer fonte de água de uma aldeia, a tecnologia é apenas uma parte da solução. Para o sucesso do empreendimento também devem ser levadas em conta a cultura, a tradição e as condições locais.

Ainda de acordo com Buros (1990), uma ameaça econômica para os destiladores solares pode surgir quando a economia local se desenvolve a tal ponto que a área utilizada na sua instalação torna-se demasiado importante para permanecer como uma área de produção de água ou ainda quando o custo da mão de obra aumenta consideravelmente. A comunidade pode, então, considerar o que é mais econômico para substituir o processo, como uma pequena unidade OR ou de destilação convencional, que utilizam apenas uma fração da área, pois podem apresentar a mesma produção em menor tempo.

De acordo com FWR (2011), nos anos mais recentes tem havido grandes progressos na utilização da energia solar para dessalinização, seja na geração fotovoltaica de energia elétrica para utilização em plantas OR, seja no uso da energia solar direta para aplicação num processo de dessalinização chamado de umidificação de múltiplo efeito (UME) (*multiple effect humidification*, MEH). De acordo com Müller-Holst (2007 apud FWR, 2011), uma planta-piloto UME foi instalada na cidade de Jeddah, na Arábia Saudita, produzindo com sucesso cerca de 5 m^3/dia. Buros (1990) cita uma unidade UME instalada nos Emirados Árabes Unidos que opera desde 1985 e cujos coletores solares a vácuo fornecem aquecimento à água de alimentação da unidade. Sua vazão de projeto é de 80 m^3/dia, capaz de abastecer aproximadamente 400 pessoas.

Atualmente, o uso da energia convencional para acionar dispositivos de dessalinização geralmente apresenta uma relação custo-benefício mais efetiva do que o uso de dispositivos não convencionais, como energia solar e eólica, embora já existam locais onde esses aplicativos estejam em pleno funcionamento.

Segundo FWR (2011), um inventário da Associação Internacional de Dessalinização (1998) lista cerca de cem instalações desse tipo espalhadas por mais de 25 países. A maioria delas apresentava capacidade inferior a 20 m^3/dia, o que daria para abastecer cerca de cem pessoas. Devido à dificuldade na obtenção dessas informações, o inventário provavelmente não leva em conta muitas das pequenas instalações existentes no mundo.

Ainda de acordo com Buros (1990), enquanto os custos de energia convencionais permanecerem relativamente baixos em razão de o mercado ser reduzido para as pequenas unidades, não se espera que esses dispositivos venham a ser desenvolvidos em grande escala, exceto para atender um pequeno nicho de mercado. Sabe-se, no entanto, que um grande mercado tenderia a reduzir os custos e aumentar o interesse nesse tipo de investimento.

3 | Química da água

Considerou-se importante incluir neste livro um tópico sobre a química da água, em especial nos aspectos referentes às águas salobras e salinas, para que os leitores pudessem entender melhor os fenômenos que ocorrem nos processos de dessalinização, principalmente a corrosão, a incrustação e outros fenômenos de obstrução das membranas. Salvo indicação expressa, o texto foi totalmente traduzido de USBR (2003).

3.1 Química básica da água

O conhecimento da química da água é necessário para:
- interpretar análises químicas das águas salinas;
- compreender as reações químicas associadas aos processos de dessalinização;
- lembrar alguns conceitos fundamentais da Química geral a serem discutidos em conjunto com a Química específica. A Química geral, a química da água e a Eletroquímica fornecem a base para as discussões sobre os tipos de água e tratamento e, principalmente, os vários processos de dessalinização e pré-tratamento a serem vistos mais adiante.

3.2 Ciclo da água e constituintes

Os depósitos de água da Terra estão constantemente em movimento. A água ora é removida dos corpos d'água e das plantas por evapotranspiração, ora é reposta por meio das precipitações, na forma de chuva, neve, granizo ou orvalho, num circuito fechado denominado ciclo hidrológico. Por exemplo, sabe-se que diariamente, somente nos Estados Unidos, cerca de 15 bilhões de metros cúbicos de água caem sobre a superfície por meio desses fenômenos. Desse montante, aproximadamente 65% (9,8 bilhões de metros cúbicos) retornam diretamente para a atmosfera por evaporação e transpiração. O restante (5,2 bilhões) flui para os rios, lagos e oceanos por escoamento superficial ou permeia pelo solo, atingindo os aquíferos subterrâneos.

Quando o vapor de água condensa e cai na Terra, absorve e dissolve certos gases atmosféricos, principalmente o oxigênio e o gás carbônico. O grau de concentração de gases depende da temperatura e da química da atmosfera, as quais variam nas diferentes regiões do planeta.

Todas as águas naturais contêm compostos orgânicos e inorgânicos dissolvidos ou suspensos. Deve-se ressaltar que as referências à água neste texto referem-se a essa mistura da água com outros compostos, em contraposição à água quimicamente pura, composta por dois átomos de hidrogênio e um de oxigênio (H_2O). Normalmente, os compostos inorgânicos são combinações de metais como cálcio, magnésio, sódio e ferro e de não metálicos como carbono, nitrogênio, oxigênio, enxofre, cloro etc. Já os compostos orgânicos são estruturas muito mais complexas, sempre contendo o elemento carbono.

3.3 Principais termos usados na Química

- *Átomo*: é a menor partícula de um elemento e guarda todas as características químicas dele.
- *Elemento*: é uma substância simples que não pode ser decomposta, por processos químicos, em substâncias mais simples, como cloro, hidrogênio, oxigênio e sódio.
- *Composto*: é uma substância que pode ser decomposta, por processos químicos, em dois ou mais elementos ou que pode surgir da união de dois ou mais elementos, como o cloreto de sódio (NaCl). Em uma reação química, os átomos se agregam entre si, separam-se ou trocam de lugar na proporção de seus pesos atômicos ou dos múltiplos destes.
- *Valência*: é um número inteiro que representa ou denota o poder que um elemento possui de se combinar com outro.
- *Molécula*: é a menor partícula de um composto e conserva todas as características químicas dele.
- *Fórmulas químicas*: descrevem as moléculas. A fórmula química da água é H_2O, e a do gás carbônico, CO_2, e assim por diante.
- *Equações químicas*: descrevem como os átomos se combinam para formar moléculas. Por exemplo: $Mg^{2+} + 2\ Cl^- = Mg.Cl_2$. Essa equação

mostra que um átomo de magnésio e dois átomos de cloro se juntaram para formar uma molécula de cloreto de magnésio. Os itens do lado esquerdo da equação são os reagentes, e os do lado direito, os produtos. Quando as reações químicas ocorrem, nem todos os reagentes são utilizados para formar os produtos. A solução atinge um equilíbrio químico, em que podem ocorrer reagentes ou produtos residuais.

- *Íon*: é um átomo ou grupo de átomos que pode apresentar cargas elétricas negativas ou positivas. Os elementos metálicos possuem cargas elétricas positivas, e os elementos não metálicos, cargas elétricas negativas.

3.4 Compostos e fórmulas químicas

Entender como os átomos ligam-se entre si é fundamental para a compreensão dos processos químicos. Vários são os fatores que influenciam na enorme diversidade das ligações químicas, entre os quais se podem citar a valência, os tipos de íon, o pH e a alcanidade, além do comportamento específico dos diversos compostos e constituintes presentes no meio líquido.

3.4.1 Valência

Quando átomos compartilham elétrons, estes são mantidos juntos por ligações covalentes para formar moléculas. Para determinar essas ligações e combinações de átomos, os químicos usam a valência, um número positivo ou negativo que indica a capacidade de um átomo se combinar com outro elemento. A valência de um íon é sempre mostrada por um número e um sinal sobrescrito do lado direito do elemento ou da fórmula. O número de valência é omitido quando igual a 1, definindo-se apenas o sinal. Por exemplo, um átomo de hidrogênio que apresenta a valência *1 positiva* é escrito como H^+.

Todos os elementos que têm a mesma capacidade de combinação do hidrogênio devem ter valência *1 positiva* ou *negativa*, como o cloro (Cl^-), o sódio (Na^+) e o potássio (K^+). Outros elementos podem apresentar números de valência tanto positiva quanto negativa maiores, até no máximo 7. O cálcio, por exemplo, tem valência *2 positiva* (Ca^{2+}), enquanto o oxigênio apresenta valência *2 negativa* (O_2^-). As valências maiores que 1 podem ser escritas com o número seguido do sinal ou mesmo a quantidade de sinais correspondente (por exemplo, Mg^{2+} ou Mg^{++}).

A valência total dos íons de um composto é sempre igual a zero. Portanto, quando o hidrogênio se combina com o cloreto, o composto é o cloreto de hidrogênio (HCl), que tem valência zero. A equação correspondente a essa reação, $H^+ + Cl^- = HCl$, indica que um átomo de hidrogênio, combinado com um átomo de cloro, vai sempre resultar em uma molécula de cloreto de hidrogênio.

A ligação não precisa necessariamente ter uma relação *um para um*. Pode-se combinar um átomo de um elemento com dois átomos de outro elemento, obtendo-se valência zero. Por exemplo, o magnésio, que tem valência química Mg^{2+}, pode se combinar com duas moléculas de cloro, cada qual com valência –1 ($2\ Cl^-$), para formar uma molécula de cloreto de magnésio ($Mg.Cl_2$), ou seja, a equação dessa reação é $Mg^{2+} + 2\ Cl^- = Mg.Cl_2$.

O núcleo dos átomos é composto de prótons e nêutrons, que possuem massas praticamente iguais. Os átomos têm diferentes números de prótons e nêutrons. Para ter números iguais de diferentes átomos reagindo para formar produtos, a massa do núcleo (a massa atômica) tem que estar na proporção adequada. Por exemplo, a massa do núcleo do sódio (Na^+) é 23, e a massa do núcleo do cloro (Cl^-), 35. Para que haja a reação entre sódio e cloro, produzindo cloreto de sódio, a proporção entre massas deve ser de 23:35.

3.4.2 Íons

Muitos grupos atômicos podem formar ou produzir partículas carregadas eletricamente, denominadas *íons*, que influenciam os fenômenos de corrosão e incrustação e, portanto, os tipos de processo de dessalinização que serão mais eficazes.

Quando os átomos trocam elétrons, formam-se as chamadas ligações iônicas. Íons carregados positivamente são chamados de *cátions*, e íons negativos, de *ânions*. As cargas positivas e negativas podem ser maiores que um, e, como foi visto, as cargas dos cátions e ânions em uma fórmula química devem somar zero. Quando os sais são dissolvidos em água, as moléculas dissociam-se em íons.

Sais, ácidos e bases são chamados de eletrólitos. As concentrações de eletrólitos e o seu grau de ionização regerão a condutividade de uma amostra específica de água. Em uma solução, existirá um equilíbrio típico entre as moléculas e os íons, portanto as equações de ligações iônicas são escritas como equações de equilíbrio: $NaCl \leftrightarrow Na^+ + Cl^-$, em que o sinal positivo indica uma carga positiva simples no íon sódio, e o sinal negativo, uma carga negativa simples no íon cloreto.

Por exemplo, ao adicionar carbonato de cálcio ($CaCO_3$) à água, um pouco desse composto vai se dissolver e outra porção permanecerá na forma sólida. O carbonato de cálcio se dissolve em duas formas iônicas, Ca^{2+} (íon cálcio) e CO_3^{2-} (íon carbonato), sendo a equação química correspondente igual a $CaCO_3 \leftrightarrow Ca^{2+} + CO_3^{2-}$.

3.4.3 Os sais como compostos

Em geral, um sal é um composto constituído por um elemento metálico e outro não metálico. Os elementos metálicos apresentam alta condutividade (grande capacidade de conduzir o calor e a eletricidade) e são dúcteis e brilhantes, sendo alguns exemplos ouro, prata, ferro, magnésio, cálcio e sódio. Por sua vez, os elementos não metálicos são quebradiços e sem brilho e não conduzem bem nem o calor, nem a eletricidade, sendo alguns exemplos cloro, bromo, carbono, enxofre, oxigênio e nitrogênio.

Quando os elementos metálicos reagem com a água, produzem cátions, ânions e gás hidrogênio ($H_2\uparrow$), como em:

$$Na + H_2O = Na^+ + OH^- + \tfrac{1}{2}\,H_2\uparrow$$

$$Ca + 2\,H_2O = Ca^{2+} + 2\,OH^- + H_2\uparrow$$

Notar o correspondente cátion dessas reações, nas quais o símbolo $\uparrow$ representa um gás liberado. Quando os elementos não metálicos reagem com a água, produzem ácidos, como em:

$$Cl_2 + 2\,H_2O \rightarrow HCl + HClO$$

Notar que as formas resultantes ácido clorídrico e ânion cloreto vêm do mesmo elemento não metálico cloro (Cl_2). Os ânions e cátions podem combinar entre si para formar sais, os quais podem também se precipitar para fora da água. Quando são formados numa superfície metálica, esses sais dão origem às incrustações. A lista a seguir mostra alguns dos sais mais comuns:
- cloreto de sódio ou sal de cozinha (NaCl);
- sulfato de sódio (Na_2SO_4);
- bicarbonato de sódio ($NaHCO_3$);
- cloreto de magnésio ($MgCl_2$);

- sulfato de magnésio (MgSO);
- cloreto de cálcio ($CaCl_2$);
- sulfato de cálcio ($CaSO_4$).

3.5 Constituintes da água

A água é também chamada de solvente universal. Em graus variados, ela dissolve os gases, como o oxigênio (O_2) e o dióxido de carbono (CO_2), os compostos inorgânicos e alguns compostos orgânicos, como a glicose e o ácido tânico.

O parâmetro denominado STD, normalmente expresso em mg/L, é a soma de todos os constituintes dissolvidos na água, sejam orgânicos, sejam inorgânicos. A água pode manter em suspensão alguns materiais insolúveis finamente divididos, chamados de sólidos em suspensão, e tanto esses sólidos em suspensão como os sólidos dissolvidos podem ser classificados como constituintes da água. Os sólidos suspensos totais (SST), expressos em mg/L, são a soma de todos os sólidos, exceto os dissolvidos, presentes numa amostra de água. Vale dizer que os sólidos presentes numa água podem conferir a ela propriedades bastante diferentes da água pura característica (H_2O).

Alguns sais, como o NaCl, são bastante solúveis na água, enquanto outros, como o $CaCO_3$, são solúveis até certo limite. Quando o limite de solubilidade é excedido, o composto precipita. Algumas equações que expressam o fenômeno da precipitação de sais são descritas a seguir, e o símbolo ↓ representa um sal ou um sólido que precipita ou sedimenta:

$$Ca^{2+} + CO_3^{2-} \rightarrow CaCO_3 \downarrow$$

$$FeCl_3 + 3\ NaOH \rightarrow 3\ NaCl + Fe(OH)_3 \downarrow$$

O Quadro 3.1 apresenta uma lista de elementos que ocorrem frequentemente nas águas naturais, assim como o símbolo de cada elemento, seu peso atômico aproximado e sua carga iônica usual. Em média, os principais componentes de uma análise de água incluem apenas um número limitado desses elementos ou de suas combinações.

Os principais componentes que normalmente constituem a quase totalidade dos STD presentes na água estão listados no Quadro 3.2.

QUADRO 3.1   Elementos presentes nas águas naturais, seus símbolos, pesos atômicos e cargas iônicas

Elemento	Símbolo	Peso atômico	Carga iônica
Alumínio	Al	27	3+
Arsênio	As	75	3+, 5+
Bário	Ba	137	2+
Boro	B	11	3+
Bromo	Br	80	1–
Cálcio	Ca	40	2+
Cloro	Cl	35,5	1–
Cromo	Cr	52	3+, 6+
Cobre	Cu	64	2+
Flúor	F	19	1–
Hidrogênio	H	1	1+
Ferro	Fe	56	2+, 3+
Chumbo	Pb	207	2+, 4+
Magnésio	Mg	24	2+
Oxigênio	O	16	2–
Fósforo	P	31	5+
Potássio	K	39	1+
Silício	Si	28	4+
Sódio	Na	23	1+
Estrôncio	Sr	88	2+
Enxofre	S	32	6+, 4+, 2–

Fonte: USBR (2003).

QUADRO 3.2   Principais componentes das águas naturais

Elementos metálicos		Elementos não metálicos	
Nome	Símbolo	Nome	Símbolo
Cálcio	Ca^{2+}	Carbonato	CO_3^-
Magnésio	Mg^{2+}	Bicarbonato	HCO_3^-
Sódio	Na^+	Sulfato	SO_4^-
Potássio	K^+	Cloreto	Cl^-

Fonte: USBR (2003).

3.6 Medições em amostras de água

Duas das medidas mais comuns nas amostras de água são as de pH e as de condutividade.

3.6.1 Medidas de pH

O valor do pH de uma água é um dos fatores mais importantes em operações de pré-tratamento nas estações de dessalinização. Essa importância se deve principalmente às questões relativas à corrosão e às incrustações que podem ocorrer nas tubulações e nos equipamentos dessas instalações em geral. Os químicos usam uma escala de pH para expressar quão ácida ou básica é uma determinada substância, o que é uma característica fundamental que norteia a química da água. As reações de corrosão e de incrustação dependem basicamente do fato de a água ser ácida ou básica.

- *Ácidos*: são compostos formados por um elemento não metálico e pelo íon hidrogênio (H^+), que se dissocia. Exemplos: ácido sulfúrico (H_2SO_4), ácido clorídrico (HCl) e ácido carbônico (H_2CO_3).
- *Bases*: são compostos geralmente formados pelo cátion de um elemento metálico e pelo íon hidroxila (OH^-), que se dissocia. Exemplos: hidróxido de sódio (NaOH), hidróxido de cálcio [$Ca(OH)_2$] e hidróxido de magnésio [$Mg(OH)_2$]. No entanto, as bases podem existir também sem a presença de um elemento metálico. Um exemplo é o hidróxido de amônia (NH_4OH).

Ácidos e bases reagem para formar água e sais, como quando o ácido clorídrico (HCl), na presença de hidróxido de sódio (NaOH), reage para formar cloreto de sódio (NaCl), conhecido como sal de cozinha, e água (H_2O).

O conceito de pH é particularmente adequado para definir numericamente uma concentração muito pequena de íons hidrogênio. Assim, uma solução ácida tem mais íons hidrogênio (H^+) do que íons hidroxila (OH^-), uma solução neutra (pH = 7), um número igual de íons hidrogênio e íons hidroxila, e uma solução alcalina, mais íons hidroxila do que íons hidrogênio. A concentração de íons hidrogênio em água dá origem ao parâmetro conhecido como *pH*, que é definido como:

$$pH = -\log(H^+)$$

em que H^+ é a concentração de íons hidrogênio em gramas por litro (g/L) da solução. Os valores de pH podem ser usados para classificar a acidez ou a alcalinidade de uma água (Quadro 3.3).

QUADRO 3.3 Classificação da água de acordo com seu pH

Valor de pH da água	Classificação
< 3	Altamente ácida
3 a 6	Levemente ácida
6 a 8	Neutra
8 a 10	Levemente alcalina
> 10	Altamente alcalina

Uma vez que a função log que define o valor de pH é recíproca, um número menor de pH indica uma maior concentração de H^+ ou uma solução mais ácida. Mesmo uma solução básica com um pH na faixa de 12 tem uma concentração muito pequena de íons hidrogênio, que pode ser calculada por:

$$-\log(H^+) = 12 \therefore \log(H^+) = -12 \quad (3.1)$$

e assim:

$$(H^+) = 1 \times 10^{-12} \text{ mol/L} \quad (3.2)$$

Uma solução neutra (pH = 7) tem uma concentração de íons hidrogênio de 1×10^{-7} mol/L, enquanto uma solução ácida (pH = 2) tem uma concentração de íons hidrogênio de 1 a 10^{-2} ou 0,01 mol/L.

Uma solução com pH = 5 tem uma concentração de íons hidrogênio dez vezes maior que uma solução com pH = 6, ao passo que uma solução com pH = 4 tem uma concentração de íons hidrogênio dez vezes maior que uma solução com pH = 5 e cem vezes maior que uma solução com pH = 6.

Uma água com pH ≤ 4,2 não possui qualquer alcalinidade, sendo considerada uma água ácida, que contém ácido carbônico ($H_2CO_3 = H_2O + CO_2$ (água + dióxido de carbono)), podendo ainda possuir outros ácidos minerais livres.

A Fig. 3.1 ilustra o efeito da alcalinidade e do CO_2 sobre o pH. Na faixa de valores de pH entre 4,2 e 8,2, o íon bicarbonato coexiste com o CO_2 dissolvido.

Normalmente, os íons carbonato e bicarbonato contribuem para a alcalinidade dentro da faixa de pH entre 8,2 e 9,6, enquanto acima do pH = 9,6 contribuirão os íons carbonato e hidroxila.

3.6.2 Medidas de condutividade

A condutividade, que fornece uma medida aproximada da quantidade de sais existentes na água, é um importante fator nas questões referentes à dessalinização. Quanto maior a concentração de sais dissolvidos, maior a capacidade de essa solução conduzir a eletricidade. A água pura é um condutor muito pobre de eletricidade, ao contrário da água do mar, que é uma boa condutora.

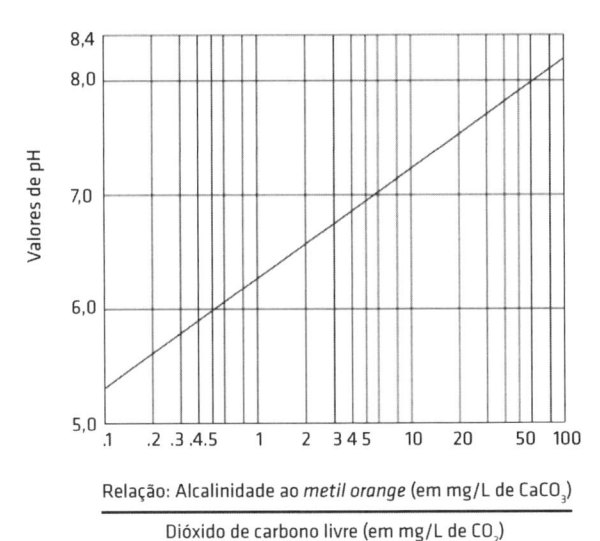

FIG. 3.1 *Influência da alcalinidade ao bicarbonato e do CO_2 nos valores de pH*
Fonte: USBR (2003).

A solução como um todo é eletricamente neutra porque o total de cargas positivas deve ser igual ao total de cargas negativas. Quando dois eletrodos estão imersos numa solução eletrolítica e uma tensão de corrente contínua é disponibilizada neles, os ânions migrarão para o anodo, enquanto os cátions migrarão em direção ao catodo.

A condutividade não é uma medida absoluta, mas uma comparação relativa. A condutividade de uma amostra de água é relacionada a uma amostra-padrão, geralmente uma solução de cloreto de potássio (KCl), sendo esses padrões preparados no próprio laboratório ou adquiridos comercialmente. Os laboratórios usam padrões com a mesma concentração, tipo e qualidade de produtos químicos.

3.7 Tipos de água e de tratamento

3.7.1 Classificação das águas quanto à salinidade

As águas naturais podem ser classificadas como doces, salobras e marinhas, a depender da concentração de STD (Quadro 3.4).

QUADRO 3.4 Classificação das águas naturais em função da concentração de STD

Concentração de STD (mg/L)	Classificação
< 1.000	Águas doces
de 1.000 a 5.000	Águas ligeiramente salobras
5.001 a 15.000	Águas moderadamente salobras
15.001 a 35.000	Águas fortemente salobras
> 35.000	Águas marinhas

Com base nos padrões da United States Environmental Protection Agency (Usepa), para ser considerada potável uma água deve possuir uma concentração de STD que não exceda 500 mg/L. No entanto, uma concentração de até 1.000 mg/L pode ser considerada aceitável. No Brasil, a Resolução Conama nº 357 (Conama, 2005) adota a seguinte classificação:
- *água doce*: apresenta salinidade igual ou inferior a 0,05% ou ≈ 500 mg/L;
- *água salobra*: apresenta salinidade superior a 0,05% e inferior a 3,0% ou entre 500 mg/L e 30.000 mg/L;
- *água salina*: apresenta salinidade igual ou superior a 3,0% ou acima de 30.000 mg/L.

3.7.2 Água doce

Na maioria dos casos, se uma fonte de água doce está disponível, o tratamento para produzir água potável para distribuição à população é relativamente barato. Em algumas regiões, o simples ajuste do pH e a desinfecção podem ser as únicas ações necessárias. Em outras regiões, no entanto, esse recurso pode ser de má qualidade, exigindo tratamentos mais sofisticados. Nesses casos, uma fonte de água salobra pode ser utilizada de forma mais confiável e com menor custo.

3.7.3 Água salobra

Comparado com a dessalinização da água do mar, o tratamento da água salobra é muito mais dependente das condições locais. Águas interiores superficiais e subterrâneas apresentam variações na concentração de STD e em sua própria composição. Espécies iônicas individuais podem variar significativamente mesmo dentro de uma única região de exploração.

Essa variação é particularmente importante no caso das águas subterrâneas, uma vez que as águas superficiais são constantemente renovadas. São necessárias análises cuidadosas e precisas, de preferência enquanto os poços estão em fase de bombeamento. No caso das águas superficiais, as amostras devem ser coletadas quando as águas apresentarem as piores condições de qualidade. Ressalte-se que as águas subterrâneas podem ocasionalmente ter suas características modificadas de maneira inesperada.

Como exemplo, numa fonte de água superficial em Moffat, em Denver, no Colorado (EUA), a concentração de STD era menor que 100 mg/L. Na cidade de Roswell, no Novo México (EUA), existem várias fontes para água de abastecimento com STD excedendo 1.000 mg/L. Já em uma fazenda em Dalpra, próximo de Longmont, no Colorado, num antigo escritório do gabinete de água salina, o aquífero tem uma concentração de STD de 3.500 mg/L. Num caso extremo, a concentração de sais no Great Salt Lake, em Utah (EUA), é várias vezes maior do que a da água do mar.

No condado de Dare, na Carolina do Norte (EUA), três usinas de dessalinização por OR operam com águas de alimentação completamente diferentes: com cerca de 4.000 mg/L em Kill Devil Hills, com cerca de 1.100 mg/L em Rodanthe-Waves-Salvo e com mais de 8.000 mg/L na nova usina, situada no extremo sul de Hatteras Island.

Em Cape Coral, no sudoeste da Flórida (EUA), são explorados dois campos bem confiáveis que produzem água com baixas concentrações de STD, enquanto 50 milhas ao norte, após 27 anos de operação, os poços da usina Rotonda West fornecem água com STD na faixa de 7.000 mg/L a 8.000 mg/L.

Como se pode constatar, as concentrações de STD das águas salobras apresentam uma extensa faixa de variação, conforme indicado no exemplo da Tab. 3.1.

No Brasil, há relatos de que grande parte das águas continentais do Nordeste apresenta salinidade elevada, ou seja, são águas salobras (Soares et al., 2006).

3.7.4 Água salgada ou marinha

A concentração de sais dissolvidos em águas de mar aberto, cerca de 3,5% ou 35.000 mg/L, é bastante uniforme em todo o mundo. Em áreas de elevada precipitação ou escoamento a partir da terra, como baías e enseadas (por exemplo, Tampa Bay, na Flórida), a concentração de STD é menor, enquanto em áreas de evaporação elevada, como o Mar Vermelho, no Golfo Arábico, essa concentração é maior. Em todos os casos, a proporção relativa dos principais íons presentes em comparação com a concentração de STD da água do mar permanece incrivelmente constante.

TAB. 3.1 Resultados de análises realizadas em diversas águas salobras nos Estados Unidos

Elemento ou substância	mg/L como	Wellton-Mohawk, Arizona	Coalinga, Califórnia	Tularosa, Novo México	Fort Morgan, Colorado	Cape Coral, Flórida, Welfield Campo 1	Cape Coral, Flórida, Welfield Campo 2	Cape Hatteras, Carolina do Norte
Cálcio	$CaCO_3$	510	323	1.050	748	99	110	545
Magnésio	$CaCO_3$	376	365	668	148	408	415	1.398
Sódio	$CaCO_3$	1.944	1.123	249	519	582	965	4.861
Potássio	$CaCO_3$					29	29	99
Total de cátions:	$CaCO_3$	2.830	1.811	1.967	1.415	1.118	1.519	6.903
Bicarbonato	$CaCO_3$	355	132	221	274	128	128	223
Sulfato	$CaCO_3$	938	1.310	1.425	998	173	328	173
Cloretos	$CaCO_3$	1.537	369	240	123	804	1.058	6.696
Nitratos	$CaCO_3$			81	20	-		
Fosfatos	$CaCO_3$							
Total de ânions:	$CaCO_3$	2.830	1.811	1.967	1.415	1.105	1.514	7.092
Dureza total*	$CaCO_3$	886	688	1.718	896	507	525	1.943
Alcalinidade total	$CaCO_3$	355	133	221	274	226	226	223
Dióxido de carbono	CO_2					6	6	18
Ferro total	Fe	0,35	1,2		0,02	< 0,1	0,1	< 0,1
Ferro dissolvido	Fe							
Sílica	SiO_2	32	49	22		22	18	22
Turbidez	UNT					< 1,0	< 1,0	0,3
Matéria suspensa								< 1,0
Cor	Co.Pt					< 5,0	< 5,0	< 10,0
pH		7,95	7,7	7,2	7,4	7,6	7,6	7,4
Solventes extraíveis	mg/L							
Carbono orgânico total	mg/L					< 2,0	< 2,0	< 2,0
Sólidos dissolvidos totais	mg/L	3.628	2.478	2.410	1.880	1.328		8.076
Temperatura	°C					28	28	20

*A dureza total é considerada a somatória dos íons de Ca e Mg, expressa como $CaCO_3$.

Fonte: USBR (2003).

3.8 Análises químicas da água

Uma análise química típica da água coletada no poço 1 de Dalpra (EUA), que tem sido bastante usada para a avaliação do processo de dessalinização por membrana daquela usina, mostra que essa água contém os constituintes listados na Tab. 3.2 e as características apresentadas a seguir.

TAB. 3.2 Concentração dos constituintes da água coletada no poço 1 de Dalpra (EUA)

Constituinte	Símbolo	Concentração (mg/L)
Cálcio	Ca	107
Magnésio	Mg	65
Sódio	Na	936
Potássio	K	11
Carbonato	CO_3	0
Bicarbonato	HCO_3	470
Sulfato	SO_4	1.958
Cloreto	Cl	135
Total:		**3.682**

Outras características da água coletada são:
- condutividade específica a 25 °C = 4.420 µS/cm;
- pH = 7,7;
- STD por secagem a 105 °C = 3.512 mg/L;
- estrôncio = 3,35 mg/L;
- ferro = 0,23 mg/L;
- manganês = 0,08 mg/L.

Pode-se obter a concentração de STD pela soma das concentrações dos íons individuais. Ressalte-se que no cálculo dos STD a concentração deve ser expressa como íons, e não como $CaCO_3$. Nesse exemplo, a concentração de STD é de 3.682 mg/L.

A concentração de STD pode também ser usualmente obtida por secagem da amostra a 105 °C. Nesse exemplo, o valor obtido por esse método de análise foi de 3.489 mg/L. Como se pode perceber, a concentração de STD obtida por secagem da amostra a 105 °C resulta num valor menor, devido à decomposição térmica parcial do bicarbonato. Essa diferença é estimada, por vezes, assumindo que mais ou menos metade do bicarbonato é perdida por decomposição térmica. A Tab. 3.3 apresenta os resultados da análise de três diferentes águas salobras, ilustrando outro método de apresentar os resultados.

TAB. 3.3 Três análises de águas salobras típicas

Constituinte	Amostra 1		Amostra 2		Amostra 3	
	mg/L	meq/L*	mg/L	meq/L	mg/L	meq/L
Cálcio	282	14,1	220	11,0	334	17,2
Magnésio	88	7,2	134	11,0	106	8,7
Sódio	904	39,3	82	3,6	151	6,6
Potássio	6	0,2	13	0,3	23	0,6
Estrôncio	-	-	3	0,1	-	-
Bicarbonato	76	1,2	151	2,5	207	3,4
Sulfato	771	16,1	1.056	22,0	1.319	27,5
Cloreto	1.460	41,1	42	1,2	66	1,9
Σ de íons (mg/L)	3.587	-	1.701	-	2.216	-
Σ de cátions (meq/L)	-	60,8	-	26,0	-	33,1
Σ de ânions (meq/L)	-	58,4	-	25,7	-	32,8

*meq/L = miliequivalente por litro.
Fonte: USBR (2003).

Para fins práticos, quando se consideram as águas doces ou moderadamente mineralizadas, as unidades mg/L e ppm (partes por milhão) podem ser consideradas indistintamente. Ressalte-se que mg/L é uma medida de massa por unidade de volume, enquanto ppm é uma medida de massa por unidade de massa. Assim, quando se tratar de uma água contendo suficiente quantidade de minerais para alterar o valor da sua densidade específica, como é o caso da água do mar, na conversão de mg/L para ppm deverá ser incluído um fator de correção de densidade dessa água.

Os resultados analíticos podem ser expressos em peso das espécies químicas por unidade de volume da solução (por exemplo, 50 mg/L de Ca^{2+}). A concentração também pode ser expressa como miliequivalentes por litro (meq/L), o que se consegue dividindo a concentração das espécies químicas (em mg/L) pelo peso equivalente, que é igual ao peso molecular dividido pela valência. Por exemplo, o peso molecular do cálcio é 40, e sua valência, 2, de modo que seu peso equivalente é 20. Por conseguinte, 50 mg/L de Ca^{2+} podem ser expressos em meq/L dividindo-se 50 por 20, o que resulta em 2,5 meq/L de Ca^{2+}. Esse procedimento é uma ferramenta valiosa para verificar a precisão de uma balança analítica. Uma vez que a solução deve ter carga neutra, o valor em meq/L dos cátions deve ser igual ao dos ânions. Sempre existirá uma pequena diferença, mas caso ela seja superior a 5% a 10% a análise deve ser feita novamente.

O método mais utilizado, embora esteja longe de ser universal, é aquele que expressa os cátions e ânions em mg/L de $CaCO_3$. O carbonato de cálcio apresenta peso equivalente de 50, o que fornece um fator bastante conveniente para efetuar essa conversão. Assim, basta multiplicar a concentração das espécies em meq/L por 50 para converter o resultado em mg/L de $CaCO_3$.

A alcalinidade de uma água é uma característica que traduz sua capacidade de neutralizar ácidos. A maioria das águas naturais possui uma alcalinidade que pode ser atribuída à presença do íon bicarbonato (HCO_3^-), formado pela reação do gás carbônico dissolvido (CO_2) com os carbonatos oriundos de algumas formações minerais carreadas pelas águas de chuva, neve ou granizo. A alcalinidade é frequentemente medida em mg/L de $CaCO_3$, no entanto pode incluir outras substâncias alcalinas e também o próprio $CaCO_3$. A Tab. 3.4 compara os valores obtidos pelos três diferentes modos de apresentação dos resultados de uma análise anteriormente citados.

TAB. 3.4 Três diferentes formas de apresentação dos resultados de uma análise de água

Elemento ou substância	Símbolo	mg/L do íon	meq/L	mg/L de $CaCO_3$
Cálcio	Ca	23,2	1,16	58
Magnésio	Mg	4,8	0,40	20
Sódio	Na	8,3	0,36	18
Total de cátions	-	36,3	1,92	96
Bicarbonato	HCO_3^-	67,1	1,10	55
Sulfato	SO_4^-	14,4	0,30	15
Cloreto	Cl^-	14,9	0,42	21
Nitrato	NO_3^-	5,0	0,08	4
Fosfato	PO_4^-	0	0	0
Fluoreto	F^-	0,4	0,02	1
Total de ânions	-	101,8	1,92	96

Fonte: adaptado de USBR (2003).

A dureza de uma água é a soma das concentrações de cálcio e magnésio, ambas expressas em mg/L de $CaCO_3$. Quando a alcalinidade excede a dureza, toda a dureza é considerada temporária porque precipitará quando a água for aquecida até seu ponto de ebulição. Esse fenômeno pode ser expresso pelas seguintes equações:

Sob aquecimento até o ponto de ebulição:

$$Ca(HCO_3)_2 \rightarrow H_2O + CO_2 \uparrow + CaCO_3 \downarrow$$

$$Mg(HCO_3)_2 \rightarrow H_2O + CO_2 \uparrow + MgCO_3 \downarrow$$

O símbolo ↑ representa a liberação de um composto gasoso da solução, e o símbolo ↓, a precipitação de um composto. Quando a dureza total supera a alcalinidade total, a porção de dureza que excede o valor da alcalinidade é denominada dureza permanente. Assim, por exemplo, pode-se calcular a dureza permanente para a água da localidade Wellton-Mohawk apresentada na Tab. 3.1, com dureza total de 886 mg/L e alcalinidade total de 355 mg/L, ambas expressas como equivalente em $CaCO_3$: 886 − 355 = 531 mg/L. No Quadro 3.5 são apresentados os fatores de conversão para expressar os íons, incluindo Ca e Mg, como $CaCO_3$.

QUADRO 3.5 Conversão das concentrações iônicas (em mg/L do íon) ao equivalente em $CaCO_3$

Íon	Símbolo	Multiplicar por
Cálcio	Ca^{2+}	2,49
Magnésio	Mg^{2+}	4,10
Sódio	Na^+	2,18
Potássio	K^+	1,28
Estrôncio	Sr^{2+}	1,14
Bário	Ba^{2+}	0,73
Alumínio	Al^{3+}	5,56
Bicarbonato	HCO_3^-	0,82
Sulfato	SO_4^{2-}	1,04
Cloreto	Cl^-	1,41
Nitrato	NO_3^-	5,0
Fosfato	PO_4^{3-}	1,58
Fluoreto	F^-	2,63
Hidróxido	OH^-	2,94

Fonte: adaptado de USBR (2003).

A condutividade elétrica da água salobra ou salina é uma característica bastante útil na análise da água e no controle dos processos de dessalinização. As medições de condutividade são rápidas e precisas e podem ser feitas em frações de minuto, sendo geralmente reportadas em µS/cm (microssiemens por centímetro), unidade que é equivalente a µ.mho/cm, a 25 °C.

Para cada tipo de água, a correlação entre a condutividade e a concentração de STD deve ser obtida pela medição precisa da condutividade e das análises químicas para determinar os STD, podendo essa correlação ser expressa por uma equação. Foram estabelecidas as seguintes equações para a água de alimentação extraída de um poço e para o correspondente produto final resultante de uma unidade-piloto de dessalinização por OR, as quais foram utilizadas na avaliação de desempenho de longo prazo daquela unidade:

Água de alimentação: STD = (0,8637 · C) − 386   (3.3)

Produto final: STD = (0,6898 · C) − 16   (3.4)

em que:
C representa o valor da condutividade medida em µS/cm e o valor de STD é obtido em mg/L.

Com base nessas equações basta, então, medir a condutividade para obter o valor dos STD. As correlações entre esses dois parâmetros da água, uma vez estabelecidas, tornam-se instrumentos valiosos na operação de estações de dessalinização. É possível derivar expressões matemáticas com base nas quais o STD de uma água específica pode ser estimado. Também é possível derivar aproximações de condutividade de força iônica e vice-versa. A *força iônica I* de uma solução é uma medida de sua concentração de íons. A equação a seguir expressa a correlação entre a força iônica e as concentrações das espécies iônicas:

$$I = \frac{1}{2} \sum_{i=1}^{n} C_i Z_i^2 \qquad (3.5)$$

em que:
I = força iônica (em mol/L);
C_i = concentração das espécies iônicas (expressas em mol/L);
Z_i = número de carga das espécies iônicas.

A condutância específica C_{ESP} e a força iônica I podem também ser correlacionadas:

$$I = C_{ESP} \times 1{,}6 \times 10^{-5} \qquad (3.6)$$

Analisando-se essa expressão fica evidente que uma unidade de concentração do íon de sódio, cujo número de carga é igual a 1, contribui com um quarto da força iônica de uma unidade de concentração do íon cálcio, cujo número de carga é igual a 2, e assim por diante.

Conclui-se então que o aumento da concentração de íons divalentes vai produzir uma alteração na correlação entre STD e condutividade. É importante lembrar-se disso principalmente quando se utilizam, por exemplo, as medições de condutividade para calcular a rejeição de sais em um sistema OR. Também é importante ressaltar que a condutividade é afetada pela concentração de sais e pela temperatura.

Qualquer processo de dessalinização é, até certo ponto, impactado pela qualidade da água de alimentação e pela química envolvida no processo de dessalinização. Um profundo conhecimento dos princípios básicos da química da água vai sempre ajudar no sucesso da aplicação das tecnologias de dessalinização.

4 | Pré-tratamento da água bruta

É sempre necessário promover algum tipo de pré-tratamento para a água de alimentação de uma estação de dessalinização. Isso impede que as substâncias normalmente presentes na água bruta acarretem perdas de desempenho ou redução na quantidade de água produzida durante a operação normal da estação. Este capítulo foi totalmente baseado em USBR (2003).

Cada tecnologia de dessalinização apresenta suas próprias exigências em relação à qualidade da água de alimentação.

Nos processos de dessalinização por destilação, as maiores preocupações são:
- incrustações na superfície dos tubos trocadores de calor;
- corrosão dos componentes da planta;
- erosão por partículas sólidas em suspensão, especialmente a areia;
- efeitos específicos de outros constituintes.

Nos processos de membranas, as preocupações principais são:
- *fouling* e/ou incrustações nas membranas;
- obstrução por sólidos suspensos;
- crescimento de micro-organismos nas membranas *(biofouling)*;
- degradação da membrana por oxidação ou outros meios.

4.1 Processos de destilação

4.1.1 Incrustações nos processos de destilação

Nos processos de destilação, a presença de sulfato de cálcio ($CaSO_4$), de hidróxido de magnésio [$Mg(OH)_2$] e de carbonato de cálcio ($CaCO_3$) na água de alimentação pode causar incrustações na superfície dos tubos, as quais se formam pela precipitação e pela separação desses compostos da água de alimentação.

Incrustações pelo sulfato de cálcio

Remover o cálcio ou o sulfato da água de alimentação é uma maneira de evitar a incrustação por sulfato de cálcio no processo de pré-tratamento. Essa abordagem, no entanto, geralmente não é eficiente.

A maneira tradicional de controlar as incrustações por sulfato de cálcio é operar as estações com temperaturas mais baixas ou então utilizar os chamados anti-incrustantes.

O pré-tratamento que faz com que a água de alimentação passe por membranas NF é outra técnica que por vezes se emprega para reduzir as concentrações de sulfato de cálcio tanto nos processos de dessalinização por destilação quanto nos processos por OR.

Ao contrário da maioria das substâncias, o sulfato de cálcio apresenta uma curva de solubilidade inversa, ou seja, a solubilidade diminui à medida que aumenta a temperatura. Em outras palavras, quanto maior a temperatura, maior a taxa de precipitação e maior o potencial para a formação de incrustações.

Incrustações por carbonato de cálcio e hidróxido de magnésio

Esses compostos ou formas químicas predominam em temperaturas mais baixas. A formação de incrustações por carbonato de cálcio e hidróxido de magnésio pode ser evitada por meio da remoção do íon bicarbonato (HCO_3^-), que é o responsável por esse fenômeno.

Esse íon pode ser facilmente removido da água de alimentação pelo tratamento com ácidos. A reação do ácido sulfúrico (H_2SO_4) com o íon bicarbonato produz o ácido carbônico (H_2CO_3), que é muito instável e se decompõe para formar água (H_2O) e gás carbônico (CO_2). A fim de completar essa remoção, o dióxido de carbono deve ser removido da água de alimentação em um descarbonizador. Alternativamente, outros aditivos podem ser usados, conforme já discutido na seção 2.5.3.

4.1.2 Corrosão nos processos de destilação

A *corrosão* metálica é a transformação que um material ou liga metálica sofre ao interagir química ou eletroquimicamente num determinado meio de exposição, processo esse que resulta na formação de produtos de corrosão e na consequente liberação de energia. Na maioria das vezes, a corrosão metálica por mecanismo eletroquímico está associada à exposição do metal num meio onde estão presentes moléculas de água, juntamente com gás oxigênio ou íons de hidrogênio, num meio condutor. A corrosão num sistema de destilação depende dos fatores listados a seguir. O pré-tratamento da água de alimentação ajuda a corrigir o efeito negativo dessas variáveis e evita a corrosão.

- *Quantidade de gases corrosivos que adentram a unidade de destilação*: a quantidade desses gases pode ser minimizada pela instalação de desgaseificadores. O descarbonizador eliminará o gás carbônico, enquanto o desaerador removerá o oxigênio. Bissulfito de sódio ou outro produto semelhante que promova a eliminação do oxigênio pode ser então adicionado ao fluxo que sai do desaerador para garantir que todo o oxigênio seja removido.
- *Temperatura de operação*: a máxima temperatura de operação será fixada em função do tipo de processo e dos produtos químicos utilizados no pré-tratamento. O polifosfato é efetivo para temperaturas de até 90,6 °C. Para operação a temperaturas mais altas, são utilizados vários tipos de polímero. No entanto, esses tipos de pré-tratamento não impedirão a corrosão dentro da unidade.
- *Concentração de íons cloreto*: a corrosão devido à concentração de íons cloreto não pode ser eliminada pelo pré-tratamento. Para prevenir esse tipo de corrosão, é obrigatória a utilização de materiais de construção resistentes a esses íons. Por exemplo, o aço SS316L não poderá ser utilizado em aplicações cujo teor de cloro exceda 1.000 ppm.
- *Valor do pH:* por meio da adição de ácidos, o valor do pH da água de alimentação pode ser reduzido para baixar a concentração dos íons bicarbonato. Isso é conseguido pela redução do valor do pH para a faixa de 4,2 a 4,5. No entanto, se for permitida a entrada do dióxido de carbono produzido pela adição de ácido no evaporador, poderá haver grave processo erosivo. Assim, deve-se remover o dióxido de carbono no descarbonizador antes de a água de alimentação entrar no evaporador. Disso resulta que o valor de pH ficará na faixa de 5,5 a 6,0.

4.1.3 Abrasão por sólidos suspensos nos processos de destilação

A areia é o único sólido suspenso que preocupa nos processos de destilação. Se for permitida a entrada de areia no evaporador, poderá ocorrer abrasão da superfície dos tubos. Essas ocorrências conduzirão à substituição precoce dos feixes dos tubos, com consequente aumento no custo da água produzida. Além de causar abrasão nos tubos, a areia poderá ainda entupir os bicos de pulverização, com a consequente necessidade de fechamento das unidades para que sejam feitas limpezas mais frequentes do que o normal.

4.1.4 Impactos causados por outros constituintes

- *Sulfeto de hidrogênio (H_2S)*: certas águas de alimentação, particularmente quando utilizadas fontes de águas subterrâneas, podem conter sulfeto de hidrogênio, que deve ser removido antes de adentrar a unidade. O H_2S reage com materiais como cobre e níquel, que são os componentes típicos utilizados nas superfícies de transferência de calor dos processos de destilação. Se os sulfetos reagirem com os componentes cobre/níquel, pode ocorrer redução da taxa de transferência de calor e ainda colapso dos tubos.
- *Óleo*: esse contaminante também deve ser removido na unidade de pré-tratamento. Caso não o seja, poderá danificar a superfície dos tubos do evaporador, o que resultará em perda na transferência de calor.
- *Crescimento de organismos marinhos*: pode ocorrer na tomada da água de alimentação e também na linha de abastecimento. Esse crescimento de organismos marinhos geralmente é combatido pela adição de cloro, em doses relativamente baixas, na faixa de 0,5 mg/L ou até menores, no início da tubulação de alimentação. Pode ser necessária também a aplicação de tratamentos de choque com doses de cloro na faixa de 5,0 mg/L.
- *Metais pesados*: se o evaporador é construído com peças de alumínio, metais como cobre, níquel e mercúrio devem ser removidos da água de alimentação antes de entrar nele, o que é conseguido com o uso de armadilhas para capturar íons. Essas armadilhas são simplesmente recipientes com pequenos cavacos do mesmo alumínio usado na fabricação da unidade. Os metais citados reagirão com o alumínio sacrificial presente na armadilha e poderão então ser removidos.

As Figs. 4.1 e 4.2 apresentam de modo esquemático, respectivamente, o pré-tratamento para a operação em baixas temperaturas com o uso de polifosfato e em altas temperaturas com o uso de ácidos. Esses pré-tratamentos são muito semelhantes, porém, no caso do tratamento com ácido, há a necessidade de prever o descarbonizador para a remoção do gás carbônico (CO_2) gerado no processo.

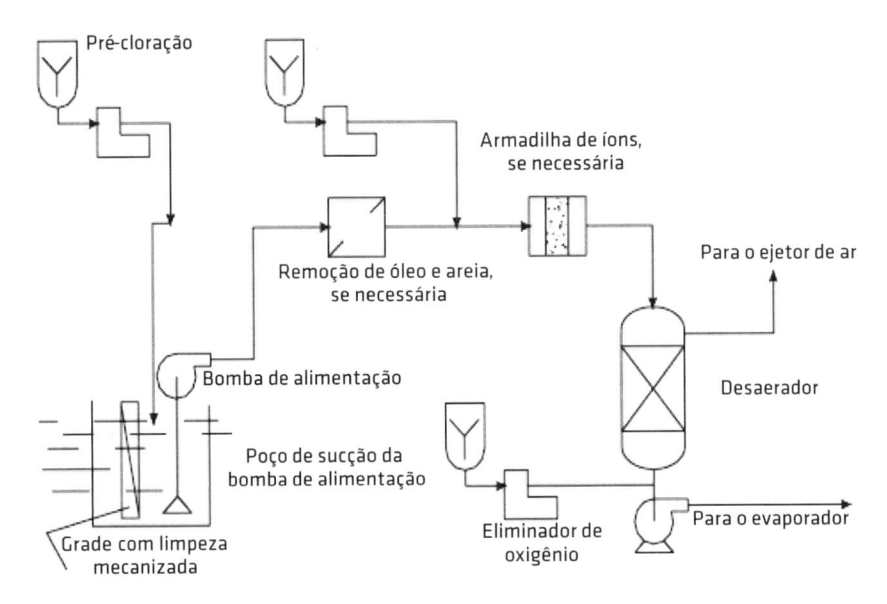

FIG. 4.1 *Pré-tratamento da água de alimentação com o uso de polifosfato, para T ≤ 90 °C*
Fonte: USBR (2003).

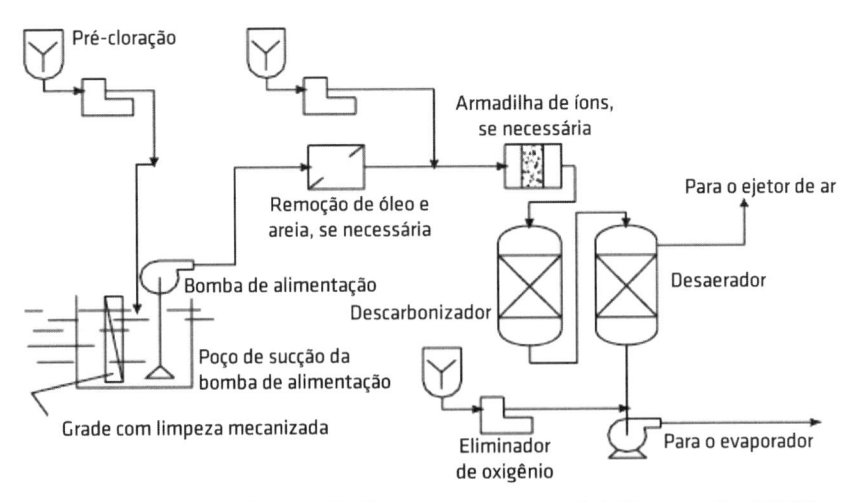

FIG. 4.2 *Pré-tratamento da água de alimentação com o uso de ácidos, para T = 110 °C*
Fonte: USBR (2003).

4.2 Pré-tratamento nos processos com a utilização de membranas

Fouling, um termo técnico muito utilizado na língua inglesa e que significa basicamente incrustação, é o resultado do acúmulo de materiais não desejados em superfícies sólidas, telas, membranas etc. em detrimento de sua função. Os materiais não desejados podem ser tanto organismos vivos (*biofouling* ou bioincrustação) como substâncias inorgânicas ou orgânicas. O *fouling* distingue-se de outros tipos de incrustação por ocorrer sobre a superfície de um componente de um sistema que desempenha uma função definida e útil e por impedir ou interferir nessa função.

O pré-tratamento para evitar o *fouling* é essencial para o bom funcionamento de sistemas que utilizam membranas, em especial as de OR e de EDR. No entanto, nesse caso, o pré-tratamento pode aumentar substancialmente os custos, tanto de investimentos iniciais quanto os operacionais.

Três tipos principais de obstrução de membranas serão considerados:
- incrustações causadas por substâncias alcalinas e não alcalinas, em especial o sulfato de cálcio;
- obstruções causadas por óxidos metálicos, principalmente os de ferro e manganês, sendo a oxidação do sulfeto de hidrogênio (H_2S) também preocupante, na medida em que pode causar obstruções;
- obstruções causadas por sólidos suspensos, coloides ou mesmo pelo *biofouling* (crescimento de micro-organismos).

O pré-tratamento nos sistemas que utilizam membranas visa ao controle dos fenômenos de obstrução por:
- crescimento de micro-organismos (*biofouling*);
- óxidos metálicos;
- incrustações minerais;
- precipitação da sílica;
- substâncias coloidais;
- sólidos particulados.

Na Tab. 4.1 são apresentados os pré-tratamentos em geral necessários para sistemas de membranas OR e EDR.

4.2.1 Incrustações nos processos de dessalinização por membranas

O carbonato de cálcio ($CaCO_3$) é a forma de incrustação mineral que ocorre mais frequentemente na operação dos processos de membranas. Sua precipitação ocorre quase sempre ao final de um sistema OR ou nas fases posteriores de uma reversão de sistemas ED ou EDR. A tendência de incrustação do $CaCO_3$ tem sido tradicionalmente prevista pelo método que utiliza o ISL:

TAB. 4.1 Qualidade requerida da água pré-tratada para os processos de membrana

Especificações	Membranas em espiral (acetato de celulose)	Membranas em espiral (poliamida)	Membranas EDR
1. Materiais em suspensão			
Turbidez (em UNT)	< 1	< 1	< 5
Índice de densidade do silte (IDS)	< 4	< 4	< 15
2. Concentrações iônicas			
Ferro ferroso (em mg/L)	< 2	< 2	< 0,1
Manganês (em mg/L)	< 0,5	< 0,5	< 0,1
Estrôncio (em % de saturação)	2.000	3.000	4.000
Bário (em % de saturação)	5.000	5.000	7.000
Sílica (sem inibidor) no concentrado (em mg/L)	< 160	< 160	< Saturação na alimentação
3. Aditivos químicos			
Cloro residual (em ppm)	< 1	Não detectável	Não detectável
Inibidores de incrustações no concentrado (em mg/L)	12 a 18	12 a 18	Conf. necessário
Acidificação (pH)	5,5 a 6,0	4 a 10	Conf. necessário
4. Temperatura, saturação e solubilidade			
Temperatura máxima na água de alimentação (°C)	40	45	43
Máximo ISL com inibidores de incrustações	Ver nota	+2,4 a +2,8	2,1
Produto de solubilidade do CaSO$_4$ com inibidores de incrustações (em % de saturação)	150	150	650

Nota: as membranas de acetato de celulose requerem que o valor do pH esteja na faixa de 5,5 a 6,0, portanto, no concentrado final, o ISL tende a ser suficientemente baixo, não sendo necessário utilizar inibidores de incrustações pelo carbonato de cálcio (CaCO$_3$).

Fonte: USBR (2003).

$$ISL = pH_{REAL} - pH_S$$

sendo pH$_S$ = pH da solução caso ela esteja em equilíbrio com o CaCO$_3$, ou seja:

$$pH_S = pCa + pAlc. + C(T, STD)$$

em que:
pCa = log da concentração de Ca^{2+};
pAlc. = log da alcalinidade ao HCO_3^- (bicarbonato);
C(T, STD) = constante que depende da temperatura e dos STD (ver Fig. 4.3).

O ISL pode ser usado para águas com forças iônicas moderadas. No entanto, sabe-se que, para águas com elevadas forças iônicas, como as águas do mar, o índice de Stiff e Davis (ISD) é mais indicado para prevenir a tendência de incrustações, podendo ser calculado por:

$$ISD = pH_{(real)} - pH_{ISD}$$

em que pH_{ISD} = pCa + pAlc. + K(T, ISD), sendo K uma constante que depende da temperatura e da força iônica.

Se o $pH_{(real)}$ for maior do que o pHS (ou > pH_{ISD}), a água está saturada com carbonato de cálcio ($CaCO_3$), ao passo que, se o $pH_{(real)}$ for menor do que o pHS (ou < pH_{ISD}), a água não está saturada com essa substância. Em resumo, valores positivos de ISL ou de ISD indicam uma tendência de precipitação.

Nos sistemas de dessalinização por OR, um ISL < + 2,4 na saída do concentrado pode ser facilmente controlado com o uso de produtos químicos (inibidores de incrustações) mais modernos. Alguns fabricantes costumam adotar um limite ainda mais elevado de ISL, de + 2,8 a + 3,0. A incrustação decorrente do carbonato é prontamente redissolvida pela circulação de uma solução de ácido muriático (ácido clorídrico diluído) ou pela diminuição do valor do pH da água de alimentação durante a operação. Um nomograma para estimar o ISL é apresentado na Fig. 4.3.

Nas estações de dessalinização por EDR, a incrustação por $CaCO_3$ raramente ocorre. Se ocorrer, uma limpeza no sistema de recirculação do concentrado com ácido clorídrico juntamente com uma pequena concentração de inibidores de incrustações pode ser realizada para reduzir ou eliminar o problema.

No entanto, incrustações por sulfatos de cálcio ($CaSO_4$), de estrôncio ($SrSO_4$) e de bário ($BaSO_4$) são fatores importantes na operação dos sistemas OR, ED e EDR.

Antes de surgirem os inibidores de incrustações sintéticos, o procedimento recomendado era manter a saturação de sulfato de cálcio abaixo de 100%. Entretanto, hoje em dia valores de até duas vezes a saturação são controláveis, desde que seja previsto no projeto um sistema confiável de monitoramento das concentrações corretas de inibidores de incrustações. Os sulfatos de estrôncio e de bário são extremamente insolúveis, mas, felizmente, tendem a se formar muito lentamente, podendo ser controlados em níveis elevados de supersaturação. Valores comumente usados para sulfato de bário estão na faixa de 30 a 70 vezes a saturação.

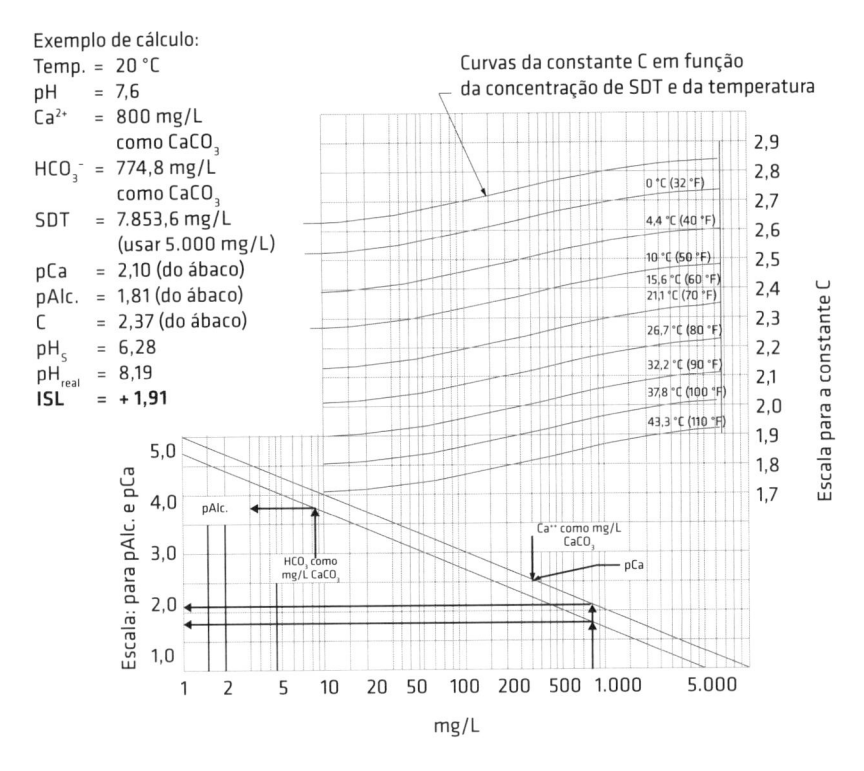

Exemplo de cálculo:
Temp. = 20 °C
pH = 7,6
Ca^{2+} = 800 mg/L como $CaCO_3$
HCO_3^- = 774,8 mg/L como $CaCO_3$
SDT = 7.853,6 mg/L (usar 5.000 mg/L)
pCa = 2,10 (do ábaco)
pAlc. = 1,81 (do ábaco)
C = 2,37 (do ábaco)
pH_S = 6,28
pH_{real} = 8,19
ISL = + 1,91

FIG. 4.3 *Nomograma para o cálculo do ISL*
Fonte: USBR (2003).

Nos sistemas EDR, um nível muito mais elevado de supersaturação é possível em alguns casos. Ao prever os limites de solubilidade dos sulfatos, é importante lembrar-se de dois pontos:
- As membranas OR, mais modernas, rejeitam muito bem os íons divalentes, motivo pelo qual é razoável assumir que não haverá passagem de sais pela membrana quando se calcula o FC no concentrado.
- Os compostos são mais solúveis no concentrado do que na água de alimentação. A constante do produto de solubilidade (KPS_1) de cada composto aumenta com a força iônica.

Como regra geral, as doses de inibidores de incrustações para sistemas OR são calculadas em termos de concentração de 12 mg/L a 18 mg/L, medida no concentrado. Esse valor é então convertido para uma dosagem na água de alimentação utilizando um FC para a recuperação de projeto, assumindo que não haverá passagem de sais pelas membranas. Em sistemas ED/EDR, o inibidor de incrustação é adicionado à corrente de recirculação de concentrado, enquanto uma quantidade equivalente é desperdiçada na purga do concentrado.

$$CII_{aa} = CII_{conc.} \div FC$$

em que:

CII_{aa} = concentração do inibidor de incrustação na água de alimentação (mg/L);

$CII_{conc.}$ = concentração do inibidor de incrustação na saída do concentrado (mg/L);

FC = fator de concentração para a recuperação operacional.

É importante lembrar que nos Estados Unidos qualquer produto adicionado aos sistemas de água potável deve estar certificado pela National Sanitation Foundation (NSF), sob a norma NSF 60, *Aditivos para água de abastecimento*.

Embora a temperatura raramente exerça influência nas estratégias de controle de incrustação em sistemas que utilizam membranas, é importante lembrar que o $CaCO_3$ apresenta uma curva de solubilidade de certa forma invertida quando a temperatura sobe acima de 35 °C.

Em algumas localidades dos Estados Unidos, como Laredo, no Texas, e Mount Pleasant e Hilton Head, na Carolina do Sul, a temperatura da água de alimentação para os sistemas OR é maior que 35 °C. Além das incrustações pelo carbonato de cálcio, o potencial existe, pelo menos teoricamente, para outros compostos solúveis, como fluoreto de cálcio e fosfato de cálcio, que podem causar problemas de incrustações nas membranas usadas para dessalinização. Esses problemas podem geralmente ser controlados usando as mesmas técnicas que funcionam no controle de incrustações dos sais mais comuns. A Tab. 4.2 mostra as características de alguns inibidores de incrustações comercialmente disponíveis.

TAB. 4.2 Inibidores de incrustações: produtos comerciais típicos

Nome comercial	Nome do produto	Ingrediente ativo Tipo	Ingrediente ativo % em peso	Peso específico	pH	Aparência	Aplicações
Perma Treat™ 1	PC-191	Mistura	NA	1,36	10,5	Líquido amarelado	Geral
Perma Treat™ 1	PC-391	Mistura	NA	1,10	11,0	Líquido incolor	Pequenos sistemas de fluxo e sistemas de retorno
Perma Treat™ 1	PC-510	Mistura	NA	1,22	9,7	Líquido âmbar	Controle de sílica
Flocon™	100	NA	35	1,17	3,5	Líquido amarelado	Incrustações inorgânicas
Flocon™	260	NA	35	1,16	< 2	Líquido amarelado	Dispersante
Aquafeed Anti-incrustante™ 2	600	Mistura	35	1,2	3,0 a 4,0	Líquido branco a âmbar	Controle de incrustantes inorgânicos
Aquafeed Anti-incrustante™ 2	820	Mistura	37	1,2	4,3 a 5,3	Líquido branco a âmbar	Dispersante e estabilizador de íons metálicos
Aquafeed Anti-incrustante™ 2	1025	Mistura	36,5	1,15	2,5 a 5,3	Líquido branco a âmbar	Controle de incrustantes inorgânicos e dispersante
Aquafeed Anti-incrustante™ 2	1405	Mistura	29	1,1	5,1 a 5,1	Líquido branco a âmbar	Controle de sílica e silicatos
Hypersperse™ 3	MDC 120	Ácido poliacrílico	NA	1,05 a 1,15	3,56	Líquido pálido a âmbar	Geral
Hypersperse™ 3	MDC 150	Ácido poliacrílico	NA	1,1 a 1,2	2,56	Líquido pálido a âmbar-escuro	Incrustações inorgânicas
Hypersperse™ 3	MSI 310	Ácido poliacrílico	NA	1,05 a 1,15	4,8 a 5,5	Líquido pálido a âmbar	Sílica
Pretreat Plus™ 4	0100	Mistura	NA	1,03 a 1,09	1,0 a 2,0	Líquido incolor	Incrustações inorgânicas e géis
Pretreat Plus™ 4	1100	Mistura	NA	1,04 a 1,13	2,6	Líquido incolor	Incrustações inorgânicas
Pretreat Plus™ 4	NSF	Mistura	NA	1,35 a 1,55	5,3	Líquido marrom-claro	Incrustações inorgânicas
Pretreat Plus™ 4	SÍLICA	Mistura	NA	1,03 a 1,09	1,0 a 2,0	Líquido incolor	Sílica reativa
Pretreat Plus™ 4	2000	Mistura	NA	1,03 a 1,13	10,0	Líquido marrom-claro	Incrustações inorgânicas
Pretreat Plus™ 4	Y2K	Mistura	NA	1,04 a 1,14	1,0 a 2,0	Líquido incolor	Incrustações inorgânicas e géis

TAB. 4.2 Inibidores de incrustações: produtos comerciais típicos (continuação)

Nome comercial	Nome do produto	Ingrediente ativo Tipo	Ingrediente ativo % em peso	Peso específico	pH	Aparência	Aplicações
	0200	Mistura	NA	1,14	1,5	Líquido amarelado	Incrustações inorgânicas e géis
	0300	Mistura	NA	1,07	2,0	Líquido âmbar	Incrustações inorgânicas e géis
	0400	Mistura	NA	1,3	7,0	Líquido amarelado	Incrustações inorgânicas e géis
ProTec RO[TM 5]	Pro Tec RO	Mistura	NA	1,03	5,2	Líquido cor de palha	Sílica coloidal e siltes
	Pro Tec RO-B	Mistura	NA	1,04	7,5	Líquido incolor	Coloides microbianos
	Pro Tec RO-C	Mistura	NA	1,07	8,0	Líquido amarelo	Orgânicos coloidais e enxofre
	Pro Tec RO-D	Mistura	NA	1,02	6,0	Líquido incolor ou amarelo-claro	Coloidais mistos

(1) Informações obtidas da Nalco, Inc. (2002). O Perma Treat é uma marca registrada da Ondeo Nalco, Ltda.
(2) Informações obtidas da Noveon, Inc. (2002).
(3) Informações obtidas da GE Betz, Inc. (2002).
(4) Pretreat Plus são anti-incrustantes. Informações obtidas da King Lee Technologies (2002).
(5) ProTec RO são *antifoulings*. Informações obtidas da King Lee Technologies (2002).
Fonte: USBR (2003).

4.2.2 Incrustações por óxidos metálicos nos processos de membranas

Os óxidos dos diversos metais são extremamente insolúveis, sendo os de ferro férrico (Fe^{3+}) e manganês (Mn^{3+}) os principais motivos de preocupação nas usinas de dessalinização por membranas. A OR é geralmente mais tolerante para águas de alimentação contendo ferro e manganês do que nos processos EDR. Isso ocorre pois, embora os processos EDR tenham aumentado a tolerância para esses materiais na água de alimentação, a natureza eletroquímica desse tipo de processo resulta em liberação de oxidantes nas pilhas.

Nos processos OR, recomenda-se que a concentração de ferro e de manganês na água de alimentação seja limitada a não mais que, respectivamente, 2,0 mg/L e 0,5 mg/L. Maiores concentrações podem causar problemas de coprecipitação com outros constituintes, como a sílica. Isso é particularmente importante para sistemas de abastecimento, porque as concentrações de ferro e de manganês são limitadas também pelos padrões secundários de água potável.

Para sistemas EDR, a concentração de ferro deve ser limitada a 0,3 mg/L, e a de manganês, a 0,1 mg/L. Da mesma forma, níveis elevados de ferro podem também influenciar a efetividade dos inibidores de incrustações, possivelmente conduzindo a uma prematura precipitação dos compostos responsáveis pelas incrustações.

Ao se conceber uma usina de dessalinização por membranas, a água de alimentação deve ser mantida anaeróbia, de modo que o ferro e o manganês permaneçam no estado solúvel divalente em vez de no estado oxidado insolúvel e trivalente. Essa recomendação não considera outras influências ou outros aspectos de projeto.

4.2.3 Crescimento microbiano nas membranas *(biofouling)*

A incrustação causada pelo desenvolvimento de colônias de micro-organismos nas membranas *(biofouling)* é uma grande preocupação, uma vez que resulta na redução do fluxo de permeado e num apreciável incremento da pressão hidráulica no espaço destinado à passagem do concentrado de alimentação. Embora a formação de biofilme seja geralmente precursora da bioincrustação, a presença de biofilme na superfície da membrana pode acontecer sem necessariamente existir uma bioincrustação detectável (Costerton et al., 1985 apud USBR, 2003).

Mesmo quando a água de alimentação é salobra, oriunda de poços, portanto mais limpa, pode ocorrer a bioincrustação.

Nos primeiros tempos do desenvolvimento das membranas OR, aquelas de acetato de celulose eram susceptíveis ao ataque de uma grande variedade de bactérias. Esses ataques provocavam o aparecimento de furos nas membranas, que eram percebidos pelo rápido aumento do fluxo de permeado e pela consequente passagem de sais. No entanto, o sintoma mais típico era a perda de fluxo de permeado devido à bioincrustação, ao longo de vários dias ou mesmo semanas, que resultava em alteração na passagem de sais e aumento significativo nos requisitos de energia. A desinfecção com cloro pode ser utilizada para controlar a bioincrustação nas situações em que esse produto, utilizado em pequenas doses, não venha a prejudicar o material das membranas.

Com o desenvolvimento das membranas não celulósicas de poliamida e outros materiais, o uso de cloro ou outros oxidantes fortes dentro do sistema de membranas tornou-se inaceitável, em razão do grande potencial que esses oxidantes possuem de degradar as membranas. Por sua vez, os materiais utilizados nas membranas são resistentes ao ataque microbiológico. O desafio se torna, então, prevenir ou controlar a formação de biofilme na superfície da membrana (Costerton et al., 1985 apud USBR, 2003).

Muitos trabalhos descreveram os esforços para o desenvolvimento de técnicas destinadas a evitar a aderência de biofilme nesse ambiente dinâmico e operacional. A avaliação de estratégias de desinfecção e o aumento no foco de questões relacionadas com os projetos mecânico e de processo são abordagens alternativas. A interferência na adesão de biofilme tem sido demonstrada, mas estão disponíveis muito poucas técnicas que não causem perdas significativas e permanentes de *performance* das membranas. A desinfecção da água de alimentação com cloro, seguida de descloração, também teve resultados mistos. Diversos trabalhos com membranas de CA foram conduzidos pelo USBR em conjunto com a equipe de manutenção de membranas de CA em Yuma, no Arizona (Henthorne e Lichtwardt, 1996 apud USBR, 2003).

A prevenção e/ou o controle da bioincrustação são geralmente específicos para cada local. Alguns processos e etapas de projeto que podem auxiliar nesse controle são:
- promover uma completa investigação da fonte de água;
- ter um bom projeto de processo;
- ter um bom projeto mecânico;
- ter um bom entendimento da qualidade da água utilizada;
- promover um bom treinamento dos operadores;
- fazer uma boa seleção dos desinfetantes e biocidas mais efetivos;
- prever a desinfecção de rotina no sistema;
- manter condições anaeróbias em todo o processo.

Uma lista de mecanismos que podem levar à bioincrustação é apresentada no Quadro 4.1. Um diagrama de adesão à superfície da membrana é mostrado na Fig. 4.4, ao passo que na Tab. 4.3 são apresentadas as principais técnicas de desinfecção no controle de bioincrustações em membranas.

QUADRO 4.1 Principais ocorrências no processo de formação do biofilme nas membranas

Evento	Tempo[1] para o início do evento	Descrição e/ou explicação
Filme orgânico primário	Segundos/ minutos	Geralmente conhecido como filme de condicionamento, é decorrente da rápida adsorção de macromoléculas orgânicas e substâncias inorgânicas dissolvidas na interface entre a membrana e o líquido.
Adesão de células bacterianas pioneiras	Segundos/ minutos	Trata-se da adesão das primeiras células bacterianas, que depende da natureza da superfície das células, do tipo de membrana, da química da água de alimentação e da hidrodinâmica do sistema. Esse evento contribui fortemente para o início e o acúmulo do biofilme.
Descolamento celular	Segundos/ minutos	Trata-se do desprendimento ou descolamento celular microbiano. É influenciado pela taxa de acúmulo de biofilme e por vezes reforçado pelo uso de agentes microbiocidas, dispersantes etc.
Multiplicação ou crescimento celular	Minutos/ horas	Ocorre por causa dos nutrientes solúveis adsorvidos na membrana a partir da água de alimentação, os quais podem contribuir para a formação do biofilme quando os agentes biocidas não estão presentes.
Síntese de biopolímeros EPS[2]	Minutos/ horas	São substâncias poliméricas produzidas por micro--organismos e que contribuem para uma maior integridade estrutural do biofilme. Agem como uma barreira reativa ao transporte de produtos químicos biocidas e são responsáveis também por uma maior concentração e armazenagem de nutrientes.
Arrastamento de partículas coloidais	Segundos/ minutos	Efeito secundário no qual as partículas em suspensão e as substâncias coloidais são passivamente arrastadas na matriz biopolimérica ou nos espaços vazios do biofilme.
Adesão de células secundárias	Dias/ semanas	Começa depois da formação do biofilme primário, promovido pelas células pioneiras. É provavelmente muito influenciada pelas propriedades da superfície e da fisiologia do biofilme primário e conduz a uma maior diversidade de espécies.
Desprendimento de biofilme	Dias/ semanas	Refere-se ao descolamento das células e da biomassa em resposta às mudanças nas forças de cisalhamento ou de turbulência hidrodinâmica ou ainda pela introdução de biocidas, dispersantes etc.
Senescência[3] da célula bacteriana	Semanas/ meses	Ao final do processo de senescência ocorre a morte e a lise celular (rompimento da célula bacteriana), liberando os nutrientes no meio. No entanto, em sistemas contínuos, a morte celular está em equilíbrio com o crescimento do biofilme, ou seja, enquanto certa parcela de micro-organismos está em processo de senescência ou morrendo, outra está se formando por divisão celular.

QUADRO 4.1	Principais ocorrências no processo de formação do biofilme nas membranas (continuação)

Observações:
[1] Refere-se ao tempo após a membrana ter sido colocada em operação.

[2] *Extracellular polymeric substance* (substância polimérica extracelular, SPE) são enzimas secretadas pelos micro-organismos e lançadas para fora da célula que têm a função de facilitar a digestão da matéria orgânica, quebrando, por exemplo, as proteínas em aminoácidos e/ou transformando outras substâncias mais complexas em substâncias solúveis ou mais facilmente assimiláveis.

[3] Senescência é o processo natural de envelhecimento no nível celular ou o conjunto de fenômenos associados a ele. Trata-se de um processo metabólico ativo que provoca o envelhecimento. As células que entram em processo de senescência perdem a capacidade proliferativa após um determinado número de divisões celulares e, na sequência, ocorre a morte e o consequente rompimento da estrutura celular.

Fonte: USBR (2003).

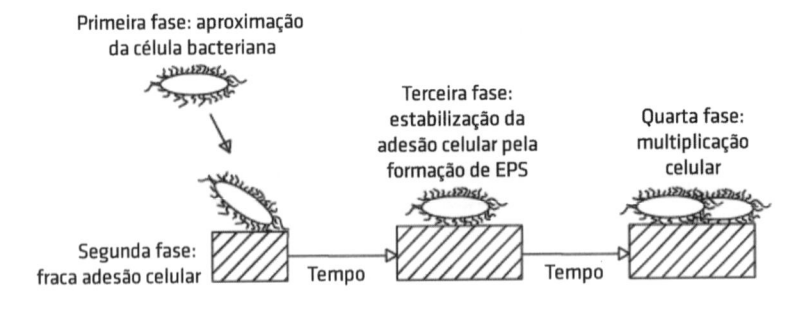

FIG. 4.4 *Adesão da célula bacteriana à superfície da membrana*
Fonte: Rostec Assoc. Inc. (apud USBR, 2003).

4.2.4 Influência dos sólidos suspensos nos processos de membranas

Nos projetos corretamente elaborados, embora não seja preocupante a questão de sólidos suspensos nas águas de alimentação oriundas de fontes subterrâneas, eles devem ser considerados no tratamento de águas vindas de fontes superficiais ou mesmo se é feita a recuperação de águas residuárias.

Os sólidos em suspensão presentes na água de alimentação podem ser tanto materiais inorgânicos, como argilas e óxidos metálicos insolúveis, quanto substâncias orgânicas coloidais, causadoras de cor na água.

TAB. 4.3 Técnicas de desinfecção no controle de bioincrustações em membranas

Categoria de biocida	Exemplos	Faixas de concentração	Membranas compatíveis	Comentários
Oxidantes	Cloro	0,1 mg/L a 1,0 mg/L	Membranas de acetato de celulose, membranas de poliamida em espiral	Os biocidas oxidantes listados são usados principalmente como aditivos na água de alimentação. Por apresentar reduzida ação oxidante em comparação com o cloro livre, a monocloramina não prejudica as membranas de poliamida. Trata-se de um excelente biocida, principalmente para os biofilmes.
	Monocloramina	0,5 mg/L a 5,0 mg/L	Todas	
	Ácido peracético	0,1 mg/L a 1,0 mg/L	Membranas de acetato de celulose, membranas de poliamida em espiral	
	Peróxido de hidrogênio	0,1 mg/L a 1,0 mg/L	Todas	
	Iodo	Não relatado	Não relatado	
Não oxidantes	Formaldeído	0,5% a 5,0%	Todas	O bissulfito de sódio é o único agente redutor frequentemente utilizado como aditivo na água de alimentação. Os demais produtos listados são utilizados principalmente para preservar as membranas da biodegradação ou da biodeterioração durante os períodos de inatividade da usina.
	Glutaraldeído	0,5% a 5,0%	Todas	
	Bissulfito	1,0 mg/L a 100 mg/L	Todas	
	2-metil-4-isotiazolin-3-1	0,01% a 1,0%	Todas	
	Aminas quaternárias	0,01% a 1,0%	Membranas de acetato de celulose, membranas de poliamida em espiral	
	Benzoato	0,1% a 1,0%	Todas	
	EDTA	0,1% a 1,0%	Todas	
Irradiação	Ultravioleta	1 a 2 megarads	Todas(1)	A desinfecção por irradiação ultravioleta é muito eficaz, mas não deixa biocida residual, de modo que os micro-organismos sobreviventes podem voltar a crescer na superfície das membranas. A radiação gama é particularmente adequada para desinfecção de novos módulos de membranas acondicionadas em plásticos por longo prazo.
	Gama	Não relatado	Todas(1)	

(1) A compatibilidade depende da dose de radiação, temperatura, pH, potencial redox e outros fatores.

Fonte: USBR (2003).

As práticas convencionais de tratamento de água, mostradas no Quadro 4.2, podem ser usadas para reduzir ou remover os sólidos suspensos da água de alimentação, com eficiência variável. Os primeiros exemplos disso são o sistema de pré-tratamento para a Usina 21, operada pelo Distrito de Água do Condado de Orange (Orange County), no sul da Califórnia, além dos sistemas de duplo estágio de filtração empregados como pré-tratamento de água do mar nos sistemas OR, utilizados no Oriente Médio e em alguns outros lugares.

QUADRO 4.2 Técnicas para remoção de sólidos suspensos

Técnicas	Unidades operacionais
Processos físicos	Filtros de cartucho (cartridge filters) Filtros de pré-revestimento (precoat filters) Peneiramento Membranas de filtração (MF) ou UF
Filtração granular (gravidade ou pressão)	Filtros multicamadas ascendentes Filtros multicamadas descendentes
Separação gravimétrica	Sedimentação Clarificação Clarificação com uso de produtos químicos
Outras técnicas	Flotação por ar dissolvido Separação por ciclones

Fonte: USBR (2003).

A filtração por cartuchos não é geralmente usada para a remoção de sólidos suspensos por causa do custo. No entanto, para usinas de dessalinização de água do mar de pequeno porte, tem sido empregada com algum sucesso uma fase única de filtração direta seguida de duas fases de filtração em cartuchos.

Filtros de pré-revestimento (precoat filters) utilizando terra diatomácea foram utilizados para o pré-tratamento da água do mar em sistemas OR. Essa técnica foi muito eficaz, porém surgiram dificuldades operacionais com o equipamento que resultaram na liberação de sólidos passando através do septo para as membranas, o que ocasionou rápida incrustação na superfície dessas membranas. Um elevado nível de atenção do operador é necessário para evitar esse tipo de ocorrência, motivo pelo qual esse processo não é mais utilizado.

Ciclones separadores são rotineiramente utilizados para remover a areia da água subterrânea. Esses dispositivos são eficazes, relativamente baratos e particularmente bem adaptados para águas anaeróbias nas quais existe um potencial para óxidos metálicos ou incrustações de enxofre.

Se a fonte de água de alimentação for sujeita a mudanças periódicas na turbidez e na carga de sólidos suspensos, pode ser necessário incluir algum tipo de bacia de sedimentação antes da filtração.

Substâncias orgânicas são geralmente removidas da água de alimentação por meio do uso de produtos como carvão ativado em pó na bacia de sedimentação, coagulação com sulfato de alumínio, cloreto férrico ou polímeros antes da filtração ou filtração direta com uma linha de alimentação de coagulante. A UF também provou ser eficaz na redução de material orgânico coloidal, desde que sejam selecionadas membranas com tamanho de poros apropriado.

As membranas de filtração estão comercialmente disponíveis em várias configurações:
- enroladas em espiral;
- tubulares;
- de fibras ocas;
- capilares;
- de placas e quadros.

As membranas capilares, de fibras ocas e enroladas em espiral são as mais usadas no tratamento de água. As pressões necessárias para a filtração por esses tipos de membrana estão geralmente abaixo de 2 bars (0,2 MPa), com pressões transmembranas entre 1 bar e 1,5 bar (0,1 MPa a 0,15 MPa). As pressões necessárias para MEE tendem a ser as mais altas do intervalo de pressões indicado. No caso das membranas de fibras ocas, é aplicado vácuo em seu interior.

Os sistemas de filtração por membranas são normalmente fornecidos completos, com controles automáticos para retrolavagem e, no caso das membranas de fibras ocas, com sistemas de testes on-line de integridade das membranas. As características mais comuns dessas membranas são dadas na Tab. 4.4.

TAB. 4.4 Características mais comuns das membranas

Membranas de	Tamanho dos poros	Tipos de material
Microfiltração	0,05 mm a 0,5 mm	Polipropileno, polissulfona, polivinilidenofluoreto (PVDF) e material cerâmico
Ultrafiltração	0,001 mm a 0,1 mm	Polissulfona, PVDF, acetato de celulose e material cerâmico

Mais recentemente, a filtração por membrana tem sido aceita como um método de pré-tratamento de efluentes que objetiva uma preparação secundária e terciária para alimentar os processos de OR. Uma quantidade significativa de trabalhos tem sido desenvolvida no Distrito de Água do Condado de Orange, no Aqua 2000, em San Diego, na Califórnia, em Livermore, na Califórnia, e em Scottsdale, no Arizona. A aplicação em larga escala com o uso apenas de uma filtração com membrana UF para a água do mar é a recente inovação anunciada numa planta OR em Dur, no Bahrein.

Nos últimos anos, pesquisas e testes-piloto foram realizados na Europa, principalmente na Holanda, combinando MF seguida de OR ou NF para tratar água de rio. Como resultado, uma grande planta consistindo de UF seguida de OR de baixa pressão já está operacionando em Heemskerk, na Holanda (Kamp et al., 1999 apud USBR, 2003).

4.2.5 Outras considerações sobre os processos de membranas

Cada fonte de água de alimentação de uma estação de dessalinização por membrana apresenta seus próprios desafios. Sílica e sulfeto de hidrogênio (H_2S) são particularmente problemáticos quando se trata de problemas operacionais e danos às membranas.

Sílica

A sílica ocorre em diferentes concentrações em todas as águas naturais. As membranas OR rejeitam a sílica, enquanto os sistemas EDR são pouco afetados por ela, motivo pelo qual a precipitação da sílica não é uma preocupação nas membranas EDR.

Nas fontes de água de alimentação para sistemas OR, a sílica pode ocorrer de três diferentes formas:
- sílica monomérica ou ácido silícico [$Si(OH)_4$], vulgarmente conhecido como sílica solúvel ou reativa;
- ácido silícico polimerizado, comumente referido como sílica coloidal ou não reativa;
- sílica particulada.

Geralmente, para se operarem membranas OR, as concentrações de sílica devem estar abaixo de 120 mg/L. No entanto, existem instalações de OR operando em concentrações mais elevadas, o que pode ser feito mantendo-se os valores de pH elevados. Moftah (2002 apud USBR, 2003) afirma que, com o aumento dos valores de pH, aumenta a solubilidade da sílica e, portanto, diminuem os riscos de incrustações nas membranas.

A presença de metais pesados em pequenas concentrações na água de alimentação pode causar a polimerização prematura da sílica (complexada com o metal). Uma vez que os processos para a redução de sílica na água de alimentação são muito caros, a estratégia tem sido controlar incrustações pela sílica na água de recuperação. Atualmente estão disponíveis inibidores, que permitem operar sistemas OR com concentrações de sílica de até 220 mg/L (ver Tab. 4.2). Os fabricantes desses produtos alertam, no entanto, que outros fatores específicos locais devem ser considerados e aconselham a execução de testes-piloto em condições de projeto.

Sulfeto de hidrogênio (H_2S)

O sulfeto de hidrogênio ou gás sulfídrico é um componente frequente nas águas de fontes subterrâneas ao longo da costa ou em outros locais onde existem zonas alagadas. Trata-se de um subproduto do ciclo de vida das bactérias redutoras de sulfato, muito comuns na maioria dos sistemas de água do solo, em condições anaeróbias. Nesse caso, o H_2S aparece tanto como um gás dissolvido quanto como um eletrólito fracamente ionizado, conforme as reações a seguir (ver percentuais em função do pH na Tab. 4.5):

$$H_2S \rightarrow H^+ + HS^-$$

$$2\,HS^- \rightarrow 2\,H^+ + S^{2-}$$

TAB. 4.5 Distribuição percentual das espécies de sulfeto de hidrogênio em função do pH

pH	H_2S	HS^-	S^{2-}
4	100	0	0
7,1	50	50	0
9	0	100	0
14	0	50	50

Fonte: USBR (2003).

Sulfeto de hidrogênio nas usinas de dessalinização por OR

Assim como todos os outros gases, o H_2S passa pelas membranas OR e aparece tanto no permeado quanto no concentrado. A experiência mostra que deve ser dada atenção especial à parte superior do poço de captação, às tubulações de água bruta, às outras tubulações e aos vasos de pressão. A orientação é que não seja permitida a entrada de ar antes dos módulos das membranas. É prática comum não fazer a remoção do H_2S no sistema de pré-tratamento da água de alimentação, uma vez que a remoção no permeado é mais eficaz e menos dispendiosa. Isso também reduz o risco de entupimento irreversível da membrana com enxofre coloidal, que é produzido como resultado da oxidação do H_2S, conforme a reação a seguir:

$$2\ H_2S + O_2 \rightarrow 2S\downarrow + 2H_2O$$

Sulfeto de hidrogênio nas plantas ED/EDR

Nesse caso, o H_2S deve ser removido da água de alimentação para prevenir a oxidação na pilha e a resultante incrustação na membrana. A oxidação ocorre tanto pelo cloro quanto pelo oxigênio produzido por eletrólise no processo.

O tratamento mais comum é a remoção com ar *(air stripping)* seguida de cloração para completar a oxidação do sulfeto remanescente e a filtração granular. Esse processo tem sido utilizado com sucesso numa usina em Sarasota County, na Flórida (EUA), que produz 45.400 m³/dia e utiliza membranas EDR. Para que a remoção com ar seja eficiente, os valores de pH devem estar na faixa entre 5,5 e 5,8, com concentrações adequadas de CO_2 para manter o pH baixo na parte inferior da torre de enchimento.

Em muitos locais, é necessário controlar o odor dos gases liberados nos equipamentos de remoção com ar *(air strippers)*. As técnicas mais comuns incluem lavagem em contracorrente com hipoclorito de sódio ou soda cáustica, além de algumas tecnologias patenteadas, como o processo LO-CAT (patente norte-americana). Têm sido conduzidas pesquisas animadoras com a utilização de oxidantes fortes como ozônio e peróxido de hidrogênio, mas que ainda têm de ser testadas em escala industrial.

5 | Pós-tratamento da água produzida

A água produzida nos processos de dessalinização requer pós-tratamento, cuja finalidade é prepará-la para o uso a que se destina, seja qual for: abastecimento público, usos não potáveis e/ou industriais etc. As práticas de pós-tratamento visam normalmente o atendimento às leis e/ou normas de conformidades regulatórias. Independentemente de qualquer outro tratamento necessário, a desinfecção e a manutenção de certo percentual de cloro residual no sistema de distribuição de água são sempre necessárias para todos os sistemas de abastecimento público.

Nos Estados Unidos, cada Estado é obrigado a cumprir os requisitos federais mínimos do Safe Drinking Water Act (SDWA), de 1974, reavaliado e alterado em 1996. Alguns Estados adotaram normas próprias específicas mais rigorosas, como a Flórida, por exemplo, em que há um limite primário para o sódio de 160 mg/L, tendo esse Estado também reforçado como primários quase todos os padrões federais secundários.

No Brasil são atualmente adotados, para a água potável distribuída à população, os padrões estabelecidos na Portaria n°. 2.914 (Ministério da Saúde, 2011), que define, além dos padrões-limites, as responsabilidades de cada órgão de saúde em nível federal, estadual e municipal. Por exemplo, para o sódio é estabelecido o limite de 200 mg/L.

Nos Estados Unidos, as normas aplicáveis à qualidade da água foram publicadas no Federal Register e incluem:
- normas para o tratamento de água oriunda de mananciais superficiais;
- normas para a presença de chumbo e de cobre;
- normas para subprodutos da desinfecção.

As concentrações de minerais (sólidos dissolvidos na água produzida) a partir de processos de dessalinização são consideradas bastante baixas. Na água produzida por meio de processos de dessalinização por destilação, as concentrações de STD variam geralmente entre 0,5 mg/L e 50 mg/L. Por sua vez, na água produzida por meio de processos de destilação por membranas, as concentrações de STD podem variar de 25 mg/L a 500 mg/L, a depender do uso pretendido.

A baixa concentração de minerais ou a instabilidade da alcalinidade em decorrência do cálcio e do bicarbonato, em qualquer fonte de abastecimento, resulta numa água agressiva. Se essa água não for tratada, haverá uma tendência de estabilização por dissolução (corrosão) dos materiais que entrarem em contato com ela. Portanto, a água produzida em processos de dessalinização deve também ser tratada, com a finalidade de reintroduzir minerais ou adicionar produtos químicos inibidores de corrosão.

A adição de cálcio e bicarbonato, além de provocar alteração do pH, resulta em uma água não agressiva, ou seja, que não corroerá as tubulações, os tanques de armazenamento e outros componentes do sistema de distribuição, incluindo o sistema de tubulações do usuário final.

Outros fatores que podem promover ou intensificar a corrosão em um sistema de abastecimento de água obtida por dessalinização são:
- altas temperaturas;
- baixos teores de sílica. Embora a sílica em si não provoque corrosão, sabe-se que os silicatos fornecem certa proteção contra a corrosão;
- elevado teor de oxigênio dissolvido (O_2);
- dióxido de carbono livre (CO_2);
- baixa taxa de alcalinidade ao cloreto e ao sulfato.

Para garantir uma água produzida estável, cada fator deve ser avaliado para determinar seu possível efeito sobre a corrosividade do sistema de abastecimento de água. As metas de qualidade de água que geralmente atendem a esse quesito são:
- dureza total (como $CaCO_3$) ≥ 40 mg/L;
- alcalinidade total (como $CaCO_3$) ≥ 40 mg/L;
- valores de pH final entre 8,0 e 9,0.

Adicionalmente, outros índices de corrosão, como o ISL, devem ser analisados para avaliar o potencial corrosivo da água produzida. Ressalte-se que esses índices não são definitivos.

Dentro de limites razoáveis, as características da água produzida por processos de dessalinização devem ficar próximas daquelas das águas de outras fontes misturadas ao sistema de abastecimento, para prevenir o problema de águas agressivas ou excesso de gases:
- *Águas agressivas*: na água produzida por dessalinização podem faltar minerais, o que a torna agressiva. O aumento da quantidade de minerais pode ser feito diretamente com a adição de produtos químicos ou com a mistura da água produzida com águas de outras fontes, ou mesmo com a combinação dessas duas técnicas. Cada um desses métodos de pós-tratamento será discutido neste capítulo.
- *Excesso de gases*: em algumas áreas é necessário se preocupar com a remoção de gases *(gas stripping)*, com a finalidade de remover o excesso de gás carbônico (CO_2) e de gás sulfídrico (H_2S).

5.1 Estabilização

O principal objetivo do pós-tratamento é certificar-se de que a água esteja estabilizada antes de ser bombeada para o sistema de distribuição. Uma água estabilizada é aquela na qual o carbonato de cálcio não precipita (causando incrustação) nem dissolve (causando corrosão). A reintrodução de minerais ajuda a reduzir a agressividade da água produzida. Os seguintes produtos químicos, entre outros, são comumente utilizados para a estabilização:
- soda cáustica ($NaOH$);
- bicarbonato de sódio ($NaHCO_3$);
- carbonato de sódio (Na_2CO_3);
- cal virgem (CaO);
- cal hidratada [$Ca(OH)_2$].

Esses produtos químicos são normalmente dissolvidos previamente em água antes de serem injetados na água produzida. O uso de vasos de pressão, nos quais é colocado o carbonato de cálcio (mármore) em lascas também é uma maneira eficaz para aumentar a alcalinidade e a dureza de uma água de abastecimento. A água produzida é simplesmente bombeada através do vaso de pressão. À medida que o carbonato de cálcio vai sendo dissolvido, a água vai ganhando alcalinidade e dureza até atingir a saturação, quando então a reação é interrompida. Algumas vezes, têm sido utilizados leitos de calcário como pós-tratamento térmico, particularmente no Oriente Médio. A vantagem é que tanto a dureza do cálcio quanto a alcalinidade são transmitidas à água ao mesmo tempo.

5.1.1 Estabilização por adição de produtos químicos

A quantidade de produtos químicos a ser adicionada pode ser determinada pela fórmula de reação química, visando o aumento da alcalinidade e da dureza total e a redução do gás carbônico.

Essas informações estão resumidas na Tab. 5.1 e, como se pode nela observar, nem todos os produtos químicos vão aumentar a alcalinidade e a dureza. Por exemplo, a soda cáustica aumenta a alcalinidade, mas não a dureza. Assim, o produto químico a ser utilizado vai depender da qualidade da água a ser tratada. Em outras palavras, se o grau de dureza da água já é adequado, podem ser utilizados tanto o bicarbonato quanto a soda cáustica ou o carbonato de sódio. No entanto, se a dureza precisa ser aumentada, deve ser utilizada uma substância que contenha cálcio, como a cal virgem ou a cal hidratada. Em alguns casos, a cal deve ser utilizada em conjunto com produtos químicos que contenham sódio, ou outros.

TAB. 5.1 Efeito da adição de alguns produtos químicos na dureza e na alcalinidade da água produzida

Adição de 1 mg/L do produto	Incremento da alcalinidade (mg/L $CaCO_3$)	Decréscimo do CO_2 livre (mg/L)	Incremento de dureza total (mg/L $CaCO_3$)
Soda cáustica (98,06%)	1,23	1,08	Sem efeito
Bicarbonato de sódio (100%)	0,60	Sem efeito	Sem efeito
Carbonato de sódio (99,16%)	0,94	0,41	Sem efeito
Cal virgem (90%)	1,61	0,41	1,61
Cal hidratada (93%)	1,26	1,11	1,26

Fonte: USBR (2003).

5.1.2 Considerações sobre corrosão

Índices de corrosão são utilizados para avaliar a agressividade de uma fonte de água. Existem muitos fatores que contribuem para a corrosão, incluindo:
- temperatura;
- teor de oxigênio dissolvido;
- pH;

- alcalinidade;
- teor de cálcio;
- STD;
- matéria orgânica;
- íons específicos como cloreto, sulfato e sílica.

Além disso, esses fatores afetam diferentes materiais por meio de uma variedade de mecanismos. Como o fenômeno de corrosão é complexo, um simples índice para prevenir a corrosão ainda não pode ser desenvolvido. Os índices a seguir dão algumas indicações do poder de corrosividade de uma água:

Índice de saturação de Langelier (ISL)

$$ISL = pH - pH_S$$

em que:
pH_S = pH da solução quando em equilíbrio com o $CaCO_3$ (ver subseção 2.15).

Valores de ISL maiores que zero indicam que a água é formadora de incrustações, e valores negativos, que a água é corrosiva.

Índice de estabilidade de Ryznar (IER)

$$IER = 2\,pH_S - pH$$

Valores de IER menores que 6,5 indicam que a água é formadora de incrustações, e valores maiores que 6,5, que a água é corrosiva.

Índice de agressividade da água (IAA)

$$IAA = pH + \log(A_B \cdot D_{Ca})$$

em que:
A_B = alcalinidade ao metil-orange ou ao bicarbonato (em mg/L de $CaCO_3$);
D_{Ca} = dureza do cálcio (em mg/L de $CaCO_3$).

Valores de IAA > 12 indicam que a água pode formar incrustações, valores de IAA < 10 indicam água corrosiva, e valores de IAA entre 10 e 12, água moderadamente corrosiva.

Estudos com introdução de placas *in situ* são um dos melhores métodos para a determinação da corrosividade da água. As placas são finas camadas feitas com os mesmos materiais das tubulações, sendo inseridas em vários pontos do sistema e ali permanecendo durante um longo período. Periodicamente são removidas, examinadas e pesadas para determinar a perda de peso. Com base nesses estudos a taxa de corrosão pode ser determinada.

No entanto, uma vez que o fornecimento de água deve permanecer operacional antes de a taxa de corrosão poder ser determinada com precisão, a corrosão pode ser mitigada pela adição de produtos químicos, que formam uma película protetora sobre as superfícies dos tubos e tanques.

Os produtos químicos chamados inibidores reduzem a corrosão, mas não a impedem totalmente. Os três tipos de inibidor aprovados para utilização em sistemas de água potável são:

- produtos químicos que causam formação de incrustação de carbonato de cálcio;
- fosfatos inorgânicos ou vítreos;
- silicato de sódio.

Naturalmente, a escolha de um tipo particular de inibidor a ser usado em um programa de controle de corrosão depende especificamente da qualidade da água e dos materiais a serem protegidos.

5.2 Estabilização pela mistura com outras águas

A estabilização da água produzida é obtida por meio do aumento dos níveis de cálcio e de bicarbonato nessa água. A mistura da água produzida com água salobra contendo concentrações significativas de cálcio ou bicarbonato oriundas de outras fontes pode ser uma medida eficaz para essa estabilização.

A taxa de mistura deve ser selecionada com base em um componente de controle que vai limitar a quantidade desse constituinte (por exemplo, sódio, compostos orgânicos) no produto acabado.

A melhor estabilização pode não ser obtida por meio da mistura em todos os casos. Assim, medidas complementares podem ser necessárias, como o ajuste do pH. Um balanço de massa deve ser realizado para determinar a quantidade de mistura que pode ser feita. Antes deve ser executada uma análise criteriosa da água de cada fonte em potencial, a fim de realizar o balanço de massa. A Fig. 5.1 mostra o diagrama de balanço de massa.

Se a dureza total é menor do que o padrão para tratamento de água, que é de 40 mg/L, deve ser adicionado cálcio à água produzida, o que pode ser feito por adição de cal virgem, cal hidratada, cloreto de cálcio, dolomita ou outros minerais similares que contenham cálcio solúvel.

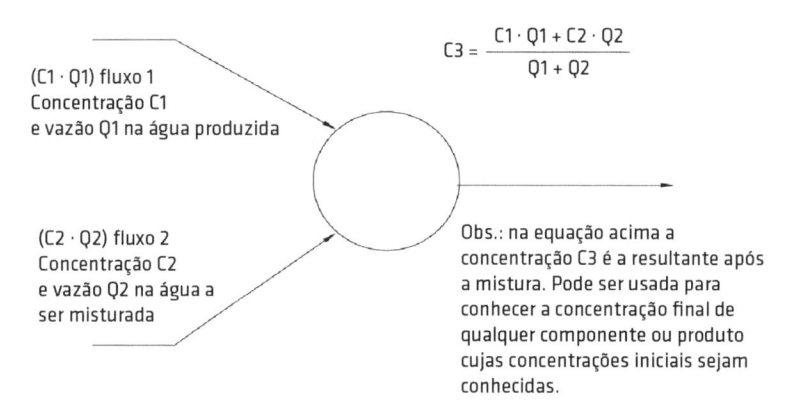

$$C_3 = \frac{C_1 \cdot Q_1 + C_2 \cdot Q_2}{Q_1 + Q_2}$$

($C_1 \cdot Q_1$) fluxo 1
Concentração C_1
e vazão Q_1 na água produzida

($C_2 \cdot Q_2$) fluxo 2
Concentração C_2
e vazão Q_2 na água a ser misturada

Obs.: na equação acima a concentração C_3 é a resultante após a mistura. Pode ser usada para conhecer a concentração final de qualquer componente ou produto cujas concentrações iniciais sejam conhecidas.

FIG. 5.1 *Balanço de massa na mistura de águas para estabilização*
Fonte: adaptado de USBR (2003).

5.3 REMOÇÃO DE GASES DISSOLVIDOS

A água produzida nas estações de dessalinização por EDR pode conter dióxido de carbono (CO_2). Nas estações por OR, a água produzida pode conter, além de CO_2, sulfeto de hidrogênio, também conhecido como gás sulfídrico (H_2S). Nas plantas EDR, o H_2S precisa ser removido no pré-tratamento e, portanto, não deverá ocorrer na água produzida.

A mistura para estabilização da concentração de STD pode ser feita com água de poço não tratada e normalmente ocorre antes da remoção de gases, de modo que o equipamento de extração deve ser dimensionado para a somatória dessas vazões em vez de apenas para a vazão de água produzida.

A remoção do H_2S geralmente não é feita como pós-tratamento nos processos de destilação ou de EDR. Em ambos os casos, esse gás deve ser removido durante o pré-tratamento.

Já a remoção do CO_2, que pode estar contida, por vezes, em elevadas concentrações em águas naturais, é realizada normalmente no pós-tratamento.

Em alguns casos, para evitar incrustações, a água de alimentação é acidificada, liberando CO_2, conforme a reação a seguir:

$$HCO_3^- + H^+ \leftrightarrow H_2O + CO_2\uparrow$$

O CO_2 passa através das membranas OR e aparece no permeado aproximadamente com a mesma concentração existente na água de alimentação.

A técnica mais comum para a remoção de gases é a utilização de torres com leitos de enchimento e com correntes de ar que podem ser forçadas ou induzidas. Nos processos químicos, um leito de preenchimento pode ser um tubo ou qualquer outro recipiente que é preenchido com determinados materiais específicos, podendo ser pequenos anéis, conhecidos como anéis de Rashig, ou então com outro preenchimento específico para aquela finalidade. Esses leitos de enchimento podem conter partículas de catalisadores ou adsorventes, como peletes de zeólito, carbono ativado granular etc. A finalidade dos materiais de enchimento é melhorar o contato entre as duas fases de um processo químico ou similar. Leitos de enchimento podem ser usados em reatores químicos, em processos de destilação, em purificadores de ar e também para armazenar calor em indústrias químicas.

Tanto o CO_2 quanto o H_2S são normalmente removidos por arraste com ar em uma torre desse tipo, que deve ser projetada para o pior cenário, que normalmente é a remoção do H_2S. Para isso, ela deve ser projetada para manter uma concentração de H_2S menor que 0,1 mg/L. Se outros resíduos com concentrações mais elevadas são permitidos, a combinação de aeração e cloração pode gerar enxofre coloidal de tal maneira que os padrões de turbidez acabam sendo violados. Torres com correntes de ar induzido tendem a ser um pouco mais silenciosas, mas, considerando que o soprador de ar e o motor estão diretamente ligados à corrente de ar, a seleção de materiais é extremamente crítica. Essas torres devem ser fabricadas com metal ou plástico resistente aos efeitos corrosivos dos componentes da corrente gasosa, em especial o H_2S. A Fig. 5.2 mostra uma típica torre de enchimento com ar forçado.

Os principais parâmetros para a especificação de uma torre de enchimento são:
- concentrações de CO_2 e H_2S que entram na torre;
- concentração residual requerida na saída da torre;

- a taxa máxima de carregamento de líquido é geralmente fixada em aproximadamente 1,2 m³/m²;
- vazão de ar;
- tipo de material de enchimento;
- espaço adequado acima e abaixo do material de enchimento para distribuição eficiente do líquido;
- espaço adequado acima do enchimento para distribuição eficiente do líquido;
- seleção adequada do material a ser utilizado.

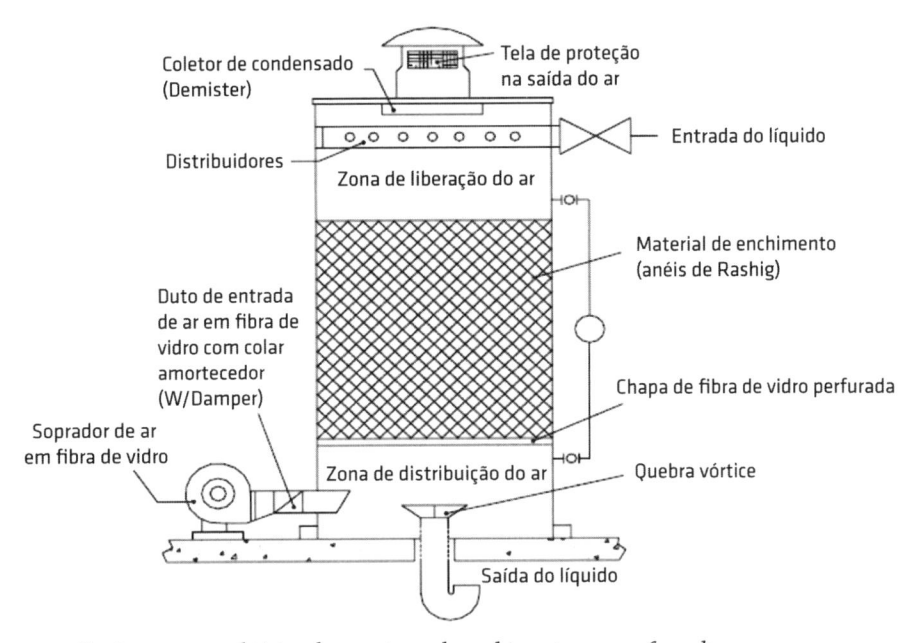

FIG. 5.2 *Seção transversal típica de uma torre de enchimento com ar forçado*
Fonte: USBR (2003).

5.4 Desinfecção da água produzida

A água produzida nos processos de dessalinização é geralmente livre de vírus e organismos patogênicos, entre outros. No entanto, esses sistemas devem ser projetados para fornecer algum tipo de desinfecção do fluxo de produto para que se possa:
- garantir uma desinfecção residual nos sistemas de distribuição;
- impedir a entrada de contaminantes no sistema de distribuição devido a algum tipo de falha nas membranas.

A mistura de água salobra não tratada com a finalidade de promover a estabilização da água produzida é mais um motivo para fazer a desinfecção, uma vez que essa água pode vir a ser uma fonte de contaminação por não passar pela barreira das membranas e ser sempre provável a existência nela de produtos orgânicos ou micro-organismos.

Os pesquisadores descobriram que, para cada contaminante presente, deve-se prever um período de tempo e uma concentração de desinfetante específicos. Os tipos de contaminante existentes, a taxa de inoculação necessária para esses tipos de contaminante e a concentração de desinfectante a ser empregada devem ser conhecidos. Esses fatores, combinados, vão possibilitar a fixação do tempo de contato requerido e a dosagem de desinfetante a ser aplicada (concentração × tempo, ou CT).

O correto funcionamento do sistema de desinfecção a um custo otimizado exige que o operador monitore a dosagem de desinfetante e a efetividade na desativação dos micro-organismos, além da concentração residual do desinfetante.

A desinfecção da água pode ser feita de várias formas:
- com cloro, com a utilização, alternativamente, de cloro gasoso, hipoclorito de sódio, hipoclorito de cálcio, dióxido de cloro ou monocloramina;
- luz ultravioleta (UV);
- ozônio.

Na maioria dos países, incluindo o Brasil, há a exigência de que o cloro residual esteja presente em todos os pontos do sistema de distribuição, independente do método utilizado. Um dos problemas de utilizar cloro ou ozônio é o potencial que esses produtos apresentam de formar subprodutos da desinfecção (SPDs) nos sistemas de distribuição.

Os SPDs são formados pela reação do cloro ou do ozônio com substâncias orgânicas naturais presentes na água, geralmente conhecidas como precursores de SPDs. O cloro reage formando duas classes de SPDs, os tri-halometanos (THMs) e os ácidos haloacéticos (AHAs), para os quais existem regulamentos que estabelecem as concentrações máximas para a água potável. No Brasil, as concentrações-limite são estabelecidas nos padrões de potabilidade da Portaria nº. 2.914 (Ministério da Saúde, 2011).

Normalmente, os processos de dessalinização removem os precursores de SPDs, portanto a desinfecção com cloramina é provavelmente a única forma adequada quando há problemas com a presença de precursores de SPDs na água.

O potencial para a formação de THMs na água produzida por dessalinização é muito baixo, com exceção do produto obtido nos sistemas EDR. Os precursores de SPDs são retidos nos sistemas de membranas OR e NF, enquanto os produtos orgânicos são geralmente removidos nos processos de dessalinização por destilação através do sistema de ventilação de não condensáveis. Uma vez que o processo EDR não apresenta uma barreira para a água, a redução de precursores deve ser limitada a essa fração da água que é ionizada, geralmente menor que 50%.

O uso do ozônio como desinfetante tem sido muito comum na Europa há muitos anos. Nos Estados Unidos, descobriu-se que a prática da ozonização não gera THMs ou AHAs, mas outros SPDs que devem ser removidos da água antes de sua distribuição. Essa remoção é geralmente realizada por absorção em carvão ativado antes da desinfecção final com cloro (AWWARF, 1991 apud USBR, 2003).

Dos tipos de tratamento anteriormente listados, sabe-se que a utilização de radiação UV não é considerada uma boa prática porque não deixa residual no sistema de distribuição. Cloro residual no sistema de distribuição de água é necessário tanto nos Estados Unidos como no Brasil. Por sua vez, o ozônio, embora efetivo, também não deixa residual. Se o ozônio for utilizado, o sistema de desinfecção deve prever cloro ou outro desinfetante que deixe residual na rede. Uma vez que o potencial para a formação de THM na água produzida é muito baixo, com exceção dos sistemas EDR, a prática da ozonização é geralmente desnecessária para o pós-tratamento da água produzida por dessalinização.

O dióxido de cloro pode ser usado para desinfecção naquelas situações em que a água de mistura possui concentração significativa de SPDs. Esse produto é eficaz na destruição de compostos orgânicos, sem formar THMs ou AHAs em concentrações significativas, no entanto os regulamentos limitam o clorito residual na água final, o que restringe a dose de dióxido de cloro a ser utilizada. Nos casos em que o THM pode ser um problema, pode ser usada monocloramina, que é formada no próprio local por adição de cloro e, em seguida, de amoníaco na água. O tempo de contato do cloro deve ser cuidadosamente controlado para evitar a formação de concentrações excessivas de THMs ou AHAs.

A monocloramina é um desinfetante efetivo, mas seu tempo de contato para a inativação de vírus é muito maior que aquele para o cloro.

Em resumo, do ponto de vista prático, as clorações com gás, hipoclorito de sódio e cloramina são consideradas os melhores desinfetantes a serem utilizados no pós-tratamento. Porém, na maioria das situações, as condições específicas de cada local vão ditar as estratégias de desinfecção final da água produzida por dessalinização.

5.4.1 Desinfecção com cloro

Desinfecção com cloro gasoso

Quando cloro gasoso é dissolvido na água, reage rapidamente para formar ácido hipocloroso (HOCl), como mostrado na reação a seguir:

$$Cl_2 + H_2O = H^+ + HOCl + Cl^-$$

Esse ácido é considerado fraco e pode dissociar-se obedecendo à seguinte reação:

$$HOCl = OCl^- + H^+$$

A formação de ácido hipocloroso (HOCl) e do íon hipoclorito (OCl$^-$) é dependente do pH. A distribuição do cloro livre entre HOCL e OCl$^-$ é mostrada na Fig. 5.3. Ambas as formas agem como desinfetantes, mas, segundo Snoeyink e Jenkins (1980 apud USBR, 2003), em estudos baseados na inativação do *Escherichia coli*, o HOCl é cerca de 80 a cem vezes mais efetivo como desinfetante que o OCl$^-$.

Para uma desinfecção mais eficaz, o cloro deve ser injetado, antes do ajuste final de pH, na corrente de água produzida. Ao analisar a Fig. 5.3, pode-se perceber que o ácido hipocloroso é mais prevalente em pHs mais baixos, sendo a desinfecção mais eficaz quanto mais baixo for o pH da reação. Se o pré-tratamento resultar numa água estabilizada, que não requer descarbonização, o cloro deve ser injetado antes de serem adicionados inibidores de corrosão.

A água produzida pelo processo de dessalinização geralmente não contém qualquer agente redutor ou outros constituintes que possam reagir com o cloro, a não ser pequenos traços de gás sulfídrico (H_2S), se este estiver presente na água de alimentação do processo. Além disso, não haverá atividade microbiana na água produzida por destilação ou por OR. Para águas assim produzidas, 1 mg/L de cloro injetado deverá resultar em 1 mg/L de cloro residual livre, ou seja, o cloro não reagirá com nenhuma substância e, portanto, não será consumido. Nos processos EDR, pode ser necessário um estudo sobre a demanda de cloro para cumprir as exigências quanto à presença de substâncias orgânicas naturais.

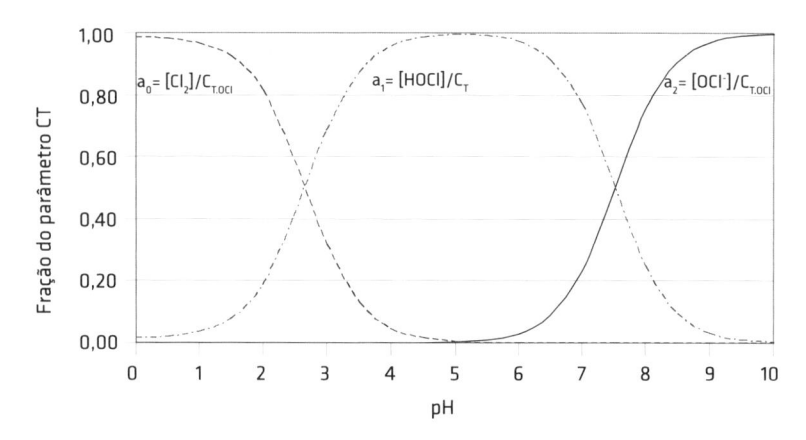

FIG. 5.3 *Diagrama de equilíbrio do HOCl e do OCl⁻ em função do pH*
Fonte: USBR (2003).

Para garantir o tempo de contato adequado, após a adição do cloro primário, conforme definido pela EPA para fontes de águas superficiais, um volume mínimo de armazenamento deve ser providenciado. Normalmente, o tanque de armazenamento de água final tem volume suficiente, a menos que sejam utilizadas cloraminas na desinfecção.

Desinfecção com cloro líquido: hipocloritos de sódio ou de cálcio

A utilização do chamado cloro líquido tornou-se cada vez mais generalizada em razão de os requisitos de segurança associados ao uso de cloro gasoso tornarem-se cada vez mais rigorosos.

O cloro líquido é geralmente empregado nos serviços públicos de abastecimento de água como solução de hipoclorito de sódio. Em alguns casos, a utilização do hipoclorito de cálcio é benéfica, uma vez que se trata de uma fonte de dureza de cálcio.

O hipoclorito de sódio pode ser produzido no próprio local, com o uso de uma solução de cloreto de sódio como matéria-prima, numa célula eletrolítica. A solução de hipoclorito resultante apresenta uma concentração da ordem de 0,8% em peso.

Alvejantes comerciais podem ser obtidos em grande quantidade, com concentrações mais fortes (cerca de 11% a 15%), porém devem ter armazenamento adequado, além de ser necessário observar a vida útil da solução. O hipoclorito de cálcio é geralmente adquirido na forma sólida e dissolvido no ponto de aplicação.

A Fig. 5.4 mostra as opções para a adição de desinfetante em plantas de dessalinização típicas.

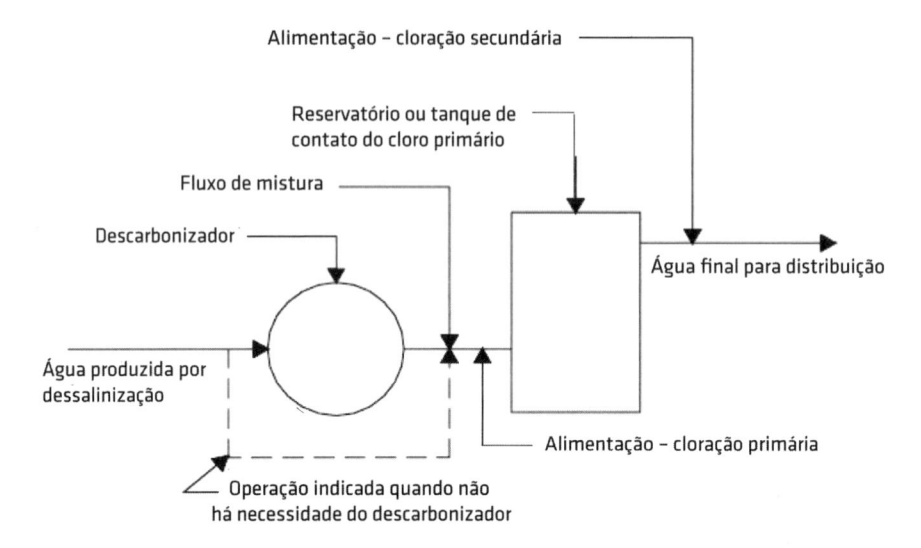

FIG. 5.4 *Diagrama esquemático da adição de cloro*
Fonte: USBR (2003).

Nos produtos comerciais, cerca de 70% do hipoclorito está disponível como cloro. Pode-se estimar que haja cerca de 120 g de cloro por litro de solução. Sistemas-padrão de alimentação de produtos químicos, muito semelhantes aos utilizados para ácidos e inibidores de incrustação, podem ser usados em plantas de dessalinização.

Desinfecção com cloraminas

As cloraminas, formadas a partir de reações entre cloro e amônia nas proporções corretas, não reagem com nenhuma substância orgânica natural presente na água. Esse esquema de tratamento pode ser utilizado onde se quer evitar a produção de THMs na água potável.

Em muitas aplicações, portanto, a desinfecção com cloraminas pode oferecer uma solução mais rentável quando se quer evitar a formação de THMs.

6 | Considerações ambientais

Este capítulo, em sua maior parte, salvo onde expressamente indicado, foi baseado em USBR (2003) e tem como objetivo relatar as preocupações ambientais relacionadas aos projetos de dessalinização.

A dessalinização, como qualquer outro grande processo industrial, causa impactos ambientais que devem ser compreendidos e mitigados. Esses impactos incluem efeitos associados à construção da usina e, em especial, à sua operação de longo prazo, incluindo os efeitos da retirada de grandes volumes de água salobra de um aquífero ou de água do mar, bem como a descarga de grandes volumes de água salgada altamente concentrada (concentrado salino). Alguns impactos indiretos associados ao consumo substancial de energia devem também ser considerados. Cada usina de dessalinização deve ser individualmente avaliada com relação à sua localização, ao seu projeto e às condições ambientais locais. Além disso, é necessário ressaltar e descrever, ainda que de forma abreviada, certas considerações de projeto e de operação que podem reduzir impactos ambientais associados à dessalinização (Cooley; Gleick; Wolff, 2006).

Para estabelecer uma relação entre a dessalinização e o meio ambiente, cada etapa do processo de dessalinização deve ser estudada e avaliada. Toda entrada e toda saída de um processo de dessalinização resultarão num efeito positivo ou negativo sobre o ambiente, e com as medidas apropriadas os efeitos adversos podem ser minimizados, e os efeitos positivos, ampliados ou multiplicados. Com base em estudos recentes pode-se concluir que a dessalinização e o meio ambiente não precisam competir entre si, mas estabelecer uma relação de benefícios mútuos (Tsiourtis, 2001).

Durante os estudos preliminares para a seleção do processo de dessalinização, os planejadores devem levar em conta as exigências impostas pelas peculiaridades ou autoridades locais no que concerne ao meio ambiente. Essas exigências incluem controle das emissões de gases para a atmosfera, concentração dos efluentes, níveis de ruído, riscos durante o transporte e o manuseio de produtos químicos, segurança pública nas fases de construção e operação, possíveis odores e impacto sobre o meio físico e biótico (Tsiourtis, 2001).

Seguindo o estudo de seleção do local, o estudo de impacto ambiental (EIA) deve ser realizado para os locais mais promissores. Esse estudo deve considerar todos os parâmetros e critérios ambientais, avaliar o impacto do projeto sobre o meio ambiente terrestre e aquático e propor medidas para mitigar esses possíveis impactos (Tsiourtis, 2001). Os procedimentos básicos para a execução de um EIA para projetos de dessalinização são descritos no final deste capítulo.

Todos os processos de dessalinização geram dois fluxos principais, um de água produzida (de baixa salinidade) e outro de concentrado (salmoura, de alta salinidade). A disposição final do concentrado é a questão ambiental mais significativa em uma instalação de dessalinização. A composição do concentrado varia muito em função do processo de dessalinização utilizado, portanto, o impacto ambiental da disposição final do concentrado também varia muito.

6.1 Impactos ambientais e destinação final do concentrado salino

A indústria da dessalinização apresenta um longo histórico de operações ambientalmente seguras. No entanto, em algumas partes do mundo, particularmente nos Estados Unidos, a regulamentação para o descarte do concentrado pode ser um fator importante para esse segmento de produção de água de abastecimento. Nos últimos anos, muitos artigos foram publicados sobre os impactos ambientais globais das usinas de dessalinização. Além disso, a Sociedade Europeia de Dessalinização patrocina uma conferência bianual denominada Conferência Europeia sobre Dessalinização e Meio Ambiente, cujo enfoque é principalmente o efeito causado pela destinação final do concentrado ao meio ambiente.

- A qualidade da água do fluxo de concentrado depende:
- da qualidade da água de alimentação;
- dos produtos químicos utilizados no pré-tratamento, como polímeros, ácidos, cloro, inibidores de corrosão e removedores de cloro;

- do fator de recuperação (R);
- da temperatura;
- dos produtos químicos utilizados na limpeza dos equipamentos.

Deve-se ressaltar que, ao contrário da maioria dos outros processos industriais, o fluxo de concentrado obtido nas usinas de dessalinização não é muito influenciado pelos produtos químicos utilizados no processo.

Geralmente, o concentrado pode ser considerado apenas como a água de alimentação com um nível mais concentrado de sais. A água de alimentação é geralmente pré-tratada com produtos químicos para controlar incrustações e/ou corrosões internas dos equipamentos, conforme já descrito anteriormente. No entanto, tais produtos químicos estão geralmente com concentrações abaixo de 10 mg/L e, por conseguinte, são os constituintes da água de alimentação que definirão a qualidade do concentrado. Assim, a maneira mais fácil de considerar o impacto do concentrado é medir o nível ou o fator de concentração nos processos de dessalinização. Pode-se definir o FC como:

$$FC = \frac{1}{(1-R)}$$

Em que R é o percentual de recuperação dividido por 100.

O fator de recuperação R reflete a quantidade de água produzida a partir de um determinado volume de água de alimentação. Por exemplo, numa determinada usina, cujo percentual de recuperação é de 30%, tem-se que 70% da água de alimentação vai se transformar em concentrado. Nesse caso, aplicando a fórmula anteriormente apresentada, o FC resultante seria 1,43, o que significa que a concentração seria 43% maior no concentrado do que na água de alimentação.

Na Tab. 6.1 são apresentados os principais processos de dessalinização e as características aproximadas do concentrado final.

De acordo com essa tabela, o concentrado obtido nos processos OR é o que apresenta os mais altos níveis de concentração de sais quando comparado com os processos de destilação térmica, em razão dos altos níveis de recuperação praticados nos processos de membranas.

Embora o concentrado obtido nos processos de dessalinização por membranas apresente os maiores fatores de concentração (na faixa de 2,5 a 6,7), é necessário ressaltar que esse fator é sempre referenciado e comparado com a água de alimentação e apresenta quase sempre menor teor de sais do que a água do mar. Isso se deve ao processo OR ser mais utilizado para dessalinização de águas salobras.

TAB. 6.1 Principais processos de dessalinização e características típicas do concentrado

Descrição	Processos			
	OR (água salobra)	OR (água do mar)	MEF	DME
Água de alimentação	Água salobra	Água do mar	Água do mar	Água do mar
% de recuperação	60% a 70%	30% a 60%	30%	20%
Temperatura do concentrado	Ambiente	Ambiente	5,5 °C a 15,5 °C acima da ambiente	5,5 °C a 15,5 °C acima da ambiente
Mistura do concentrado	Possível, mas não muito comum	Não é típica, mas tem se tornado mais comum	Água de descarga de resfriamento	Água de descarga de resfriamento
FC	2,5 a 6,7	1,4 a 2,5	< 1,15	< 1,15

Observações:
1. OR = processo de dessalinização por membranas OR.

2. Para obter maior eficiência energética, os processos térmicos de dessalinização geralmente são associados aos projetos de usinas térmicas para a geração de energia elétrica. Nesse caso, geralmente é prevista a mistura do fluxo de concentrado com a água de arrefecimento da usina elétrica antes da descarga no mar, o que faz com que os fatores de concentração sejam bem menores em comparação com os demais processos. A concentração de salinidade, nesse caso, é geralmente inferior a 15% da salinidade da água de alimentação. No entanto, utilizando essa alternativa, geralmente ocorre outro fator impactante a ser considerado, que é o aumento da temperatura de descarga.

Fonte: Mickley (2001 apud USBR, 2003).

A OR, quando utilizada para dessalinização da água do mar, resulta em um concentrado com o mais alto nível de salinidade, o que pode ser amenizado misturando-se a água do mar com outra água cuja salinidade seja menor e que esteja disponível nas proximidades da usina de dessalinização.

6.1.1 Opções de disposição final do concentrado

Várias alternativas podem ser usadas para dar destino final ao concentrado. A descarga em águas superficiais, que inclui o seu lançamento em riachos, rios, lagos e mares, é a forma de disposição mais utilizada tanto no caso de usinas de dessalinização de águas salobras quanto em quase todas as plantas que tratam água do mar. Em alguns casos, o fluxo de concentrado é misturado com o efluente final das estações de tratamento de esgoto.

De maneira geral, as opções para destinação final do concentrado das usinas de dessalinização incluem:
- descarga em águas superficiais;
- mistura com o esgoto sanitário para ser processado em estação de tratamento;
- mistura com o efluente final das estações de tratamento de esgoto sanitário;
- injeção em poços profundos;
- aplicação em solos agrícolas;
- lagoas de evaporação/produção de sal;
- concentradores de sais para unidades de descarga zero.

A Fig. 6.1 mostra percentualmente os métodos de disposição predominantes para concentrados obtidos por OR tratando águas salobras nos Estados Unidos.

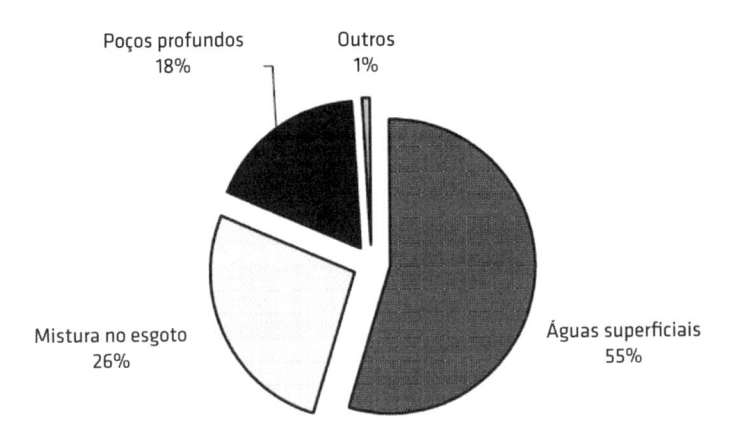

FIG. 6.1 *Tipos de disposição de concentrado nas usinas OR que tratam águas salobras nos Estados Unidos, em %*
Fonte: Mickley (2001 apud USBR, 2003).

Descarga do concentrado em águas superficiais

Conforme já foi salientado anteriormente, o destino mais comum para o concentrado é a descarga em corpos d'água superficiais. Os regulamentos exigem que os demais usos do corpo d'água receptor não sejam significativamente alterados e que o ecossistema não seja prejudicado com essa descarga.

Nos Estados Unidos, a Lei da Água Limpa (Clean Water Act, CWA) determinou que normas e regulamentos fossem elaborados para todas as descargas de águas residuárias em corpos d'água superficiais.

Para a descarga do concentrado da dessalinização em águas superficiais, deve ser apresentada uma autorização do Sistema Nacional de Eliminação de Descarga de Poluentes (National Pollutant Discharge Elimination System, NPDES). Em se tratando de usinas de dessalinização, as licenças desse orgão são baseadas exclusivamente nas normas de qualidade das águas de descarga, cujos padrões são qualitativos e quantitativos. Para avaliar a viabilidade de obtenção da licença do NPDES para a descarga de concentrado da dessalinização em águas superficiais, o concentrado deve atender aos padrões de qualidade para lançamento naquele corpo d'água.

Um exemplo de usina que descarrega o concentrado diretamente em águas superficiais, em um rio próximo, é a estação de dessalinização por OR na cidade de Newport News, na Virgínia (EUA), que começou a operar em 1998. Essa usina foi projetada para produzir cerca de 21.600 m^3/dia de água potável a partir de uma fonte subterrânea de água salobra, e sua água de alimentação apresenta uma concentração de STD de 2.900 mg/L e contaminação por fluoretos.

A estação de tratamento de esgoto número 21, no condado de Orange, na Califórnia (EUA), é outro exemplo de usina em que a descarga é feita diretamente em águas superficiais. Operando em uma área onde chove menos de 380 mm por ano, o efluente tratado naquela instalação foi projetado para diminuir a salinidade da água subterrânea e regenerar o lençol freático. Trata-se de uma instalação de reúso da água, cujo concentrado é disposto diretamente no mar através de um emissário submarino e o efluente é tratado injetado no lençol freático.

A intrusão da água do mar tem sido uma preocupação nessa região desde a década de 1950. Houve extração desmedida de água doce dos poços profundos, o que provocou rebaixamento excessivo do nível do lençol freático, que ficou abaixo do nível do mar. Subsequentemente, com a ocorrência da intrusão salina, a salinidade do solo começou a aumentar.

A estação 21, como é conhecida, opera com uma água de alimentação (esgoto sanitário) com valor de STD de 935 mg/L e produz cerca de

22.700 m³/dia de água com qualidade potável, a qual é injetada no lençol freático para evitar a intrusão salina no solo daquela região.

Descarga do concentrado na rede de esgoto

Nos Estados Unidos, a descarga de concentrado nos sistemas de esgoto tornou-se muito comum nos últimos anos. Não há necessidade de autorização do NPDES para esse procedimento, desde que a descarga seja feita em sistemas públicos que contemplem uma estação de tratamento de esgoto que opere com membranas.

Quando o concentrado é descarregado num sistema público de tratamento de esgoto, a estação pode apresentar problemas com altas concentrações de contaminantes. Por essa razão, a Lei da Água Limpa estabeleceu normas para toda água residuária que é descarregada nos sistemas públicos de esgoto, as quais devem ser obedecidas antes de qualquer concentrado deixar a unidade de processamento de membranas. Com isso, pode ser necessário pré-tratamento do concentrado antes do seu destino final ou obtenção de licença específica que permita lançá-lo no sistema de esgoto local.

Um exemplo de disposição do concentrado de um sistema de dessalinização por membranas no sistema de esgoto é o que ocorre na usina de dessalinização e remoção de dureza em Hollywood, na Flórida (EUA). Trata-se de uma planta que opera com membranas OR e NF e que trata águas salobra e dura com coloração visível. Essa estação foi projetada com capacidade total de 136.274 m³/dia, mas atualmente opera com 68.130 m³/dia. São sete unidades NF com capacidade de 7.570 m³/dia cada e mais duas unidades OR com capacidade de 7.570 m³/dia cada.

Injeção em poços profundos

Pode-se definir a disposição final em poços profundos como aquela em que o líquido é injetado em poços situados abaixo da mais profunda formação geológica local. Os poços devem estar situados a pelo menos 400 m de eventuais fontes subterrâneas de água potável. Nos Estados Unidos, a injeção em poços profundos tem caído em desuso nos últimos anos. Apenas no Estado da Flórida esse procedimento ainda é praticado quando se trata da eliminação de concentrado oriundo de sistemas de dessalinização por membranas.

Muitos Estados norte-americanos não permitem qualquer disposição em poços profundos. As licenças para injeção em poços profundos são regulamentadas pela Usepa e também por agências de Estado, na maioria dos casos, e avaliadas com base na localização específica, pois sua viabilidade é altamente dependente da geologia regional. A licença do NPDES é suficiente para permitir a injeção em poços profundos, embora o Underground Injection Control (UIC) e as agências estatais possam exigir uma análise adicional desse licenciamento.

Um exemplo de estação de dessalinização e remoção de dureza que opera por OR e faz a disposição em poços profundos do concentrado gerado é a estação do Condado de North Collier, na Flórida (EUA), que opera desde 1993. Essa estação processa água subterrânea salobra com valores de STD de 600 mg/L e tem capacidade projetada de 75.700 m³/dia de água potável. Poços de monitoramento asseguram o cumprimento das exigências desse sistema de eliminação de concentrado.

Aplicação do concentrado em solos agrícolas

A aplicação do concentrado em solos agrícolas, assim como sua descarga em águas superficiais, pode afetar tanto os recursos hídricos superficiais quanto as águas subterrâneas. A irrigação por aspersão pode ser utilizada se existir a necessidade de irrigação dos solos agrícolas próximos à estação de dessalinização e se os STD presentes no concentrado forem aceitáveis para o crescimento da cultura agrícola. A mistura do concentrado com outras águas residuárias de menor salinidade pode ser necessária. Esse método de disposição não é praticado com muita frequência.

Lagoas de evaporação/usinas de processamento de sal

As lagoas de evaporação necessitam de extensas áreas e, portanto, são aplicáveis apenas onde o valor das terras é baixo, sendo apropriadas para pequenas instalações de dessalinização localizadas em climas áridos, como as situadas no sudoeste dos Estados Unidos. São de construção simples, apresentam baixo custo de manutenção e geralmente precisam ser revestidas com mantas impermeáveis, cujo custo, somado ao da terra, constitui o maior valor de investimento a ser considerado. Essas lagoas não necessitam de licenças do NPDES ou do UIC, desde que o responsável forneça provas conclusivas de que nenhum vazamento ocorrerá. Normalmente, os proprietários de lagoas de evaporação preferem obter uma licença do NPDES em vez de tentar provar que não ocorrerão vazamentos no seu sistema.

Concentradores de salmoura para descarga líquida zero

Esses equipamentos são utilizados nas usinas que pretendem operar com descargas líquidas zero. O resíduo resultante do concentrado é um lodo ou um aglomerado de sais secos. É necessária a aplicação de métodos adequados de disposição de resíduos sólidos, os quais estipulam que os resíduos devem ser armazenados em áreas impermeáveis para prevenir a contaminação de fontes de água de abastecimento. Os equipamentos que fazem a desidratação do concentrado foram desenvolvidos na década de 1970 com o objetivo de alcançar descarga líquida zero em águas residuárias de centrais elétricas térmicas. Atualmente existem, no mundo todo, pelo menos 75 locais com equipamentos desse tipo em operação, e em apenas 12 os equipamentos são usados para concentrar a salmoura oriunda de estações de dessalinização por OR (Mickley, 2001 apud USBR, 2003).

6.1.2 Outras questões ambientais associadas

Nos Estados Unidos, é necessário um período significativo para obter a licença de instalação de uma nova usina de dessalinização. Além disso, quando a opção de descarga em águas superficiais é descartada, há sempre um impacto significativo no custo global da instalação. Outras questões ambientais relacionadas com as instalações de dessalinização dizem respeito aos seguintes quesitos:
- descarte final dos equipamentos, vasos e membranas ao se tornarem obsoletos;
- destino final dos vasilhames e produtos químicos utilizados na limpeza;
- destino final dos agentes antiespumantes;
- destino final dos biocidas;
- emissões atmosféricas resultantes do tipo de energia utilizada no processo, que podem alterar a qualidade do ar no local;
- barulho inerente aos equipamentos utilizados;
- preocupações estéticas.

O processo de licenciamento é um elemento importante no planejamento global do empreendimento. Durante esse processo, os planejadores podem coletar os dados e elaborar as análises necessárias para garantir um bom projeto e uma boa administração dele. Considerar e incorporar no projeto as necessidades ambientais e as questões de sustentabilidade são passos fundamentais ao projetar novas instalações ou a ampliação de instalações existentes.

Esse processo difere de um local para outro, a depender do Estado e até do país, além do tipo de água de alimentação, de planta adotada e de descarga.

6.2 Impactos na captação de água bruta: colisão e arrastamento

Os sistemas de captação de água bruta apresentam implicações ambientais e ecológicas. As usinas de dessalinização costeiras geralmente captam grandes volumes de água do mar durante sua operação. Em um relatório recente, a Comissão de Energia da Califórnia ressalta que "a água do mar [...] não é apenas água. É *habitat* e contém todo um ecossistema de fitoplâncton, peixes e invertebrados" (York; Foster, 2005 apud Cooley; Gleick; Wolff, 2006). Grandes organismos marinhos, como peixes adultos, invertebrados, aves e até mesmo mamíferos, são mortos por impacto na tela de entrada, enquanto organismos suficientemente pequenos, como plâncton, ovos, larvas e alguns peixes, podem passar através das telas de entrada e acabam sendo mortos por arrastamento durante o processamento da água salgada. Tanto os organismos que colidem com as telas quanto os que morrem por arrastamento são geralmente descartados no ambiente marinho, e sua decomposição pode reduzir o teor de oxigênio da água próxima do ponto de lançamento, criando prejuízo adicional sobre o ambiente marinho (Cooley; Gleick; Wolff, 2006).

A colisão e o arrastamento de organismos introduzem uma nova fonte de mortalidade ao ambiente marinho, com implicações potencialmente amplas para peixes e populações de invertebrados. Mais especificamente, a colisão e o arrastamento podem afetar negativamente os alevinos e os invertebrados e ainda reduzir os estoques de peixes de valor econômico para uma quantidade inferior ao seu ponto de compensação, resultando na diminuição da produção e do rendimento. A magnitude e a intensidade desses efeitos dependem de uma série de fatores, incluindo a percentagem de mortalidade das espécies vulneráveis e a taxa de mortalidade de organismos (Cooley; Gleick; Wolff, 2006).

Algumas pesquisas relevantes sobre os impactos das usinas de dessalinização têm sido feitas. Uma análise das usinas costeiras e estuarinas da Califórnia sugere que a colisão e o arrastamento causam impactos ambientais significativos: "[...] os impactos das colisões e arrastamentos igualam a perda de produtividade biológica de milhares de hectares de *habitat*" (York; Foster, 2005 apud Cooley; Gleick; Wolff, 2006).

Uma série de medidas tecnológicas e operacionais, bem como considerações de projeto, pode ajudar a reduzir a colisão e o arrastamento associados a sistemas de captação em águas abertas. As soluções tecnológicas geralmente são divididas em quatro categorias: barreiras físicas, sistemas de cobrança, sistemas de desvio e barreiras comportamentais. Para reduzir os efeitos desses fenômenos, a operação das bombas pode ser modificada, limitando-se o bombeamento durante períodos críticos. Tubos de captação de superfície podem ser locados fora das áreas de produtividade biológica elevada (Cooley; Gleick; Wolff, 2006).

Os poços de captação de subsolo, que incluem galerias de infiltração e poços de praia horizontais e verticais, fornecem uma alternativa para sistemas de captação de água do mar. Muitos pesquisadores acreditam que fazer a captação por meio de poços é uma melhor opção em termos ambientais. Os poços de captação subsuperficiais usam a areia como um filtro natural e podem reduzir ou eliminar a colisão e o arrastamento de organismos marinhos, bem como reduzir o consumo de produtos químicos durante o pré-tratamento. No entanto, esses poços têm algumas limitações, requerem um substrato de areia ou cascalho, parecem estar limitados a volumes de captação de água de 380 m^3/dia a 5.700 m^3/dia por poço (Filtration and Separation, 2005 apud Cooley; Gleick; Wolff, 2006) e podem prejudicar aquíferos de água doce e do meio ambiente de praia. A California Coastal Commission (CCC, 1993) recomenda que os poços de praia só sejam usados em áreas em que o impacto sobre os aquíferos tenha sido estudado e a intrusão de água salgada em aquíferos de água doce não ocorra. Por fim, segundo a mesma instituição, as galerias de infiltração são construídas por escavação em areia na praia, o que pode resultar na perturbação de dunas de areia (CCC, 1993).

6.3 Estudos de impacto ambiental no Brasil

Não é objetivo dos autores deste livro estender considerações sobre as particularidades dos EIAs no Brasil ou especificamente sobre a legislação brasileira nessa área do conhecimento. Existem diversos compêndios que abordam o assunto de forma mais abrangente, entre os quais se podem citar os de Ibama (2002), Romeiro (2004), Sánchez (2013) e Santos (2011).

7 | Microbiologia sanitária na dessalinização

7.1 Fontes e sobrevivência de organismos patogênicos

As doenças causadas por micro-organismos constituem riscos graves para a saúde da população, sendo seus agentes os vírus, bactérias, cistos e parasitas. A hepatite A, cujos sintomas mais comuns são inflamação do fígado, fraqueza, perda de apetite, náuseas, febre e icterícia, possui um vírus causador muito pequeno e que pode ser transmitido a partir de água contaminada por esgoto. Os vírus causadores de gastroenterites epidêmicas também podem ser encontrados na água contaminada.

Por sua vez, protozoários como, por exemplo, *Giardia lamblia* podem ser localizados em águas de abastecimento público quando a fonte de água está contaminada por esgoto e/ou dejetos de origem animal ou quando os poços foram mal construídos ou indevidamente vedados e podem causar giardíase, uma infecção gastrointestinal que provoca diarreia, cólicas abdominais e flatulência. Já outros micro-organismos persistem, por exemplo, como cistos de *Entamoeba histolytica*, que são resistentes a desinfetantes e podem sobreviver por semanas ou meses em um ambiente úmido, sendo os portadores assintomáticos desses cistos uma importante fonte de infecção.

Os parasitas são a causa mais frequentemente identificada de doenças de veiculação hídrica. Nos Estados Unidos, um surto de *Cryptosporidium parvum*, que é o protozoário parasita causador da criptosporidiose, cujos sintomas nos seres humanos incluem diarreia, dor de cabeça, cólicas abdominais, náuseas, vômitos e febre baixa (Haneya, 2012), afetou quase meio milhão de pessoas e foi responsável por uma centena de mortes.

A sobrevivência de agentes patogênicos no ambiente tem sido extensivamente estudada. Alguns organismos patogênicos são capazes de persistir em água potável por dias ou meses, mas geralmente não crescem ou não proliferam nessa água (Wait; Sobsey, 2001; Tamburrini; Pozio, 1999; Fayer et al., 1998; Graczyk et al., 1999). Existem algumas exceções, como *Legionella*, *Vibrio*, *Naegleria* e *Acanthamoeba*. A sobrevivência desses patógenos está fortemente relacionada com a temperatura da água, a radiação solar, a pressão osmótica e as atividades de predadores (protozoários).

O aumento da temperatura da água resulta no desenvolvimento ativo da flora e da fauna nativas, que utilizam muitos micro-organismos, incluindo patógenos humanos, como fontes de alimento, o que provoca a remoção acelerada desses patógenos em águas mais quentes em comparação às águas com temperatura abaixo de 15 °C. A luz solar (raios UV) é considerada também um fator importante para a inativação de agentes patogênicos (Fujioka; Yoneyama, 2002; Sinton; Finlay; Lynch, 1999). Além disso, as bactérias entéricas humanas também se decompõem mais rapidamente em água salina do que em água doce, em razão da pressão osmótica mais elevada (Nasser et al., 2003). Outro fator de interesse são as correntes costeiras e as ondas de superfície, que podem transportar patógenos por longas distâncias (Kim et al., 2004; Reeves et al., 2004).

Além dos agentes patogênicos associados a fontes antropogênicas, algumas bactérias marinhas, como as que pertencem ao gênero *Vibrio (cholerae, parahaemolyticus, vulnificus, mimicus)*, e algas produtoras de toxina são fontes de risco potenciais para a saúde humana. Espécies de algas produtoras de toxinas (*Karenia brevis*, causadora do fenômeno da maré vermelha, por exemplo), *Alexandrium* sp. (causador de envenenamento de mariscos), *Pseudo-nitzschia* (causador de envenenamento amnésico por marisco), *Pfiesteria piscicida* (causador da maré marrom), cianobactérias (algas verdes e azuis) e *Vibrio cholerae* podem ser encontrados nas águas que estão contaminadas por fezes humanas. Esses micro-organismos possuem grande variação sazonal, geralmente devido à multiplicação rápida quando a água está aquecendo durante a primavera e o verão e com a disponibilidade de nutrientes adicionais. A temperatura, a salinidade e as fontes de nutrientes causam efeitos na ocorrência de vibriões e na proliferação de algas (Jiang et al., 2000; Jiang; Fu, 2001; Louis et al., 2003). *Blooms* de algas tóxicas podem ser desencadeados por ressurgência costeira, que traz águas ricas em nutrientes, ou por lançamento no mar de esgotos domésticos, ricos em nutrientes (WHO, 2007).

As águas subterrâneas são geralmente menos suscetíveis à contaminação por agentes patogênicos devido ao efeito de infiltração no solo. No entanto, a eficiência da remoção de agentes patogênicos durante a infiltração decorre, em grande parte, das características de substratos do solo. Paul et al. (1997) demonstraram que, em Florida Keys, onde calcário poroso é o principal componente do substrato do solo, traçadores microbianos injetados em poços de água do solo que foram usados para o lançamento de efluentes migram rapidamente através do aquífero. Vírus entéricos humanos são encontrados com frequência no canal e no mar em torno de Florida Keys em razão da infiltração de fossas sépticas e poços de injeção de água do solo (WHO, 2007).

7.2 Indicadores biológicos de qualidade de águas

A probabilidade de uma pessoa ser infectada por um agente patogênico não pode ser deduzida somente com base na concentração desse agente, uma vez que cada pessoa responde de forma diferente aos agentes patogênicos. Como resultado, não há um limite real para o nível aceitável desses agentes na água. A água potável de qualidade saudável e boa deve ser livre de coliformes quando é analisado um mínimo de 100 mL pela técnica de membrana filtrante (MF) ou de 50 mL pelo método do número mais provável (NMP).

Os recursos hídricos precisam ser protegidos e monitorados regularmente, e existem duas abordagens principais para o monitoramento da qualidade da água potável para a detecção de patógenos. A primeira abordagem é a detecção direta do próprio organismo patogênico, por exemplo, o protozoário *Cryptosporidium parvum*. Os resultados seriam mais exatos se os agentes patogênicos causadores de doenças fossem detectados diretamente para a determinação da qualidade da água. Há vários problemas com essa abordagem: em primeiro lugar, seria praticamente impossível testar cada tipo de agente patogênico que possa estar presente na água poluída; em segundo lugar, embora a maioria desses agentes possa ser detectada atualmente, os métodos são muitas vezes trabalhosos, relativamente caros e demorados. A segunda abordagem é o uso de organismos indicadores de contaminação (WHO, 1996).

De acordo com WHO (2011), os micro-organismos indicadores de qualidade de água potável são:
- coliformes totais;
- *Escherichia coli* e os coliformes termotolerantes;
- bactérias heterotróficas;
- enterococos intestinais;

- *Clostridium perfringens*;
- colífagos;
- fagos de *Bacteroides fragilis*;
- vírus entéricos.

7.2.1 Critérios para a escolha de organismos indicadores

Os micro-organismos indicadores não são necessariamente patogênicos, mas possuem a mesma origem fecal dos organismos patogênicos e, portanto, podem indicar a contaminação fecal de água. O organismo indicador deve atender a vários critérios, que são, segundo Haneya (2012):

1] o organismo deve ser um indicador de contaminação fecal;
2] deve fazer parte da flora intestinal normal de pessoas saudáveis;
3] deve habitar exclusivamente o *habitat* intestinal;
4] deve ser encontrado apenas em humanos e estar presente quando os patógenos fecais estiverem presentes;
5] deve estar presente em número maior do que o agente patogênico que se quer indicar;
6] deve ser incapaz de crescer fora do intestino, com uma taxa de mortandade ligeiramente menor do que a do organismo patogênico, e ser fácil de isolar, identificar e enumerar.

A concentração dos organismos indicadores deve estar relacionada à extensão da contaminação, à concentração dos agentes patogênicos e à incidência da doença na água. Não existe uma correlação absoluta entre os números do organismo indicador e a presença ou a quantidade real dos agentes patogênicos entéricos. A descoberta de um organismo indicador em uma água devidamente tratada indica a presença de material de origem fecal e, portanto, é o principal meio pelo qual a qualidade sanitária da água é determinada (Haneya, 2012).

7.3 Microbiologia nos processos de dessalinização

O grupo coliforme é um dos mais importantes parâmetros usados para a determinação de qualidade de água potável, sendo utilizado como indicador de outros micro-organismos potencialmente nocivos à saúde humana (Haneya, 2012).

A presença de bactérias do grupo coliforme em águas potáveis indica a ausência de práticas sanitárias na operação do sistema. Essa ocorrência é característica de sistemas de tratamento pobres e ineficientes, de problemas nas estações de tratamento, de armazenamento inadequado da água a ser abastecida e de práticas de higiene inadequadas tanto no armazenamento quanto na distribuição da água (Haneya, 2012).

A eficiência da dessalinização para remover ou inativar contaminantes microbiológicos pode ser avaliada ao final da água tratada por meio da análise do desempenho esperado e dos fatores que afetam a qualidade de cada fluxo produzido ou combinado. O potencial para a sobrevivência dos micro-organismos depende da capacidade e das condições operacionais das unidades de processo para sua remoção e/ou inativação (WHO, 2007).

7.3.1 Pré-tratamento

As especificidades de pré-tratamento são geralmente determinadas pelo tipo de processo utilizado para a remoção de sólidos dissolvidos. Por exemplo, as membranas devem ser protegidas de partículas para evitar o entupimento e a obstrução de seus poros. O objetivo do pré-tratamento para a remoção de micro-organismos com o uso de oxidantes e biocidas é evitar o entupimento das membranas OR, e não especificamente realizar a desinfecção, uma vez que as doses aplicadas de oxidante não são suficientes para manter as concentrações residuais necessárias a uma desinfecção eficiente (WHO, 2007).

Alguns tipos de pré-tratamento podem utilizar membranas para a remoção de sólidos com o objetivo de preparar a água para as etapas subsequentes do tratamento. Essas membranas podem ser de MF ou NF e possuem grande capacidade para remover fisicamente uma parcela substancial de partículas e/ou micro-organismos associados, bem como alguns sólidos dissolvidos. As membranas podem efetivamente remover até 6 log de micro-organismos, ou seja, possuem eficiência de 99,9999%, segundo sua distribuição e o tamanho dos poros. Vale ressaltar que a eficiência real de remoção deve ser validada antes da aplicação de um pré-tratamento. Se o fluxo parcial dessas águas pré-tratadas for usado para fazer a mistura com a água dessalinizada final, deve ser feita uma avaliação com relação às condições sanitárias dessa água para averiguar a necessidade de algum outro tratamento específico (WHO, 2007).

7.3.2 Mistura de água de outra fonte com a água dessalinizada

A qualidade da água de mistura é especialmente relevante se a mistura de água que não foi completamente tratada com a água dessalinizada ocorrer antes da distribuição. Isso é de importância fundamental para a avaliação do risco microbiológico da água misturada, assim como quanto à formação de subprodutos da desinfecção. A água misturada pode variar entre menos de 1% e 10% em quantidade de água do mar e incluir parcialmente águas tratadas e águas subterrâneas não tratadas. Curtos-circuitos no processo de tratamento não devem permitir que agentes patogênicos e outros micro-organismos indesejáveis sejam misturados com a água dessalinizada. Diretrizes gerais e orientações específicas para a minimização dos riscos microbianos nas águas potáveis devem ser utilizadas no contexto de um sistema completo de avaliação para determinar se o fornecimento de água potável como um todo atende às metas baseadas em saúde (WHO, 2006).

Além disso, deve haver regulamentos específicos de cada país especificando os requisitos mínimos para a desinfecção e a remoção de partículas. O desempenho requerido para a remoção de bactérias, vírus e parasitas protozoários também deve ser ajustado para o nível de contaminação da água bruta utilizada para a mistura. Se a água misturada contiver alta concentração de carbono orgânico total (COT) ou brometo, a desinfecção química de cloro ou ozônio pode não ser aconselhável devido à formação de subprodutos indesejáveis (WHO, 2007).

A fim de avaliar a necessidade de tratamento adicional da água misturada, orientações gerais para a água potável e orientações específicas para a minimização dos riscos microbianos devem ser empregadas no contexto de um sistema completo de avaliação para determinar se o fornecimento de água potável como um todo, desde a fonte até o ponto de consumo, resulta em uma água que atende às metas sanitárias. A OMS e outras organizações fornecem orientações e informações sobre a remoção de bactérias, vírus e protozoários obtida por processos típicos e o melhor tratamento da água em cada caso.

A Tab. 7.1 apresenta o desempenho de vários desinfetantes comuns na inativação de vírus em água potável com o uso do binômio concentração × tempo (CT). Os valores apresentados são baseados em CT com a temperatura da água a 10 °C e pH de 6 a 9. Valores de CT para o cloro (expresso em cloro residual livre) são menos eficazes com pH de 6 a 9. Determinados valores de CT com concentrações de cloro menores e maiores tempos de contato são mais eficazes do que o inverso. Para todos os desinfetantes citados a eficácia aumenta à medida que a temperatura aumenta. Os CTs para inativação de bactérias vegetativas seriam inferiores aos CTs para inativação de vírus, enquanto os CTs para inativação de protozoários, por estes serem mais resistentes à desinfecção, seriam ainda maiores. Esporos seriam muito mais resistentes que as bactérias vegetativas (WHO, 2007).

TAB. 7.1 Valores de CT para inativação de vírus (mg/L.min)

Desinfetante	Inativação		
	2 log (99%)	3 log (99,9%)	4 log (99,99%)
Cloro	3	4	6
Cloramina	643	1.067	1.491
Dióxido de cloro	4,2	12,8	25,1

Fonte: WHO (2007).

A Tab. 7.2 mostra a grande dependência dos valores de CT em relação à temperatura na inativação de vírus quando são utilizadas as cloraminas. Pode-se perceber que a inativação melhora significativamente com o aumento da temperatura. Mesmo assim, as cloraminas são muito menos eficazes que o cloro ou o dióxido de cloro, apesar de terem a vantagem de ser mais persistentes durante o armazenamento e a distribuição (WHO, 2007).

TAB. 7.2 Valores de CT para inativação de vírus (mg/L.min) com a utilização de cloraminas como desinfetante

Temperatura (°C)	Inativação		
	2 log (99%)	3 log (99,9%)	4 log (99,99%)
5	857	1.423	1.988
10	643	1.067	1.491
15	428	712	994
20	321	534	746
25	214	356	497

Fonte: WHO (2007).

Segundo a WHO (2007), além dos aspectos anteriormente expostos, podem existir regulamentos específicos em cada país para fixar os requisitos mínimos para desinfecção e remoção de partículas. Se a água misturada contiver alta concentração de COT ou brometo, pode haver potencial para a formação de subprodutos adicionais não desejáveis, como bromatos e organoclorados. Processos como a ozonização da água do mar e a pós-cloração podem produzir concentrações significativas de subprodutos da desinfecção (SPDs — em inglês, *desinfection by-products*, DBPs).

7.3.3 Osmose reversa

O processo OR demonstra ser bastante eficiente na remoção de bactérias e de uma ampla gama de patogênicos e, a depender da membrana aplicada, remove quase a totalidade ou uma grande fração de vírus. Mesmo que a principal aplicação de membranas OR seja para dessalinização, a OR e a NF estão sendo cada vez mais aplicadas para o tratamento de águas superficiais com o objetivo de remover pesticidas, disruptores endócrinos, subprodutos da desinfecção e patógenos. Com o desempenho relatado em projetos-piloto e em grande escala, os processos OR de alta qualidade são boas barreiras de tratamento para patógenos se devidamente selecionados e mantidos (WHO, 2007).

A OMS oferece orientação sobre as metas de remoção de bactérias, vírus e protozoários, que são alcançadas tanto por meio de processos típicos quanto por meio de processos melhorados de tratamento de água (ver Tab. 7.6 de WHO (2006)). A remoção de vírus por membranas OR pode variar de forma significativa e é função tanto da própria membrana como da sua condição e da integridade de todo o sistema, incluindo as vedações. Mudanças que variam de 2,7 log a mais de 6,8 log de acordo com o tipo de membrana OR têm sido relatadas em escala de bancada com o uso do bacteriófago MS2 como vírus-modelo. Adham et al. (1998) sugeriram que a seleção das membranas é um importante fator de remoção de vírus.

Kitis et al. (2002, 2003) relataram remoções de MS2 que variam de 5 log para a unidade de elemento duplo a mais de 6,8 log para a unidade de múltiplos estágios. Estudos em escala-piloto foram realizados para investigar o potencial dos sistemas de membranas NF e UF integrados e para a remoção de vários micro-organismos, incluindo vírus, protozoários (oocistos de *Cryptosporidium* e cistos de *Giardia*), esporos de bactérias *(Clostridium perfringens)* e bacteriófagos (MS2 e PRD-1).

Lovins et al. (1999) observaram que as remoções, incluindo as resultantes de pré-tratamento, variaram de 6,1 log a 10,1 log, o que mostra que o tratamento da membrana excede a remoção microbiana atingida por outras combinações de unidades de processamento, como a coagulação, filtração e desinfecção de águas superficiais. Uma vez que os micro-organismos são frequentemente abrigados em partículas, a remoção da turbidez também melhora a eficiência da desinfecção (WHO, 2007).

Integridade do sistema OR

Embora a OR seja uma excelente barreira para os micro-organismos, a manutenção dessa barreira depende da integridade do sistema. Quebras de integridade nas membranas ou dos anéis de vedação podem levar à passagem de patógenos na água do processo e devem ser monitoradas por testes de integridade. Com base em estudos em escala de bancada feitos por Colvin et al. (2000), Kitis et al. (2002) compararam três metodologias de teste de integridade em escala-piloto, investigando a capacidade desses testes:

1] para a quantificação de remoção de vírus (bacteriófago MS2) em um único elemento e em configurações em duas fases;
2] para a determinação das alterações na capacidade de remoção de vírus quando os sistemas estão sujeitos a diferentes tipos de membrana.

Os autores concluíram que a perda de integridade da membrana diminuiu a remoção de vírus para 5,3 log a 2,3 log, quando a unidade comprometida foi colocada na posição de ligação, e para 5,3 log a 4,2 log, quando a unidade comprometida estava na posição direta (WHO, 2007).

Métodos eficazes para medir a integridade das membranas OR devem ser utilizados para conseguir o afastamento dos patógenos. Atualmente, a medição de condutividade é empregada, mas a sensibilidade limita sua aplicação a cerca de 2 log de remoção. Bactérias foram encontradas em amostras de permeado de NF e OR que podem proliferar em linhas de descarga, o que não quer dizer que esses micro-organismos são patogênicos, mas que as condições estéreis não puderam mais ser mantidas. Uma vez que as bactérias têm transposto sistemas de membranas deficientes, essas membranas não podem ser consideradas como totalmente eficazes para a desinfecção que normalmente é realizada como última etapa de processo (WHO, 2007).

Fouling e biofouling

Uma vez que as bactérias podem atravessar membranas defeituosas, a transposição e o crescimento microbiano (bioincrustação) podem vir a afetar a qualidade do produto. É passível de preocupação o impacto do crescimento de biofilmes em membranas, o potencial de retenção de patógenos e o crescimento de bactérias patogênicas. Os biofilmes podem afetar direta e negativamente a integridade da membrana ou afetar positivamente, ao tapar buracos e imperfeições.

A incrustação nas membranas é a acumulação progressiva de material sobre a superfície da membrana ou nos seus poros. A bioincrustação ocorre quando micro-organismos se acumulam e/ou crescem na superfície da membrana, o que resulta na diminuição prematura do fluxo através da membrana e/ou provoca a queda de pressão. De acordo com Flemming et al. (1997), praticamente todos os sistemas de membrana que operam com água salina suportam relativamente bem os biofilmes, mas quase todos contam com problemas operacionais por causa da formação de biofilme em excesso. Foram relatados problemas de incrustação em 58 das 70 usinas de dessalinização que operam com OR nos Estados Unidos (Paul, 1991).

7.3.4 Matéria orgânica e crescimento bacteriano na água dessalinizada

A água dessalinizada contém geralmente concentrações baixas ou muito baixas de COT e concentrações também muito baixas de carbono orgânico biodegradável (COB), que podem ser parcial ou quase completamente removidos por OR. A NF e a OR parecem ser os processos mais eficazes disponíveis hoje para a remoção de COB.

Laurent et al. (2005) fornecem um resumo das remoções de COT e COB por OR. Mesmo que a OR possua um excelente potencial para a remoção completa do COB, as remoções por membranas OR em escala real documentadas são raras. Não foi quantificado diretamente o impacto do COB sobre o potencial para a criação e o posterior desenvolvimento de patógenos oportunistas nos biofilmes fixos em membranas OR.

No entanto, há algumas informações disponíveis sobre a colonização e a sobrevivência de patógenos em meios filtrantes, em carvão ativado e em superfícies de tubos. No geral, as indicações são de que os patógenos não parasitários não são competitivos no estabelecimento e no desenvolvimento de biofilmes heterotróficos, com exceção notável da *Legionella*. A presença de contaminantes microbianos em água tratada por OR estaria principalmente relacionada às operações posteriores, e não à multiplicação/colonização no próprio sistema. Além disso, a ocorrência desses contaminantes no sistema de distribuição também pode decorrer da entrada de água contaminada (Ainsworth, 2004).

A passagem de agentes patogênicos bacterianos do biofilme ou da água pré-tratada depende da disponibilidade dos orifícios nas membranas e da integridade dos anéis de vedação. Esses problemas não são diferentes das questões gerais de integridade da membrana que devem ser abordadas para impedir a passagem de patógenos no líquido a granel. A sobrevivência de algumas bactérias foi pesquisada no processo de tratamento por OR e também no transporte ao longo do sistema de distribuição. Espécies identificadas incluem bactérias encapsuladas, como *Novosphingobium capsulatum* (MacAree et al., 2005).

7.3.5 Processos térmicos de dessalinização

Quando são utilizados processos térmicos para a dessalinização, a inativação microbiana é controlada pela temperatura alcançada aliada ao tempo que a água permanece nessa temperatura. As temperaturas típicas para garantir a inativação das células vegetativas por calor úmido variam de 50 °C a 60 °C, e, quando essas células são mantidas a essas temperaturas por 5 a 30 minutos, alcançam a pasteurização. Esporos endósporos são mais resistentes ao calor e necessitam de temperaturas mais elevadas (70 °C a 100 °C), que devem ser mantidas por longos períodos de tempo. Patógenos mais vegetativos são inativados em condições de pasteurização *flash* (temperatura de 72 °C durante 15 segundos). É improvável que o condensado contenha agentes patogênicos devido ao processo de destilação pelo calor e pelo arraste mecânico. No entanto, pressões reduzidas são usadas em alguns processos de dessalinização para reduzir o ponto de ebulição e a demanda de energia. Temperaturas baixas como 50 °C podem ser utilizadas (USBR, 2003), mas nesse caso é possível que não se atinjam as metas de inativação necessárias. Nos processos de destilação térmica, de modo geral, a inativação de patógenos é considerada satisfatória, já que há uma semelhança de temperatura e tempo de contato com os processos de pasteurização (WHO, 2007).

7.3.6 Desinfecção de águas dessalinizadas

A desinfecção de águas dessalinizadas é um processo relativamente fácil devido ao baixo teor de COT e de partículas, à baixa carga microbiana e à demanda química de oxigênio (DQO) mínima após a dessalinização. A turbidez não representa problema no desempenho da desinfecção química, já que os valores de turbidez da água dessalinizada são relativamente baixos. Alguns tipos de pós-tratamento podem causar um aumento de turbidez inorgânica que não interfere na desinfecção. Os padrões necessários para a inativação de agentes patogênicos em águas dessalinizadas podem ser facilmente atingidos por meio de processos de desinfecção adequados. Uma vez que os padrões de desinfecção sejam alcançados e como parte de um plano de segurança da água, um nível adequado de cloro residual deve ser mantido durante a distribuição para que a desinfecção permaneça até o acesso da população (WHO, 2007).

Algumas questões consideradas como específicas da desinfecção da água dessalinizada são descritas a seguir (WHO, 2007):

- existe potencial passagem de vírus através de algumas membranas OR, o que leva à necessidade de posterior desinfecção;
- o potencial de perda da integridade das membranas, que pode levar à passagem de vários patógenos em águas de processo;
- a prática de misturar água não dessalinizada para remineralizar a água tratada levanta a necessidade de definir metas adequadas para o tratamento e a desinfecção da água utilizada nessa mistura.

Todas essas considerações referem-se sempre à segurança da água dessalinizada, assim, independentemente do processo de tratamento, a desinfecção com o cloro e seus derivados garante a segurança biológica necessária até a fase de distribuição.

7.3.7 Armazenamento e distribuição da água processada

O desafio de manter a qualidade da água durante seu armazenamento e distribuição não é específico à água dessalinizada. Alguns micro-organismos crescerão durante a distribuição, especialmente na ausência de um desinfetante residual e em temperaturas elevadas da água, muitas vezes comuns em países que utilizam a dessalinização. Um largo espectro de espécies de micro-organismo, como *Legionella*, *Aeromonas*, *Pseudomonas* e *Burkholderia pseudomallei*, pode estar presente nas águas distribuídas.

As vias de transmissão dessas bactérias incluem a inalação, o contato por meio do banho e as infecções que ocorrem no trato respiratório, nas lesões da pele e no cérebro. Não existe evidência da associação de qualquer um desses organismos com infecções gastrointestinais por meio da ingestão de água potável, mas a *Legionella* pode crescer significativamente em temperaturas de 25 °C a 50 °C.

A temperatura da água é um elemento importante nas estratégias de controle. Sempre que possível, ela deve ser mantida fora da faixa de 25 °C a 50 °C. Em sistemas de água quente, o armazenamento e o transporte devem ser realizados em temperaturas acima de 55 °C, apesar de a manutenção da temperatura acima de 50 °C representar risco de queimaduras (WPC; WHO, 2006). Quando as temperaturas em sistemas de distribuição de água não puderem ser mantidas fora do intervalo de 25 °C a 50 °C, é necessário ter maior atenção à desinfecção e estratégias destinadas a limitar o desenvolvimento de biofilmes.

A acumulação de lodo, incrustações, ferrugem e algas em sistemas de distribuição de água auxilia no crescimento de *Legionella* spp., assim como a água parada. Sistemas mantidos limpos e com água corrente são menos suscetíveis ao crescimento desse micro-organismo. Cuidados também devem ser tomados para selecionar materiais de tubulação que resistam ao crescimento microbiano e ao desenvolvimento de biofilmes (WHO, 2007).

A manutenção da qualidade da água durante seu armazenamento e distribuição depende de uma série de fatores (WHO, 2007):

- a concentração de matéria orgânica biodegradável e de nutrientes essenciais, que podem dar origem ao crescimento de bactérias suspensas e fixas;
- o equilíbrio químico para limitar a liberação de ferro, chumbo e cobre;
- a manutenção de um oxidante residual;
- a manutenção da integridade nas tubulações e nos reservatórios;
- as condições de crescimento, como tempo de permanência, temperatura e condições hidráulicas.

Altas temperaturas limitam a manutenção de um residual efetivo nos sistemas de distribuição, o que aumenta a reatividade dos produtos químicos, elevando sua eficiência. O uso das cloraminas constitui uma alternativa vantajosa em relação ao cloro livre nos sistemas de distribuição, pois possuem maior permanência. Porém, pode ocorrer nitrificação quando do uso dessas substâncias na presença de bactérias *Nitrosomonas* (WHO, 2007).

7.3.8 Recomendações finais

Tal como em outros sistemas de produção de água potável, a produção que ocorre por meio de processos de dessalinização deve esforçar-se para utilizar a melhor fonte de água disponível. As usinas de dessalinização devem estar localizadas longe de emissários de esgoto, bueiros e áreas com proliferação de algas nocivas recorrentes.

O nível de impacto da descarga de esgoto vai depender das condições locais, mas deve ser dada especial atenção à localização das captações de água e dos emissários de águas residuárias, especialmente se o custo é considerado. O monitoramento adequado dos parâmetros biológicos e físico-químicos da água da fonte durante a operação da usina garantirá que os processos de tratamento não sejam superados por altos níveis de poluentes (WHO, 2007).

O monitoramento da qualidade da água com relação aos patógenos em um processo de dessalinização não é uma abordagem operacional efetiva por causa de problemas semelhantes aos encontrados no monitoramento de fontes de água doce. No entanto, é útil para proporcionar informação de base, que inclui vários parâmetros biológicos, físicos e químicos, capaz de indicar as alterações significativas da qualidade da água para garantir a eficiência do tratamento. Informações sobre os potenciais riscos para a saúde humana podem ser obtidas pela utilização de indicadores de contaminação fecal, como a *E. coli* e os enterococos, que sugerem a presença de agentes patogênicos. Vale ressaltar que as bactérias enterococos são mais resistentes a condições de degradação ambiental no ambiente marinho do que a *E. coli*, sendo, nesse caso, um melhor indicador de contaminação fecal na água do mar, e à presença de agentes patogênicos entéricos.

Colífagos, que são vírus que infectam bactérias coliformes e são semelhantes aos vírus humanos em relação à sobrevivência e à deterioração na água do mar, têm sido sugeridos como indicadores úteis da qualidade da fonte e do desempenho do processo de tratamento. A contagem de bactérias heterotróficas não é exatamente um indicador de contaminação fecal, mas pode ser utilizada como parâmetro de linha de base para compreender as alterações nas comunidades microbianas. O desenvolvimento e a adequada aplicação de métodos analíticos mais adaptados às águas salinas são necessários para melhorar o monitoramento dessas águas. Algumas recomendações específicas incluem (WHO, 2007):

- Manter a desinfecção final após a dessalinização para assegurar a inativação de bactérias e vírus e também manter um valor residual durante o armazenamento e a distribuição.
- A água utilizada para a mistura deve ser tratada para atingir metas de qualidade em relação à inativação microbiana, estabelecida com base na contaminação da água bruta e na redução de riscos. A água contaminada não deve ser misturada com a água dessalinizada.

- O tratamento deve ser projetado para assegurar a presença de múltiplas barreiras, incluindo a última barreira de desinfecção.
- A manutenção da qualidade da água durante seu armazenamento e distribuição, incluindo a presença de um desinfetante residual, é importante para assegurar que a qualidade da água do produto seja mantida até o consumidor.
- A água dessalinizada é muito pobre em nutrientes e possui baixo potencial de crescimento microbiano. No entanto, as altas temperaturas (30 °C a 45 °C), frequentes em alguns países que utilizam a dessalinização, podem aumentar o crescimento de patógenos, como a *Legionella*, e elevam a nitrificação (oxidação da amônia a nitrato) quando as cloraminas são usadas.

8 | Uso do vácuo na destilação térmica

8.1 Objetivo

Pretende-se apresentar neste capítulo, de forma abreviada, os conceitos básicos envolvidos na dessalinização de águas salobras e salinas por meio de destilação térmica com utilização de vácuo, incluindo os resultados de uma pesquisa laboratorial. Para ser possível transitar no assunto, cuja base físico-química está no processo de destilação, é necessário um conhecimento básico do transporte de gases e vapores em baixa pressão e da termodinâmica envolvida referente ao transporte de gás, vapor e calor.

Certamente são assuntos que exigem estudos mais detalhados e aprofundados que escapam aos objetivos deste capítulo, de modo que serão apresentados apenas os princípios básicos que possam tornar a atividade de pesquisa da dessalinização de águas salobras e salinas mais consistente em suas bases teóricas. Inicia-se com a tecnologia do vácuo, com a apresentação dos conceitos referentes ao transporte dos gases e vapores. Serão também apresentados circuitos de vácuo que podem ser usados, além das bombas de vácuo e dos medidores de vácuo que podem ser utilizados nesse tipo de trabalho.

Alguns conceitos e definições referentes à termodinâmica envolvida nesse tipo de trabalho serão descritos, além de conceitos importantes relativos ao transporte de calor que estão envolvidos no processo de destilação assistida a vácuo. Na seção 8.10 são apresentados os principais resultados e conclusões de uma pesquisa realizada em laboratório. Considerando que os temas tratados são extensos e exigem um bom tempo de assimilação e entendimento, ao final do capítulo foi incluída uma listagem com literatura específica para os que desejarem se aprofundar no assunto.

8.2 Escopo e objetivos da tecnologia do vácuo

O vácuo está presente em muitas situações do cotidiano. Por exemplo, no ato de respirar é realizado vácuo nos pulmões devido à ação mecânica da caixa torácica, e em uma simples ventosa que sustenta uma toalha há a ação da pressão atmosférica (do lado de fora do invólucro da ventosa) em relação ao vácuo (do lado de dentro do invólucro). Tanto na indústria como na ciência, assim como na tecnologia, o vácuo está intensamente presente e representa um papel fundamental na maioria dos casos.

A tecnologia do vácuo pretende criar e estudar as condições objetivas para a produção, medição e controle eficientes do vácuo, além de pesquisar novos processos de realização do vácuo de modo a enfrentar os desafios impostos por novas formas de produção e diminuir os seus custos. Ela também pretende desenvolver novos tipos de bombas de vácuo que sejam menos poluidoras e demandem menos energia para o seu funcionamento.

É oportuno mencionar que é impossível a remoção completa dos gases e vapores de um recipiente. O vácuo realizado nos processos pode variar desde a pressão atmosférica local (no nível do mar, a pressão atmosférica é de 760 mmHg) até aproximadamente pressões da ordem de 10^{-12} mbar. A depender da pressão de trabalho, certas fontes de gases e vapores devem ser levadas em conta. A faixa de pressão utilizada no processo de dessalinização de águas salobras e salinas assistida a vácuo vai da pressão atmosférica local até aproximadamente a pressão de vapor da água na temperatura de operação do processo.

Serão apresentadas as bases da tecnologia do vácuo para melhor compreender a utilização do vácuo no processo de dessalinização de águas salinas e salobras. As bases físicas da tecnologia do vácuo são a termodinâmica, a teoria cinética dos gases e a mecânica dos fluidos. Para um estudo mais aprofundado da tecnologia do vácuo, é essencial o entendimento da interação das moléculas que compõem a atmosfera a ser removida com a superfície dos materiais expostos ao vácuo. No caso específico dos processos de secagem e remoção de vapor de água, o conceito de pressão de vapor é de fundamental importância.

Além das considerações inerentes à instrumentação necessária para a produção e a medição do vácuo, tem-se que o estudo e os cálculos referentes ao transporte de gases e vapores são de fundamental importância para o bom desempenho do circuito de vácuo.

Apesar da necessidade de um conhecimento profundo das bases físicas e químicas para desenvolver novos processos industriais utilizando vácuo, é possível, com poucos e mínimos conceitos, fazer uso adequado e seguro da tecnologia do vácuo para muitas aplicações, tanto na produção como na ciência. Esses conceitos mínimos serão desenvolvidos neste capítulo, além de ser apresentado o princípio de funcionamento das bombas de vácuo utilizadas em processos de remoção de vapor de água, os medidores de vácuo pertinentes e os acessórios utilizados em circuitos de vácuo para a dessalinização de águas salobras e salinas.

O GEP utilizou um protótipo no qual foram feitas destilações de água salina com a utilização de vácuo visando à remoção de sais dessa água. Além da intervenção do vácuo, foi também introduzida energia no sistema, na forma de calor, conforme detalhado na seção 8.10.

8.3 Considerações para a modelagem e o cálculo de sistemas de vácuo

Geralmente, tem-se verificado que muitos profissionais não estão familiarizados com a tecnologia do vácuo. Apesar de existir literatura adequada e de alta qualidade nessa área do conhecimento, os livros e textos em geral não estão facilmente disponíveis. Além disso, no Brasil há pouquíssimos cursos sobre esse importante e tão presente assunto tanto nas escolas profissionalizantes como nas universidades. Considerando esse fato, pretende-se apresentar de forma abreviada, porém segura, algumas importantes aplicações da tecnologia do vácuo destinada aos processos industriais.

Os sistemas de vácuo têm inúmeras formas e dimensões decorrentes das diferentes tarefas e quantidades de gases e vapores presentes nos processos realizados à baixa pressão. Há também processos que, mesmo ocorrendo em pressão atmosférica ou em altas pressões, utilizam a tecnologia do vácuo. Nesses casos, realiza-se a remoção dos gases e, em seguida, introduzem-se os gases ou vapores de processo ou para armazenamento.

A diversificação dos sistemas de vácuo faz com que seus cálculos e projetos sejam geralmente muito distintos entre si e na maior parte deles de difícil execução, particularmente em relação aos detalhes inerentes a cada caso, que devem ser observados e levados em consideração. Do ponto de vista prático, para uma escolha adequada da instrumentação a ser utilizada nas instalações de sistemas de vácuo, é fundamental uma compreensão dos conceitos básicos envolvidos no processo de bombeamento de gases e vapores em baixa pressão. Dessa forma, o modelo físico-matemático a ser construído deve representar adequada e suficientemente o processo em estudo e análise. Não obstante as dificuldades intrínsecas à tecnologia do vácuo (o mesmo ocorre para todas as outras tecnologias), percebe-se que bastam alguns conceitos básicos para uma iniciação segura na utilização dos equipamentos.

Pretende-se, com este capítulo, além de apresentar os conceitos básicos teóricos e de instrumentação, levantar e apontar os caminhos necessários para um aprofundamento no assunto para os profissionais interessados na dessalinização de águas salobras e salinas.

A identificação dos detalhes e das particularidades do sistema de vácuo assume importância fundamental, uma vez que eles influenciarão e, em muitos casos, determinarão objetivamente a escolha adequada dos equipamentos da instalação que está sendo projetada. Geralmente, os equipamentos e instrumentos utilizados nos sistemas de vácuo são caros, fato que por si só justifica a elaboração de um estudo aprofundado do processo a ser realizado, com a construção de modelos, cálculos e análises, a fim de escolher adequadamente a instrumentação e os equipamentos.

Cabe mencionar que, apesar de o Sistema Internacional de Unidades (SI) ser de uso oficial e estar presente em muitas áreas da ciência e da tecnologia, têm-se unidades que são herança do passado e que ainda são de uso corrente. Infelizmente, isso ocorre na tecnologia do vácuo, e, como exemplo, há a representação da atmosfera padrão (pressão atmosférica no nível do mar) por meio de várias unidades de pressão de uso diário: 101.323 Pa (pascal é a unidade de pressão no SI), 1.013,23 mbar, 760 torr e ainda 760 mmHg.

Como panorama geral, a modelagem detalhada de sistemas de vácuo requer um bom conhecimento do processo específico em questão e ainda do comportamento do escoamento dos gases nas tubulações e orifícios. Em geral, os problemas matemáticos originados na modelagem são equações diferenciais ordinárias e parciais. Cabe realçar ainda que o escoamento dos gases rarefeitos é fortemente dependente da região de pressão. Há quatro tipos de regime de escoamento que ocorrem em sistemas de vácuo em geral (e há conceitos físicos bastante distintos para cada um desses regimes de escoamento) e que devem ser levados em conta nos cálculos, fato este que ocupa boa parte da modelagem detalhada de sistemas de vácuo.

É esquematizado na Fig. 8.1 um sistema de vácuo de configuração geral. Câmara de vácuo, linha de bombeamento de gases e vapores e bomba de vácuo são as três partes que constituem esse sistema.

Na câmara de vácuo ocorre o processo físico-químico que é o objetivo do sistema de vácuo projetado. A bomba de vácuo é um dispositivo capaz de receber os gases e vapores com origem na câmara de vácuo e exauri-los para a atmosfera ou para outra bomba de vácuo (há ainda bombas de vácuo que retêm os gases e vapores em seu interior).

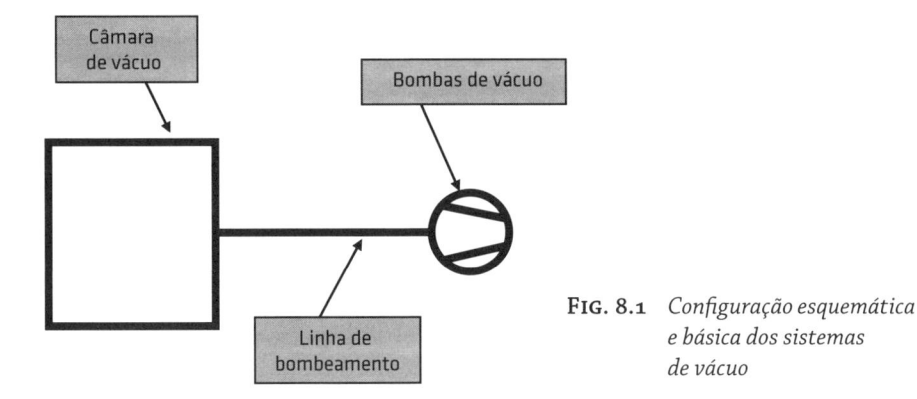

FIG. 8.1 *Configuração esquemática e básica dos sistemas de vácuo*

A linha de bombeamento é uma canalização por onde são transportados os gases e vapores oriundos da câmara de vácuo com destino à bomba de vácuo. Cabe mencionar que uma das grandezas mais importantes que acompanham as bombas de vácuo é a sua velocidade de bombeamento, simbolizada por S_{bv}, cuja unidade é em geral $L.s^{-1}$ ou $m^3.h^{-1}$. Outra grandeza fundamental presente nos sistemas de vácuo é a condutância da linha de bombeamento, simbolizada por C_{total}, que expressa a facilidade com que os gases ou vapores escoam pela linha de bombeamento. A velocidade efetiva de bombeamento, simbolizada por S_{ef}, é a grandeza que indica a velocidade de bombeamento com que a câmara de vácuo é efetivamente bombeada. As grandezas apresentadas relacionam-se entre si pela Eq. 8.1.

$$\frac{1}{S_{ef}} = \frac{1}{S_{bv}} + \frac{1}{C_{Total}} \Rightarrow S_{ef} = \frac{S_{bv} \cdot C_{Total}}{S_{bv} + C_{Total}} \tag{8.1}$$

A velocidade de bombeamento da bomba de vácuo é função da pressão. O valor da condutância depende também da pressão, além da geometria da linha de bombeamento e do tipo de gás que está sendo bombeado. Por meio da expressão mostrada anteriormente, vê-se que a velocidade efetiva de bombeamento também é função da pressão. Mas percebe-se também que ela depende igualmente da velocidade de bombeamento da bomba de vácuo e da condutância da linha de bombeamento, o que impõe de imediato a preocupação de projetar e construir a linha de bombeamento adequada para a bomba de vácuo especificada. Caso o projeto dessa linha não seja feito adequadamente, haverá uma diminuição na velocidade efetiva de bombeamento. Do ponto de vista prático, significa que a capacidade total de bombeamento disponível da bomba de vácuo não será aproveitada.

Entende-se por linha de bombeamento todos os acessórios presentes que conectam a câmara de vácuo à bomba de vácuo: tubos, válvulas, filtros, cotovelos, conexões em geral. Cada um desses elementos, chamados geralmente de componentes auxiliares, apresenta uma condutância, o que significa que cada elemento instalado na linha de bombeamento reduzirá a capacidade de escoamento dos gases, traduzindo-se numa menor condutância e, assim, acarretando uma diminuição na velocidade efetiva de bombeamento.

O cálculo da condutância da linha de bombeamento deve ser necessariamente realizado. A bibliografia apresentada no fim do capítulo traz as expressões matemáticas para o cálculo da condutância. Como regra geral, pode-se aplicar o seguinte procedimento: utilizar um diâmetro de tubo e de válvula igual ou maior que o diâmetro de entrada da bomba de vácuo, com a adoção do menor comprimento de linha de bombeamento possível. A unidade da grandeza condutância é a mesma da grandeza velocidade de bombeamento.

É oportuno mencionar que o escoamento de gases e vapores em baixas pressões é um assunto que apresenta muitos detalhes. Há quatro maneiras completamente distintas pelas quais os gases e vapores escoam pela linha de bombeamento. No caso da dessalinização de águas salobras e salinas, tem-se preferencialmente o regime viscoso laminar. Mais detalhes serão abordados quando da apresentação do circuito de vácuo utilizado na destilação a vácuo. A identificação do tipo de regime de escoamento utilizando vácuo presente no processo é o ponto de partida para o projeto do sistema de vácuo a ser usado. Na pesquisa realizada neste trabalho, com a pressão estando na região da pressão atmosférica local (na cidade de São Paulo, aproximadamente 700 torr ou 700 mmHg) até em torno de 1 torr, tem-se o regime de escoamento viscoso laminar, uma vez que o bombeamento de vácuo é feito de forma lenta e, dessa forma, não é desenvolvido o regime viscoso turbulento.

8.4 Necessidades do vácuo na indústria e na ciência

Para uma visão geral sobre processos industriais e científicos que utilizam o vácuo, serão apresentados os motivos físicos da sua realização. Além dos processos nos quais são removidos os gases ativos por meio da realização do vácuo, há processos em que, uma vez realizado o vácuo, é introduzido um gás inerte ou ativo que recupera a pressão atmosférica ou outra pressão maior que esta. Quando é alterada a pressão em uma câmara de vácuo, as seguintes grandezas físicas mudam de valor: a densidade do gás, o livre caminho médio, o tempo de formação de uma camada de moléculas (monocamada) em uma superfície e o fluxo de moléculas incidindo em uma superfície. Todas as aplicações e utilizações da tecnologia do vácuo giram em torno da mudança dos valores dessas grandezas. As principais razões para a utilização do vácuo nos processos em geral são:

- remover os gases ativos presentes na atmosfera da câmara de vácuo do processo a ser realizado, uma vez que os gases e vapores ativos são prejudiciais ou inconvenientes para uma série de processos industriais e experiências científicas;
- diminuir a transferência de calor por condução e por convecção entre os meios interno e externo de um recipiente;
- conseguir deformações mecânicas, movimentos, levantamento e/ou sustentação de peças por meio de diferenças de pressão;
- aumentar o trajeto ou o livre caminho de partículas elementares, como átomos, elétrons, íons e moléculas, para que não colidam com as moléculas da atmosfera da câmara de vácuo;
- atingir densidades gasosas necessárias para a obtenção de colunas de gases ionizados, plasmas frios ou plasmas de altas temperaturas;
- remover vapores ou gases absorvidos em materiais líquidos ou sólidos;
- obter superfícies limpas e desgaseificadas.

A tecnologia do vácuo tem como principal tarefa a produção eficiente de baixas pressões em recipientes chamados de câmaras de vácuo. Para que esse objetivo seja alcançado com sucesso e eficiência, deve-se considerar e ter presentes os seguintes pontos durante o projeto de sistema de vácuo:

- pressão final a ser atingida e pressão de trabalho;
- listagem das características marcantes do processo, por exemplo, se haverá gases corrosivos ou explosivos;
- identificação do regime de escoamento dos gases e vapores;

- cálculo das condutâncias e da velocidade efetiva de bombeamento;
- escolha das bombas de vácuo, dos sensores de pressão e dos componentes auxiliares;
- processos de limpeza e condicionamento do sistema de vácuo;
- roteiro para acompanhamento do desempenho do sistema de vácuo e seu registro no decorrer da utilização do equipamento;
- cronograma de manutenção preventiva;
- planejamento das possíveis manutenções corretivas e reformas que poderão ocorrer no sistema de vácuo;
- realização frequente de novos testes de desempenho do sistema de vácuo.

Deve-se enfatizar que os pontos listados, além de servirem para nortear o projeto, ou seja, de serem pensados e considerados durante a fase de projeto, deverão sempre estar na ordem do dia caso haja necessidade de aprimoramentos. Também devem estar presentes os pontos relativos a uma melhor operação: manutenção preventiva, manutenção corretiva, testes de desempenho e outras intervenções nos sistemas de vácuo.

Há uma variedade muito grande de tipos de sistema de vácuo, que operam em várias faixas de pressão, e cada tipo demanda exigências próprias referentes aos pontos listados anteriormente. Merecem ser citados também os sistemas de vácuo com características especiais, uma vez que em geral são de difícil projeto, operação e manutenção. Como exemplo, pode-se citar os sistemas de vácuo com injeção controlada de gases e vapores tóxicos, corrosivos ou inflamáveis ou com a presença de plasmas e gases altamente ionizados ou com grandes quantidades de vapor de água a ser bombeado.

Com o propósito de alcançar as pressões pretendidas nos vários processos em vácuo dentro do tempo previamente determinado, deve-se ter sempre presente o estudo do comportamento geral dos gases e vapores. Na câmara de vácuo, os gases ocupam o volume e estão também presentes nas superfícies internas expostas ao vácuo (desgaseificação) e ainda nos volumes dos líquidos (gases absorvidos). Os gases a serem bombeados deverão encontrar as bombas de vácuo, ou seja, deverão percorrer toda a tubulação que une a câmara de vácuo ao sistema de bombeamento de gases. Nesse contexto, para que o processo de bombeamento dos gases e vapores seja eficiente, deve-se considerar o conhecimento físico-químico da matéria no estado gasoso, a sua interação com as superfícies sólidas e líquidas que compõem o sistema de vácuo e o transporte desses gases e vapores pelas tubulações.

Na Fig. 8.2 é mostrado o exemplo de um sistema de vácuo operando na região de pré-vácuo e que foi utilizado pelo GEP, sendo seus resultados apresentados na seção 8.10.

Os processos de secagem e de remoção de líquidos em baixas pressões estão entre as aplicações mais importantes da tecnologia do vácuo tanto na indústria como nas atividades científicas e tecnológicas. A remoção de vapores e líquidos é realizada de forma mais eficiente com a redução de pressão. Com o vácuo aplicado, as moléculas mais energéticas no estado líquido podem deixar a superfície do líquido e do sólido e ter menos probabilidade de retornar ao estado líquido. São utilizados os símbolos padronizados em tecnologia do vácuo para a representação de circuitos de vácuo.

A bomba de vácuo utilizada é a bomba mecânica de palhetas de simples estágio, que não é a mais indicada para operar com atmosfera rica em vapores. Nesse sentido, foi instalado um filtro com material absorvedor de água para proteger a bomba de vácuo. As válvulas utilizadas são apropriadas para operar em ambientes com vapores de água. As conexões utilizadas no sistema de vácuo são do tipo KF-NW 10, com anéis de vedação em borracha Buna-N.

O projeto do sistema de vácuo foi construído, em sua maior parte, em vidro, inclusive a câmara de vácuo para a evaporação, o destilador e o condensador. Mesmo com a instalação de tubos de pequeno diâmetro, com cerca de 7 mm, o processo de transporte de gases e vapores foi realizado de forma eficiente. O bombeamento foi controlado por meio da abertura da válvula junto à bomba mecânica de palhetas. Com esse exemplo foi mostrado, em linhas gerais, um sistema de vácuo para a remoção de vapor de água. Cabe mencionar que os vapores em geral são de difícil bombeamento, estando o motivo em parte no fato de as bombas de vácuo em geral apresentarem alguma dificuldade no seu bombeamento; as bombas mecânicas de palheta têm o seu funcionamento prejudicado, pois a água se mistura com o óleo e afeta a lubrificação. Por essa razão, foi instalado um filtro para reter o vapor da água e, assim, dificultar a sua chegada à bomba de vácuo.

A instalação dos medidores de vácuo e de temperatura também deve ser observada. Preferencialmente, os sensores devem ser instalados junto aos locais cujo processo está ocorrendo. Se o medidor de vácuo estiver muito próximo à bomba de vácuo, a pressão medida pode ser muito diferente daquela cujo processo de fato está ocorrendo. O mesmo raciocínio e cuidado devem ser tomados com relação à medição de temperatura.

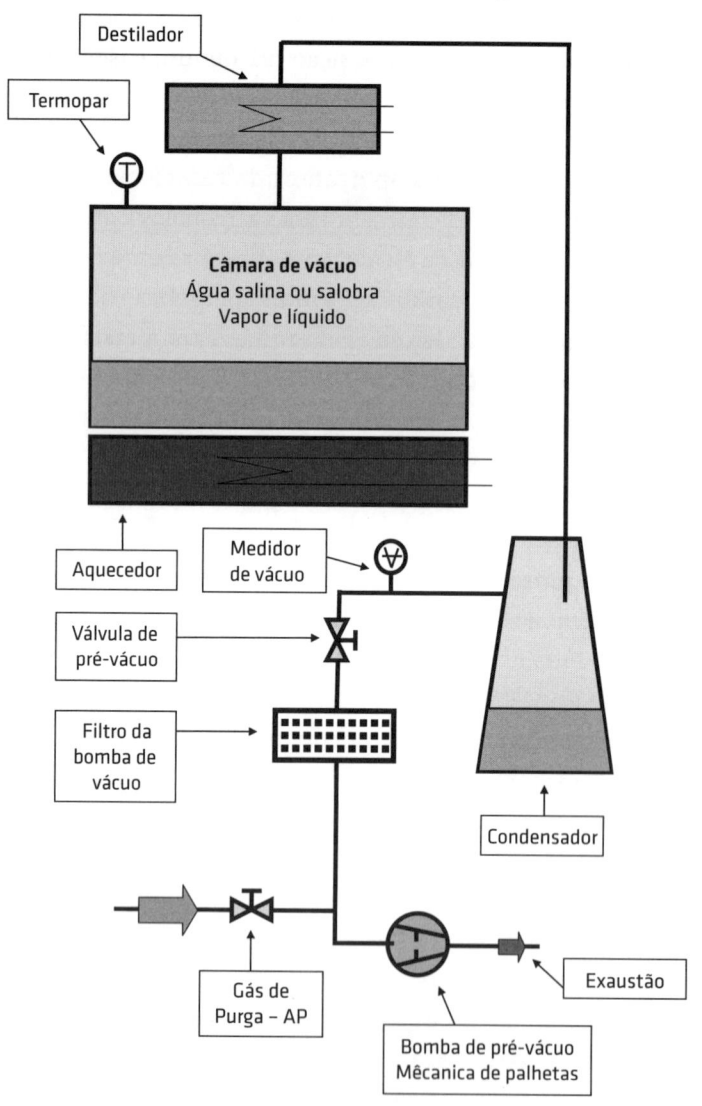

FIG. 8.2 *Esquema do sistema de vácuo utilizado para a evaporação de água salina e salobra*

8.5 Aplicações do vácuo na indústria e na ciência

A tecnologia do vácuo é empregada em uma grande variedade de processos industriais e atividades tecnológicas e científicas. Há casos em que o vácuo torna mais eficiente um processo de fabricação, apesar de não ser essencial. Em outros casos, ele é vital e indispensável para uma ou várias etapas de processo ou fabricação. O propósito principal da realização do vácuo é modificar a atmosfera em um recipiente, com o que se tem a alteração tanto da pressão como da composição da mistura gasosa original. Em geral, esses dois efeitos ocorrem simultaneamente. Em algumas situações, o interesse é fazer baixar a pressão da câmara de vácuo, em outras, há interesse em remover os gases ativos e, posteriormente, completar com algum gás inerte, mesmo que retornando à pressão atmosférica ou a uma pressão maior que esta.

Para ter melhor compreensão dos processos realizados a vácuo, pode-se relacionar os fenômenos físicos que ocorrem com a variação de pressão e ainda fazer uma classificação das aplicações da tecnologia do vácuo de acordo com a mudança de propriedades físicas dos gases em baixas pressões. Por exemplo, pode-se apresentar a seguinte classificação em relação à física relativa à variação de pressão nos gases e vapores:

a] A situação física de *baixa pressão*. Tem-se como principal objetivo a criação de uma diferença de pressão entre os meios interno e externo à câmara de vácuo. Pode-se usar esse fato para deformar, carregar, fixar, transportar, coletar, limpar, frear, sustentar, suspender e separar.

b] A situação física de *baixa densidade molecular*. Nesse caso, têm-se três principais objetivos a serem alcançados:
- remover os gases quimicamente ativos da câmara de vácuo, com o que se consegue evitar reações químicas (principalmente as oxidações), empacotar em atmosferas inertes, fundir, tratar metais e encapsular produtos;
- remover os gases e vapores dissolvidos em materiais, podendo-se secar produtos em temperatura ambiente, em baixas ou em altas temperaturas, desgaseificar, liofilizar e remover líquido e vapor em materiais sólidos;
- diminuir a transferência de energia entre meios, com o que se consegue obter isolação térmica e isolação elétrica ou isolar o meio externo para criar um meio diferente.

c] A situação física de *grandes caminhos livres médios*. O objetivo a ser alcançado é evitar, ou pelo menos minimizar, o número de colisões atômicas e moleculares entre si ou de feixes de partículas com a atmosfera dentro da câmara de vácuo. As aplicações são os tubos eletrônicos em geral (raios X, cinescópios, fotocélulas, válvulas), aceleradores de partículas, espectrômetros de massa, espectroscópios ópticos, feixes de elétrons para máquinas de solda, microscópios eletrônicos, válvulas *klystron* e *girotrons*, evaporadoras para filmes finos, anéis de armazenamento de partículas, a indústria de microeletrônica e separadores de isótopos.

d] A situação física de *longos tempos para a formação de uma monocamada*. O objetivo principal é conseguir superfícies limpas, com poucos gases adsorvidos, podendo-se criar superfícies preparadas para estudo e aplicação em adesão, emissão de elétrons (alteração da função trabalho), variação do coeficiente de atrito, estudos em física de superfícies, dopagem de materiais e estudo do comportamento no espaço sideral.

A seguir, são apresentadas algumas importantes aplicações da tecnologia do vácuo. A intenção é mostrar a variedade das áreas que usam o vácuo, o qual pode ser utilizado em várias etapas de processo de fabricação, apesar de o produto final não precisar estar em vácuo. Entretanto, ocorrem situações em que o produto, para funcionar, precisa permanecer em vácuo.

Pode-se fazer uso do vácuo para criar diferenças de pressão, assim, aparecerão forças resultantes em áreas – da ordem de 10^5 Nm^{-2} = 10^5 Pa – podendo levantar ou sustentar pesos ou ainda equilibrar outras forças, e também podem ser transportadas peças leves e pesadas. Como exemplo, podem ser levantadas chapas de metal por meio da ação de ventosas ou pode ser removida poeira com aspiradores de pó, bem como podem ser aspiradas secreções nas operações cirúrgicas, removidas vísceras de animais e peixes e coletados gases e vapores para análises, além da coleta de sangue.

Pelo mesmo princípio, podem ser fixadas peças em máquinas operatrizes durante a operação de usinagem. Usa-se a força resultante para conformar chapas de materiais plásticos aquecidos. Pode-se também usar a força para frear. Utiliza-se ainda a diferença de pressão para acelerar o processo de filtragem. É importante observar que nessas aplicações a força resultante obtida pela diferença de pressão é uniforme, estendendo-se uniformemente por toda a peça. O nível de uniformidade é da ordem das distâncias entre as moléculas.

Na fabricação de bulbos para iluminação elétrica, das centenárias lâmpadas incandescentes até as que fazem uso de descargas elétricas e ainda aquelas baseadas em efeitos de emissão de campo, a tecnologia do vácuo é necessária para produzir atmosferas rarefeitas e inertes para posterior preenchimento com gás ou vapor específico. Com a remoção da maior parte da atmosfera ativa, não ocorrerá a forte oxidação do filamento ou ainda será possível ocorrerem descargas elétricas controladas em gases, a depender do tipo de lâmpada. A produção dos primeiros tipos de lâmpada está intimamente ligada ao desenvolvimento das primeiras bombas de vácuo.

Ainda dentro das aplicações do vácuo que requerem atmosferas quimicamente neutras, tem-se a metalurgia a vácuo, na qual os metais, durante a fundição, estão protegidos da oxidação ou da formação de bolsões gasosos internos. O vácuo também é empregado na sinterização, no recozimento e em outros tratamentos térmicos em metais. Em processos de soldagem, como o de brasagem ou aquele por meio de feixe de elétrons, as partes envolvidas na soldagem precisam estar protegidas por uma atmosfera rarefeita e inerte.

No empacotamento e no encapsulamento de alguns produtos perecíveis ou sensíveis à oxidação, o uso do vácuo tem-se mostrado muito eficiente, estando o produto a ser protegido envolvido por uma atmosfera composta quase que exclusivamente de gases inertes. Também cabe mencionar que, ao remover o ar da atmosfera, grande quantidade de bactérias e outros micro-organismos estão sendo também removidos, pois são arrastados pelo fluxo de gás durante o processo de bombeamento. Além disso, encontra-se no vácuo um meio eficiente para a remoção de umidade e outros vapores impregnados em materiais sólidos e líquidos. O caso é similar ao trabalho desenvolvido pelo GEP. As indústrias alimentícias, farmacêuticas, químicas e de componentes eletrônicos utilizam largamente essa técnica.

No contexto dos processos de secagem e mesmo daqueles de extração de umidade e vapores, há várias formas de realizar esses processos com a assistência do vácuo. Têm-se inúmeros processos industriais realizados a vácuo que são realizados em temperatura ambiente ou em baixas temperaturas, muitas vezes criogênicas, e também os que ocorrem em altas temperaturas. Por exemplo, a liofilização ocorre em baixas temperaturas em razão de a remoção da umidade precisar ser muito lenta a fim de não danificar o material biológico.

Também se verifica uma forma excelente de conservar alguns produtos, entre eles o plasma sanguíneo, sem que ocorra a coagulação. Existem técnicas de conservação de obras de arte e objetos de valor histórico, como corpos de animais em museus de ciências biológicas, que são feitas a vácuo. Outra aplicação é a impregnação em vácuo, cujo objetivo é remover a umidade e outros gases e vapores e, em seguida, preencher com um material líquido ou gasoso. A ocorrência mais comum é a impregnação de óleos isolantes elétricos em transformadores, capacitores, chaves elétricas e cabos de alta tensão. Há também a introdução de cristal líquido nos mostradores de informação como outra aplicação do vácuo.

Além das aplicações já mencionadas, têm-se aquelas referentes aos isolamentos térmico e elétrico. Os principais exemplos são as garrafas térmicas ou os vasos de Dewar, bem como as válvulas eletrônicas, as cavidades ressonantes dos aceleradores de partículas, os acumuladores de carga elétrica nos aceleradores eletrostáticos de partículas, os tubos para *laser* e as chaves elétricas a vácuo. Também com o propósito de isolar, há os simuladores espaciais. Os satélites e outros artefatos a serem operados no espaço sideral são ensaiados e estudados em enormes câmaras de vácuo de laboratório. Dessa forma, testam-se os dispositivos em condições que serão encontradas em alturas em torno de 500 km a 800 km em relação à superfície terrestre.

O funcionamento de vários equipamentos, instrumentos e processos em vácuo, mais precisamente em alto vácuo e ultra-alto vácuo, fundamenta-se nas propriedades do comprimento do livre caminho médio. O propósito do vácuo é diminuir ou até mesmo evitar as colisões dos átomos e moléculas entre si. As principais aplicações são: tubos aceleradores de partículas elementares, microscópios eletrônicos, tubos de raios X, mostradores de informação por efeito de campo, de plasma e tubos de raios catódicos, anéis de armazenagem, fotocélulas, separadores de isótopos, dispositivos em geral que operam com feixes de partículas, fotomultiplicadoras e ainda equipamentos em geral de deposição de filmes finos por evaporação ou sublimação. Cabe mencionar que muitos dos exemplos mencionados constituem instrumentos científicos e industriais de tecnologia sofisticada.

Outras importantes aplicações do vácuo são aquelas que requerem superfícies muito limpas. Ao expor as superfícies dos materiais à atmosfera, uma quantidade de átomos e moléculas dela fica em equilíbrio com a superfície e o volume do material. Assim, quando houver interesse no estudo das propriedades das superfícies dos materiais, deve-se remover um grande número de partículas adsorvidas, já que as moléculas e os radicais alteram as propriedades das superfícies e adulteram as análises referentes a elas. Nesse caso particularmente o alto vácuo e o ultra-alto vácuo devem ser alcançados para que sejam atingidas as condições desejáveis de trabalho. O motivo é que o bombardeio de átomos e moléculas na superfície em estudo deverá ser pequeno e o tempo de formação de uma monocamada será consequentemente grande, suficiente para possibilitar a realização do estudo. As aplicações mais importantes são em análises de superfícies em geral, fenômenos relacionados à adesão, atrito, emissão de elétrons e alteração de reatividade das superfícies, técnicas de caracterização, entre outros.

As aplicações citadas nesta seção mostram que a atuação da tecnologia do vácuo na indústria e na ciência é abrangente. Constata-se que o número de novas aplicações está sempre em constante crescimento e que o desenvolvimento experimental de algumas áreas da ciência está intimamente ligado ao desenvolvimento de novas técnicas e instrumentação na área da tecnologia do vácuo. Em contrapartida, desenvolvimentos que ocorrem em várias áreas da ciência e da tecnologia em geral influenciam muito o desenvolvimento da tecnologia do vácuo, uma vez que novas soluções devem ser criadas, e outras, aprimoradas. Com esta seção, procurou-se dar uma visão geral do alcance e da necessidade da tecnologia do vácuo, ajudando o pesquisador a ter um melhor posicionamento com relação a essa importante e atuante tecnologia.

8.6 Circuitos de vácuo usados na destilação

Nesta seção, são apresentados três circuitos de vácuo passíveis de utilização na destilação para fazer a dessalinização de águas salobras e salinas. Como primeiro circuito de vácuo, tem-se o mostrado na Fig. 8.3, em que está representada uma bomba mecânica de palhetas que pode ser tanto de estágio simples (também chamada de um estágio) como de estágio duplo (também chamada de dois estágios).

A Fig. 8.3 mostra também a câmara de vácuo com sensores (medidores) de vácuo e temperatura. Há a conexão da linha de bombeamento com válvulas, fole metálico (trecho de tubulação flexível em metal), anteparo resfriado para reter o vapor de água do processo de destilação com o filtro de exaustão. Cabe mencionar que a bomba mecânica de palhetas, ao exaurir os gases e vapores por ela bombeados, exaure também vapor de óleo (a bomba precisa de óleo de lubrificação para seu funcionamento).

Na Fig. 8.4 é apresentado o esquema de um circuito de vácuo usando bomba de anel líquido, a qual opera com água em seu interior. Essa bomba, muito robusta e de fácil operação e manutenção, é o equipamento de vácuo mais utilizado nos processos de secagem em plantas industriais, como nas áreas farmacêutica e petroquímica. Para possíveis plantas de dessalinização de águas de grande porte, as bombas de vácuo do tipo anel líquido são fortes candidatas a serem consideradas. Aspectos referentes à troca de calor na entrada e na saída dessa bomba devem ser levados em conta nos circuitos de vácuo.

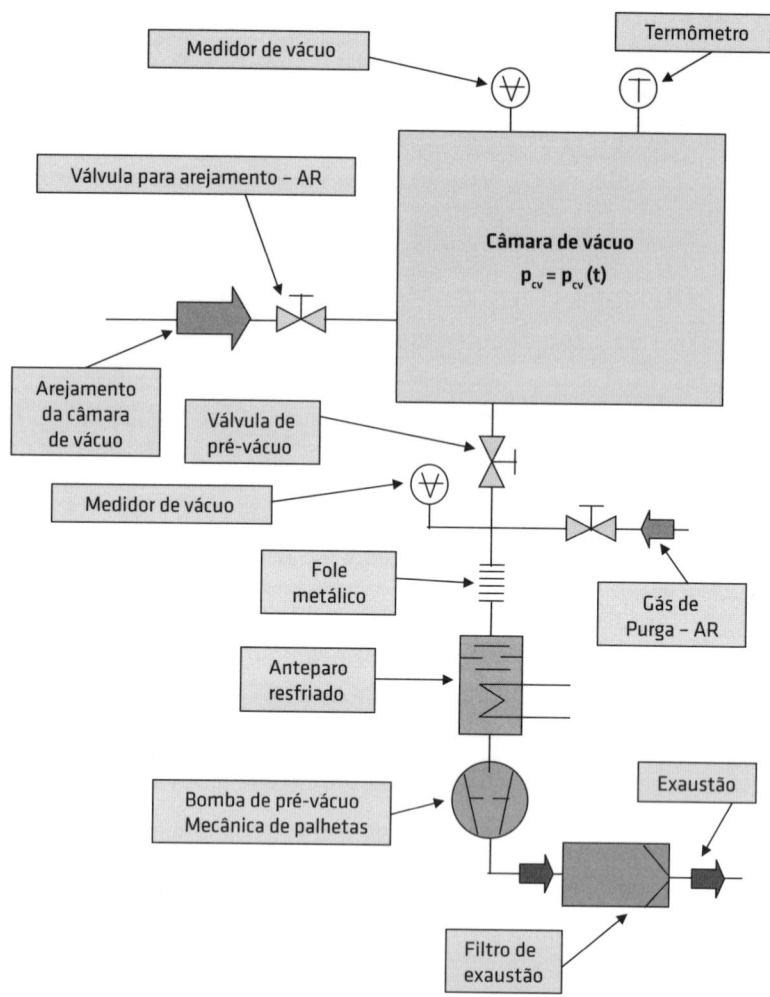

FIG. 8.3 *Esquema de circuito de vácuo com bomba mecânica de palhetas*

Na Fig. 8.5 é mostrado o esquema de um circuito de vácuo usando bomba *roots*, que está sendo bombeada por uma bomba de anel líquido. A bomba de vácuo *roots* é indicada para bombear grandes quantidades de gases e vapores e é muito utilizada em plantas industriais. Trata-se de uma bomba de vácuo que não tem intervenção de óleo junto à linha de bombeamento de gás, sendo chamada de bomba de vácuo seca. É muito usada em processos de secagem, liofilização e remoção de líquidos em geral, vibra bastante e produz muito barulho.

Para experiências em laboratório, os circuitos de vácuo apresentados nas Figs. 8.2 e 8.3 são suficientes para a obtenção do vácuo necessário à realização da destilação assistida a vácuo.

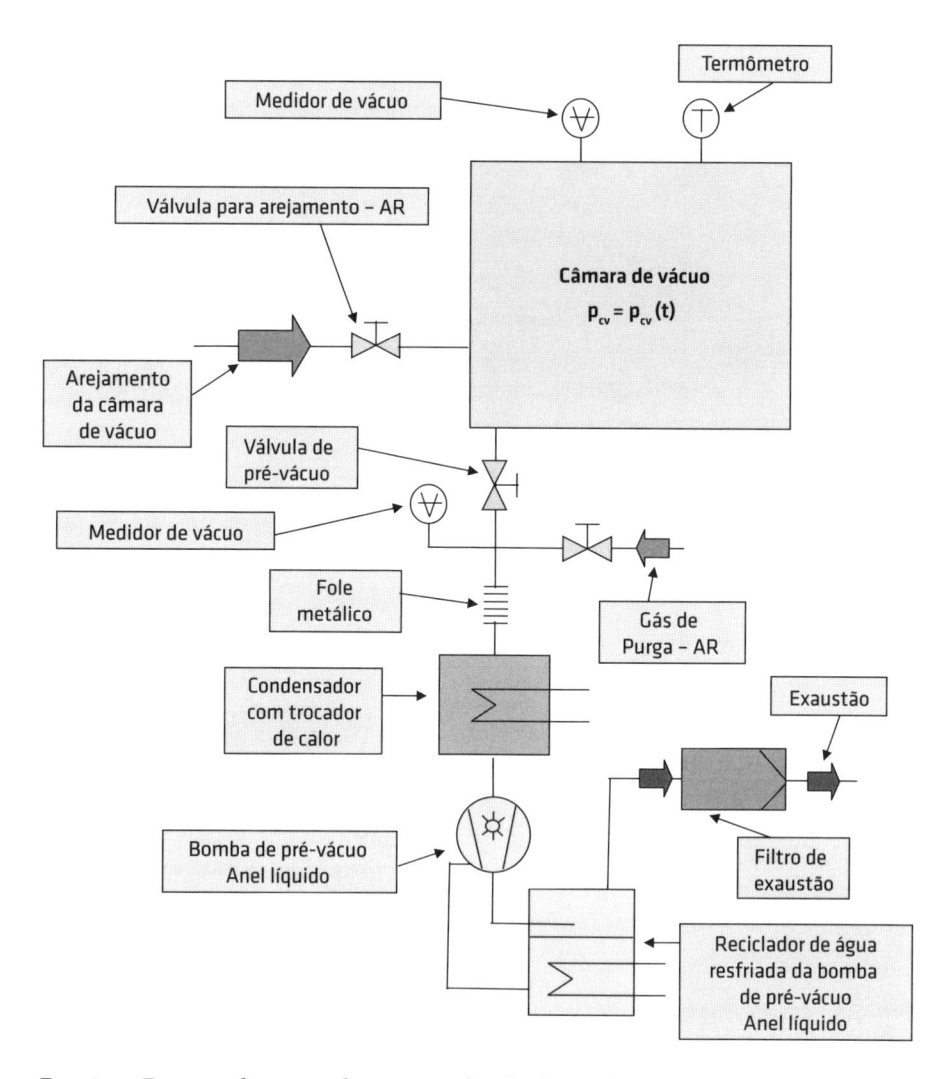

FIG. 8.4 *Esquema de circuito de vácuo com bomba de anel líquido*

8.7 BOMBAS, MEDIDORES DE VÁCUO E COMPONENTES AUXILIARES

Será apresentado, de forma sucinta, o princípio de funcionamento da instrumentação dos circuitos de vácuo apontados, as bombas e os medidores de vácuo e os acessórios.

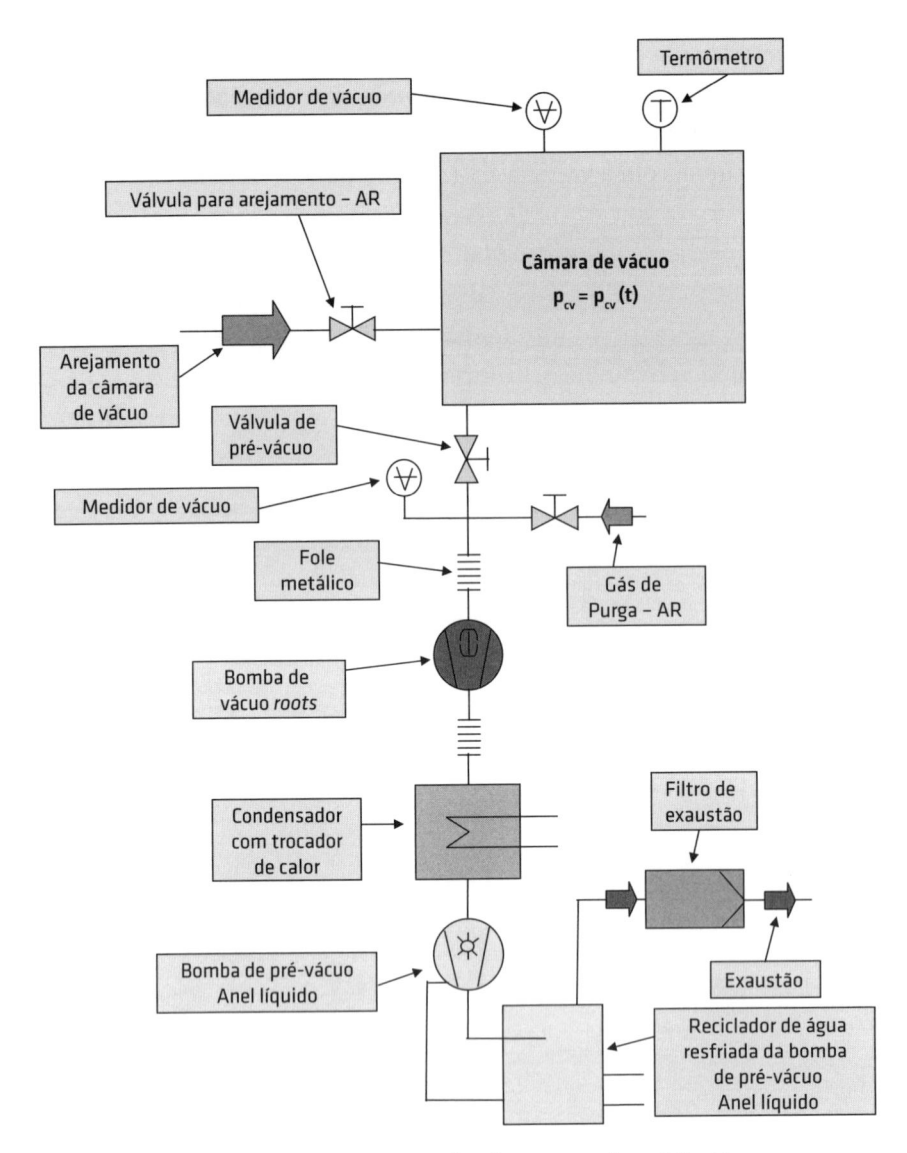

FIG. 8.5 *Esquema de circuito de vácuo com bombas* roots *e de anel líquido*

8.7.1 Bomba mecânica de palhetas

É um dos tipos de bomba de vácuo mais importantes que existem e está entre os mais utilizados. O princípio de funcionamento é bastante simples, sendo o mesmo daquele da bomba de vácuo baseada em um pistão movimentando-se em um êmbolo. A Fig. 8.6 mostra a câmara de vácuo conectada à bomba de vácuo de êmbolo por meio da válvula à esquerda, sendo a saída (exaustão) da bomba de vácuo conectada à atmosfera por meio da válvula à direita. São mostradas as três etapas de bombeamento, podendo--se chamar a primeira de admissão, a segunda de isolamento e a terceira de exaustão. Na etapa de admissão, o êmbolo está inicialmente posicionado no início de seu curso, com a válvula V1 (à esquerda) e a válvula V2 (à direita) fechadas e a câmara de vácuo à pressão atmosférica, sendo então a válvula V1 mantida aberta, e a V2, fechada, e faz-se excursionar o êmbolo até o limite de seu curso. Ao se fechar a válvula V1, tem-se a etapa de isolamento. Com a válvula V1 mantida fechada, abre-se a válvula V2. Em seguida, o pistão é excursionado até o seu início de curso, exaurindo o gás para a atmosfera, sendo esta a etapa de exaustão. Pode-se repetir esse procedimento várias vezes e, com isso, remover parte do gás da câmara de vácuo e assim baixar a pressão no ambiente desejado.

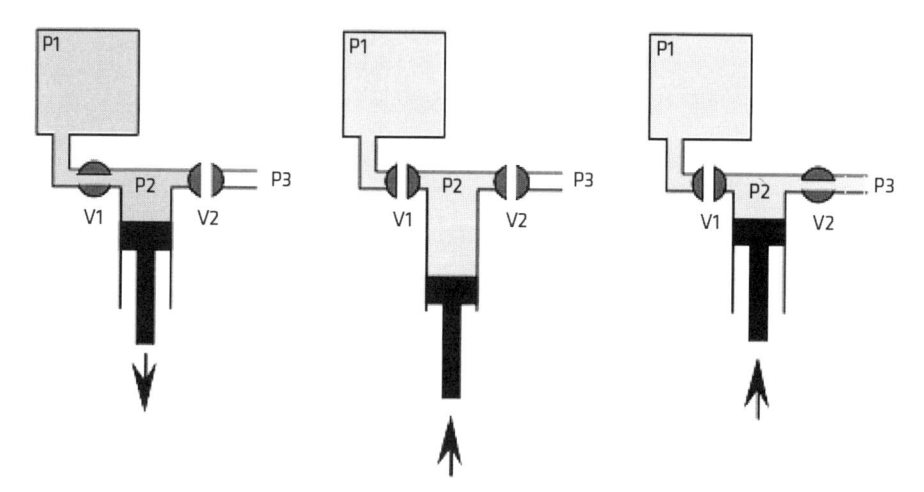

FIG. 8.6 *Esquema de bomba de vácuo com êmbolo*

Pode-se concluir que a rapidez com que se pode fazer vácuo na câmara de vácuo é dependente do volume disponível do êmbolo e do número de vezes por unidade de tempo que é realizado o ciclo de movimentação do êmbolo. É fácil perceber que a bomba de vácuo não está "sugando" o gás. Este é que precisa chegar até a bomba de vácuo (região do êmbolo) para ser bombeado. Isso é possível devido à grande mobilidade que os gases e vapores têm. O que foi dito não é um jogo de palavras. Deve ficar claro que é uma descrição física do processo de bombeamento para esse tipo de bomba de vácuo, mas que guarda a essência do fenômeno de transporte dos gases e vapores ao longo da tubulação que liga a câmara de vácuo à bomba de vácuo, independentemente do princípio de funcionamento dessa bomba. Não deve ser perdido de vista que o gás é que deve atingir a bomba de vácuo, pois a bomba não "suga" ou "chupa" o gás.

Vê-se que o aumento do volume na câmara da bomba de vácuo faz com que os gases possam ocupar esse volume. Assim, tem-se a possibilidade de diminuir a pressão na câmara de vácuo. Deve-se ter sempre em mente o aspecto essencial de que é o gás que deve chegar até a bomba de vácuo.

A bomba mecânica de palhetas é mostrada esquematicamente na Fig. 8.7, em que é possível identificar as suas partes mais importantes. Pode-se perceber que há um rotor que gira excentricamente ao seu estator.

Na Fig. 8.8, pode-se analisar o princípio de funcionamento da bomba mecânica de palhetas. Na etapa de admissão, o gás chega à bomba de vácuo e ocupa a região pintada em cinza com setas. Na etapa de isolação, ele é mantido confinado entre as duas palhetas da bomba mecânica. Na etapa de compressão, inicia o processo de aumento de pressão devido à compressão e, finalmente, na etapa de exaustão, é exaurido para a atmosfera.

Pode-se ver mais uma vez o papel da teoria sobre o comportamento dos gases no entendimento básico da bomba de vácuo em estudo. O óleo na bomba mecânica de palhetas tem quatro funções:

- lubrificação;
- vedação;
- troca de calor;
- proteção contra corrosão.

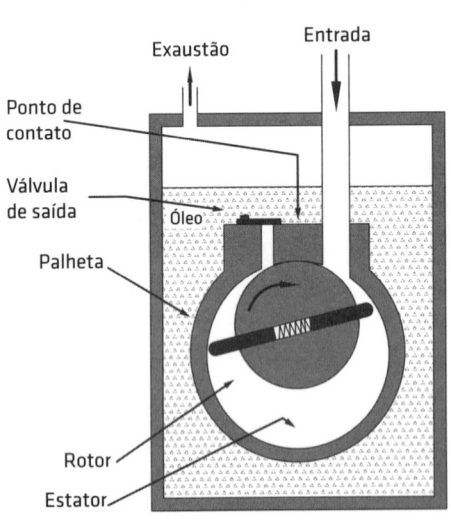

FIG. 8.7 *Esquema de bomba de vácuo mecânica de palhetas*

Pela experiência acumulada e pela informação disponível, é possível dizer que praticamente 90% dos problemas que ocorrem com a bomba mecânica de palhetas têm origem na perda de qualidade do óleo de lubrificação. Dessa forma, cuidados especiais nesse sentido devem ser previstos, considerando que o processo de destilação apresenta inerentemente uma grande quantidade de vapor de água que pode, caso atinja a bomba de vácuo, vir a danificá-la. Filtros de retenção devem ser providenciados.

8.7.2 Bomba de anel líquido

O princípio de funcionamento da bomba de anel líquido (Fig. 8.9) é essencialmente o mesmo daquele da bomba mecânica de palhetas, característica que se observa em todas as bombas de vácuo baseadas na compressão dos gases.

O anel líquido que se estabelece decorre da rotação do rotor da bomba de vácuo, que faz com que o líquido seja posto em movimento e, assim, seja centrifugado. Na Fig. 8.9, vê-se uma abertura para a entrada dos gases, que ficarão confinados entre as pás do rotor e serão comprimidos até serem expulsos para a atmosfera.

Para diminuir a pressão final da bomba de anel líquido, pode-se utilizar água gelada. Em geral, a água utilizada é colocada em circuito fechado, caso contrário seu consumo seria muito alto. Essa bomba de vácuo é usada para bombear sistemas de vácuo em processos sujos.

A bomba de anel líquido funciona com água, de modo que o fator que limita a pressão final é a pressão de vapor da água, ao redor de 20 mbar à temperatura ambiente. Em geral, esse tipo de bomba de vácuo é construído para grandes velocidades de bombe-

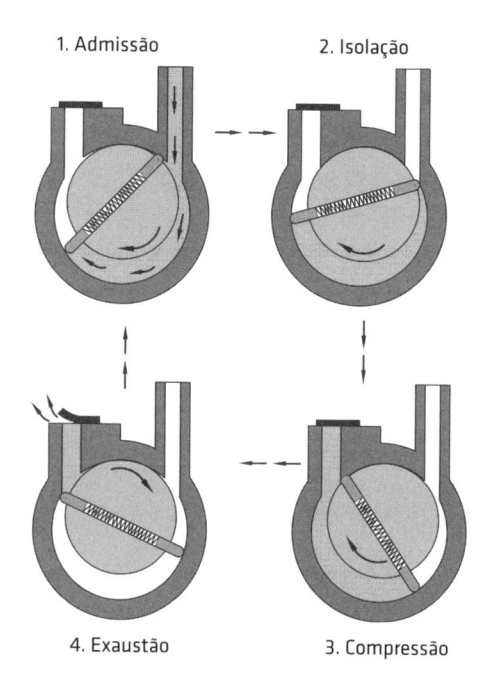

FIG. 8.8 *Etapas de funcionamento da bomba mecânica de palhetas*

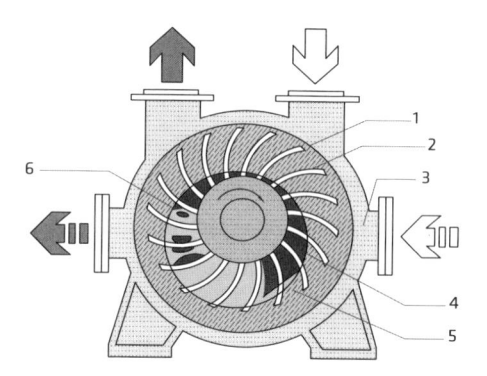

FIG. 8.9 *Bomba de anel líquido com as suas partes principais: (1) rotor; (2) borda externa de uma das aletas do rotor; (3) carcaça da bomba de anel líquido; (4) tomada de gás a ser bombeado (ligação da entrada da bomba de vácuo até a câmara de compressão de gás); (5) anel líquido (conseguido devido à rotação do rotor); (6) saída do gás comprimido*

amento e muito utilizado na indústria química, devendo ser considerado como forte candidato para possíveis plantas de destilação a vácuo no processo de dessalinização de águas salinas e salobras de grande porte.

8.7.3 Bomba *roots*

A bomba de vácuo do tipo *roots* é mostrada esquematicamente na Fig. 8.10, em que se pode identificar as suas partes mais importantes: o flange de entrada dos gases (1), os rotores que giram em sentidos opostos (2), o espaço interno que o gás sendo bombeado percorre (3), o flange de saída dos gases bombeados (4) e a carcaça da bomba *roots* (5).

Os rotores giram em sentidos opostos e são desenhados de forma a sempre estar a uma distância de aproximadamente 0,3 mm entre si e o estator. Como não há contato entre as partes, não há necessidade de lubrificá-las. Existe lubrificação na caixa de engrenagens para fazer o sincronismo entre os rotores, e essa lubrificação não participa do processo de bombeamento. Dessa forma, a bomba *roots* pode ser considerada uma bomba de vácuo seca.

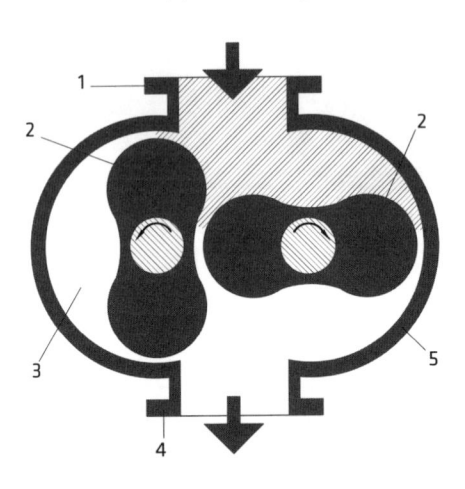

FIG. 8.10 *Bomba* roots *com as suas partes principais*

A pressão final que pode atingir uma bomba *roots* é da ordem de 10^{-4} mbar e depende do tipo e da capacidade da bomba de pré-vácuo colocada na saída da bomba *roots*. Essa bomba de pré-vácuo que sempre está disposta na exaustão da bomba *roots* pode ser uma bomba mecânica de palhetas ou uma de anel líquido. A montagem do arranjo de bombeamento levando em conta a bomba de vácuo *roots* é uma das melhores alternativas existentes em pré-vácuo, principalmente considerando sistemas de vácuo industriais.

8.7.4 Medidor de vácuo e componentes auxiliares

Os sistemas de vácuo operam em regiões de pressão dependendo do processo a ser realizado. Cabe às bombas de vácuo especificadas a tarefa de remover os gases e vapores para a pressão de trabalho ser atingida. Nesse sentido, é de incumbência dos medidores de pressão determinar qual o valor de pressão no sistema de vácuo. Da mesma forma que ocorre com as bombas de vácuo, há vários tipos de medidores de vácuo, que também são chamados de manômetros, sensores de vácuo ou vacuômetros e estão divididos em duas classes distintas: os sensores diretos (ou absolutos) e os indiretos. Os sensores diretos determinam a pressão por meio de sua definição mecânica, isto é, a intensidade da força normal que atua em uma superfície dividida pela área dessa superfície, e a medição da pressão, nesse caso, independe do tipo de gás. Os sensores indiretos determinam a pressão (na verdade, a densidade do gás) por meio de alguma grandeza física que dependa dela, por exemplo, a condutividade térmica ou elétrica dos gases. Nesse caso, a medição da pressão depende do tipo de gás que está no sistema de vácuo, sendo necessária, portanto, calibração para cada tipo de gás ou para determinada mistura gasosa.

Para a medição de pressão na destilação a vácuo, os sensores recomendados são os diretos, uma vez que há vapor de água em excesso. Ao considerar arranjos experimentais pequenos em estágio de iniciação à área, as colunas de mercúrio podem ser uma alternativa segura e barata. Deve-se ter em mente a necessidade de procedimentos de segurança ao manipular o mercúrio.

É possível proceder da seguinte forma: realiza-se o vácuo somente com a coluna de mercúrio sendo bombeada, além, certamente, da tubulação pertinente; dessa maneira, pode-se determinar a pressão final, isto é, a menor pressão que pode atingir a bomba de vácuo. Observe-se que a coluna de mercúrio pode medir o mínimo de pressão em torno de 1 torr, que é 1 mmHg. A bomba mecânica de palhetas de simples estágio pode atingir a pressão final de 10^{-1} torr. Para o trabalho de destilação a vácuo, como a pressão de vapor da água em temperatura ambiente é de 16 torr, aproximadamente, é possível realizar o trabalho com a coluna de mercúrio.

Para trabalhos envolvendo a dessalinização de águas salobras e salinas com a aplicação do vácuo em um estágio mais aprofundado, vale a pena considerar manômetros diretos do tipo Bourdon e, mais ainda, manômetros do tipo de membrana capacitiva, que apresentam incertezas da ordem de 0,1% do valor medido e são muito confiáveis. Estes últimos sensores são caros e precisam ser operados com cuidado, uma vez que sua parte mecânica é delicada.

Como mostrado nas figuras que envolvem circuitos de vácuo, a instalação dos sensores de vácuo deve ser realizada preferencialmente na região em que é efetuado o processo em vácuo. Se não for possível fazer a instalação da forma ideal, deve-se considerar a posição mais próxima possível da região de realização do processo. E mais, a instalação do sensor de vácuo próximo ou junto à bomba de vácuo pode dar um valor bastante diferente do valor de pressão junto à câmara de vácuo. Isso ocorre porque a linha de bombeamento introduz uma dificuldade no escoamento dos gases e vapores, o que também acarreta diferentes valores de pressão ao longo do sistema de vácuo como um todo. Os medidores devem permanecer em local limpo no sistema de vácuo. No caso de se trabalhar com ambiente rico em vapor de água, o manual do sensor de vácuo deverá ser consultado.

Os medidores de vácuo devem ser limpos com álcool isopropílico e, no caso do manômetro de membrana capacitivo, jamais deverá haver intervenção mecânica em seu interior. Como já afirmado anteriormente, o bombeamento de vapores é um capítulo à parte na tecnologia do vácuo no que diz respeito às bombas de vácuo utilizadas, aos medidores adotados e ainda à própria linha de bombeamento. Observe-se que o vapor gerado devido à destilação condensará nas partes frias do sistema de vácuo, no caso, preferencialmente na linha de bombeamento, podendo inclusive causar o seu entupimento.

Verificações periódicas são desejáveis e até necessárias em todo o sistema de vácuo, inclusive na bomba de vácuo. Por exemplo, utilizando-se a bomba mecânica de palhetas, com o bombeamento sendo efetuado estando a atmosfera rica em vapor de água, verifica-se que o óleo de lubrificação da bomba de vácuo se torna esbranquiçado. Nesse caso, deve ser utilizada a válvula de lastro, presente na maior parte das bombas mecânicas de palhetas comercializadas. O mais indicado, conforme foi mostrado nos circuitos de vácuo apresentados, é a instalação de filtros ou condensadores localizados antes da bomba de vácuo.

Outro ponto importante referente aos sistemas de vácuo são os chamados componentes auxiliares ou acessórios. Não se pode perder de vista que todos os componentes que compõem o sistema de vácuo precisam ter um mínimo de qualidade, a qual é imposta em geral pela pressão final que deverá atingir o sistema de vácuo. Há também que se levar em conta aspectos adicionais no caso da destilação a vácuo com aplicação de calor, por exemplo, que a temperatura atingirá valores que poderão comprometer partes do sistema de vácuo. Nesse sentido, o arranjo experimental, ao ser colocado em funcionamento pela primeira vez, deve ser feito de maneira controlada e observando-se atentamente a evolução da pressão em conjunto com a temperatura.

A destilação é um processo de remoção de água com a intervenção de calor, assim, a temperatura do meio cuja água será removida deverá aumentar. Aspectos referentes à termodinâmica e ao comportamento das fases da água devem ser rigorosamente estudados. Deve-se ressaltar que a evaporação é um processo de perda de energia do sistema termodinâmico, e, nesse caso, o estado energético do sistema deve ser considerado para continuar ocorrendo a evaporação de forma eficiente. Por isso, o binômio vácuo-temperatura é empregado.

Como boa prática de trabalho, pode-se propor, após a montagem do circuito de vácuo, a medição da pressão final que atinge o sistema de vácuo, além do seu tempo. Além disso, o sistema de vácuo deve ser limpo de gorduras e ser manuseado com luva. Deve-se usar detergente e enxaguá-lo com água, e limpeza final com álcool é desejável. É necessário cuidado especial com relação às vedações. Pequenos vazamentos somados resultarão em um vazamento que pode comprometer a pressão final, e, nesse caso, a pressão aumentará. Os tubos devem ter diâmetros que não resultem na diminuição da quantidade de gás ou vapor removido. Nesse caso, é necessário calcular a condutância da linha de bombeamento. Como procedimento geral e seguro, deve-se utilizar tubos e válvulas, além de outras partes que compõem a linha de bombeamento, com o mesmo diâmetro da entrada da bomba de vácuo utilizada, procurando-se manter a linha de bombeamento com o menor comprimento possível que pode ser montado. Certamente, aspectos referentes à qualidade do sistema de vácuo devem ser sempre considerados, mas de forma alguma a segurança das pessoas e da instrumentação deve ser colocada em segundo plano. Por exemplo, nas operações de abertura e fechamento de válvulas, o esforço necessário não deve provocar danos na linha de bombeamento nem introduzir riscos de aberturas, o que produziria vazamentos.

Como orientação geral, recomenda-se despender algum tempo na preparação e montagem adequadas do sistema de vácuo em vez de precisar a todo momento realizar correções, o que, além de ocasionar perda de tempo, certamente comprometeria a qualidade das medições e dos resultados da experiência.

8.8 Escopo e objetivos da Termodinâmica e da transferência de calor

Um dos três assuntos da Física Clássica, junto da Mecânica Clássica e do Eletromagnetismo, a Termodinâmica teve seu desenvolvimento iniciado em meados do século XVIII e sua estrutura básica concluída em meados do século XIX. Ela nasceu em torno da Revolução Industrial, sendo a máquina a vapor o maior representante tanto dessa revolução como da Termodinâmica. No entanto, essa disciplina é muito mais que a máquina a vapor, e mais, está em pleno desenvolvimento e sendo aplicada cada vez mais a sistemas cada vez mais complexos, e inclusive na Biologia, em torno de sistemas vivos. A Termodinâmica é a área da Física que, mesmo diante das revoluções científicas ocorridas no início do século XX com o advento da teoria da relatividade e da Mecânica Quântica, manteve sua estrutura básica intacta.

O motivo de a Termodinâmica não ter sofrido alterações mesmo diante da teoria da relatividade e da Mecânica Quântica está no fato de ela considerar apenas as grandezas macroscópicas dos sistemas físicos. Essas grandezas, cujas medições são a pressão, a temperatura, a energia e a massa, entre outras, de acesso direto, não têm necessidade de considerar nenhuma hipótese sobre os constituintes básicos da matéria, ou seja, a Termodinâmica não faz nenhuma menção à existência de átomos ou moléculas. Esse fato é, ao mesmo tempo, uma virtude e uma limitação dessa disciplina, pois, se por um lado não há a necessidade de considerar a existência de átomos e moléculas em sua estrutura teórica, por outro ela nada pode dizer sobre o mundo atômico. É também oportuno mencionar que a Termodinâmica é a disciplina da ciência com maior abrangência e extensão de utilização, sendo aplicada na Física, na Química, na Biologia e nos fenômenos ambientais. Seu sucesso é muito grande e não se deve considerá-la uma área que se limita às máquinas térmicas em geral, sejam os motores térmicos, sejam os refrigeradores. Sua aplicação extrapola os sistemas físicos e hoje já atingiu, conforme mencionado anteriormente, a área da Biologia, considerando a célula e outros sistemas biológicos como sistemas termodinâmicos. Neste último caso, há aproximadamente 50 anos foi iniciado o desenvolvimento da Termodinâmica dos Sistemas Dissipativos.

A transferência de calor é um assunto dentro dos chamados fenômenos de transporte, que estão presentes em todos os processos que ocorrem na natureza (físico, químico, biológico e ambiental). No caso da destilação realizada a vácuo, está presente o transporte de massa, devido ao fluxo de vapor de água que deixa a câmara de vácuo e atinge o condensador e a bomba de vácuo, e também o transporte de calor durante o aquecimento da água e seu vapor. O estudo dos fenômenos de transporte deve ser considerado ao construir plantas de dessalinização de águas salobras e salinas, na busca de sistemas eficientes.

8.9 Definições e conceitos básicos da Termodinâmica e da transferência de calor

A Termodinâmica e a transferência de calor são áreas do conhecimento que têm material bibliográfico extenso e de muito boa qualidade. Apresentam-se a seguir algumas definições e conceitos básicos a serem considerados na pesquisa envolvendo a destilação a vácuo. Mais informações podem ser encontradas nos livros indicados na bibliografia específica.

- *Temperatura*: é a grandeza que praticamente define e dá existência à Termodinâmica e à transferência de calor. É uma propriedade dos corpos e, do ponto de vista da teoria cinética da matéria, uma medida da energia cinética média de translação dos átomos e moléculas. Trata-se de uma grandeza escalar, e sua unidade no SI é o kelvin (K).
- *Calor*: essa grandeza, junto com a temperatura, está presente na Termodinâmica e na transferência de calor. Calor é energia em trânsito. É errado dizer que um corpo tem calor; ele tem energia. Calor é a energia que deixa um corpo devido exclusivamente à diferença de temperatura. Para haver fluxo de calor, necessariamente deve haver diferença de temperatura. O sentido do fluxo de calor é da temperatura maior para a menor. De forma alguma se pode confundir temperatura e calor, pois, apesar de essas grandezas estarem intimamente ligadas, são completamente diferentes. A unidade de calor no SI é o joule (J), sendo a unidade caloria (cal) ainda intensamente utilizada (1 cal equivale a 4,18 joule).
- *Calor específico*: é a quantidade de energia necessária para fazer com que uma determinada quantidade de massa de um material sofra uma mudança de temperatura. Rigorosamente falando, o calor específico depende da temperatura. Na maior parte dos casos, para um dado estado da matéria, o calor específico pode ser tomado como constante. É possível expressar a quantidade de matéria por meio da massa ou do número de moles. Nesse caso, o calor específico deve ser especificado conforme é especificada a forma de quantificar a matéria.
- *Estados da matéria*: na natureza, a matéria pode se apresentar nos estados sólido, líquido e gasoso. No estado sólido, a forma e o volume estão bem definidos, sendo tomados constantes se desconsiderados os efeitos da dilatação. No estado líquido, o volume é bem definido e a forma é dada pelo recipiente que contém a matéria, e mesmo diante

de variações enormes de pressão o volume varia muito pouco. Diz-se que o líquido é um fluido incompressível. No estado gasoso, tanto o volume como a forma são dados pelo recipiente que contém a matéria. O gás ou vapor é altamente compressível. Do ponto de vista da estrutura atômica, o estado de agregação da matéria é determinado pela relação entre a energia cinética dos átomos e moléculas e a energia potencial desses mesmos átomos e moléculas e suas interações mútuas.

- *Pressão de vapor*: é a pressão em que o vapor está em equilíbrio com a fase líquida, sendo o vapor saturado normalmente mencionado. Tanto a fase líquida como a fase de vapor são do mesmo material. A pressão de vapor é fortemente dependente da temperatura.
- *Transferência de calor*: o calor pode ser transmitido por meio de três formas básicas – condução, convecção (natural e forçada) e radiação.

8.10 Pesquisa: destilação térmica com utilização de vácuo

Nesta seção serão apresentados a metodologia, os principais resultados dos ensaios realizados e as principais conclusões de uma pesquisa feita em laboratório pelo GEP sobre dessalinização de água por meio de destilação térmica com utilização de vácuo. O principal objetivo era verificar os eventuais benefícios da introdução do vácuo no processo de destilação térmica.

Essa pesquisa foi realizada de 2011 a 2013. Montado um protótipo inicial, este foi sendo aperfeiçoado a cada ano e também a metodologia foi sendo aprimorada a cada protótipo, visando eliminar os eventuais problemas surgidos e melhorar a *performance* do conjunto em função dos equipamentos disponíveis em cada etapa do projeto. Esse protótipo, cujo esquema básico é apresentado na Fig. 8.2, é composto de um equipamento usado para incrementar a temperatura da água colocada num balão de vidro (manta de aquecimento). Esse balão foi interligado a um sistema de arrefecimento que, por sua vez, foi interligado a um recipiente (kitassato) utilizado para receber o líquido destilado. Foi instalada uma bomba de vácuo ligada ao kitassato e, antecedendo a bomba, um filtro para evitar que os vapores chegassem até ela.

Na Fig. 8.11 é apresentado o protótipo utilizado em 2013. Como dito, essa é a montagem final resultante de várias melhorias das versões anteriores. Nesse caso, durante cada ensaio a temperatura foi medida por meio de três termopares colocados em diferentes pontos:

- *T1*: ponto de medida de temperatura situado dentro do balão que contém a água bruta em processo de aquecimento. Esse líquido, ao final de cada ensaio, foi chamado de condensado por apresentar salinidade bem maior do que a da água bruta.
- *T2*: ponto de medida de temperatura situado na parte superior do balão que contém a água bruta em processo de aquecimento. Na verdade, esse termopar mede a temperatura do vapor que passa em direção ao sistema de arrefecimento.
- *T3*: ponto de medida de temperatura situado dentro do kitassato que recebe o destilado.

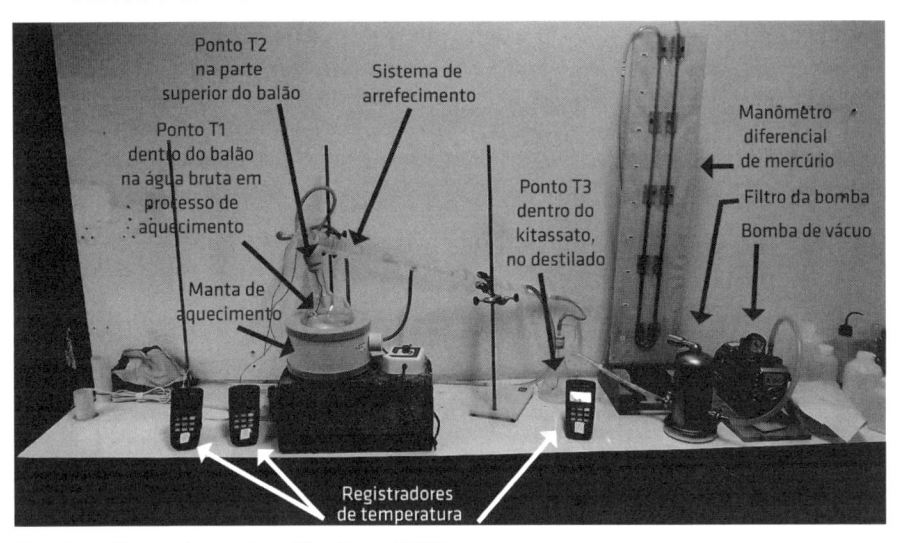

FIG. 8.11 *Banco de ensaio utilizado em 2013*

A pressão foi medida no manômetro instalado na bomba, podendo ser aferida pelo manômetro de coluna de mercúrio. Os ensaios realizados com esse protótipo foram feitos em dias e horários diferentes, de modo que a fixação da temperatura inicial em 30 °C teve por objetivo evitar a influência da variação da temperatura ambiente nos ensaios. O tempo de cada ensaio foi fixado em 30 minutos contados a partir do momento em que a temperatura no *ponto T1* (dentro do líquido em processo de aquecimento) atingisse 30 °C.

Os ensaios foram feitos em triplicata, sempre mantendo a mesma pressão no kitassato durante cada ensaio. Com a ajuda da bomba de vácuo, foram feitos ensaios com as seguintes pressões: 700 mmHg (valor estimado para a pressão atmosférica local), 600 mmHg, 500 mmHg, 400 mmHg, 300 mmHg, 200 mmHg, 100 mmHg e 80 mmHg. Foi medido o tempo até que a água atingisse 30 °C no balão em cada ensaio, assim como alguns parâmetros de controle: temperatura inicial e final, volume inicial e final, pH, turbidez e condutividade tanto da água bruta quanto do condensado e do destilado.

Na Tab. 8.1 é apresentado um resumo dos parâmetros de controle obtidos pela média de cada um dos três ensaios realizados em 2013 com as pressões efetivas descritas anteriormente. Essa tabela, além de possibilitar uma visão comparativa dos resultados obtidos, fornece subsídios para o estudo das correlações entre algumas das variáveis envolvidas.

TAB. 8.1 Parâmetros de controle: pressões efetivas de 700 mmHg a 80 mmHg

Resultados gerais	Pressões efetivas aplicadas (mmHg)								
	700	600	500	400	300	200	100	80	Média
Tempo de destilação após 30° C (minutos)	30	30	30	30	30	30	30	30	NTS
Tempo para atingir 30° C (minutos)	2,2	2,4	1,7	2,7	2,0	2,5	2,2	2,2	NTS
Tempo para início de ebulição (minutos)	12,3	12,0	11,7	9,7	8,3	6,5	5,0	4,0	NTS
Tempo total destilação (minutos)	32,2	32,4	31,7	32,7	32,0	32,6	32,2	32,2	NTS
T1 = Temperatura final do concentrado (° C)*	99,7	96,6	91,1	83,8	77,7	69,7	58,4	54,7	NTS
T2 = Temperatura final do ar no topo do balão (° C)*	96,6	90,5	83,5	76,1	68,9	60,3	48,1	41,0	NTS
T3 = Temperatura final do destilado (° C)*	21,0	20,1	22,3	22,2	22,1	21,9	28,1	22,8	23
Água bruta									
Temperatura inicial (° C)	19,2	18,8	20,5	19,1	18,4	17,9	17,4	18,8	NTS
Volume inicial da amostra (mL)	500	500	500	500	500	500	500	500	500

TAB. 8.1 Parâmetros de controle: pressões efetivas de 700 mmHg a 80 mmHg
(continuação)

Resultados gerais	Pressões efetivas aplicadas (mmHg)								
	700	600	500	400	300	200	100	80	Média
pH	7,6	7,8	6,5	5,3	4,8	7,2	6,2	7,0	6,6
Turbidez (UNT)	2,9	5,6	6,3	7,4	7,1	5,3	0,9	2,3	4,7
Condutividade (microssiemens/ cm)	62.200	61.233	49.300	54.400	56.833	58.933	64.567	64.467	58.992
Concentrado									
Volume final do concentrado (mL)	385	387	383	370	355	352	342	318	NTS
pH	6,8	8,6	7,6	7,2	6,8	8,1	7,3	7,6	7,5
Turbidez (UNT)	1,4	5,4	3,4	4,0	3,7	3,3	0,8	2,9	3,1
Condutividade (microssiemens/ cm)	90.967	93.533	61.833	84.100	70.367	84.333	88.500	95.200	83.604
Destilado									
Volume final do destilado (mL)	120,0	117,5	138,3	125,2	153,3	150,0	153,3	160,0	NTS
pH	8,6	11,8	7,4	5,9	6,6	11,5	10,5	10,7	9,1
Turbidez (UNT)	0,5	0,5	1,6	1,5	0,8	0,8	0,9	0,8	0,9
Condutividade (microssiemens/ cm)	541	472	182	134	122	283	352	5.339	928,2

NTS = Nos casos assinalados a média não tem sentido, pois são dados comparativos em função da pressão aplicada.

*As temperaturas finais foram consideradas as médias entre as três últimas leituras (aos 20, 25 e 30 minutos).

Deve-se ressaltar que nessa fase da pesquisa não foi possível utilizar a mesma amostra de água bruta em todos os ensaios. Havia estoque suficiente de água para todos os testes, porém alguns problemas com a manta de aquecimento levaram ao descarte de alguns resultados iniciais, que haviam consumido muita água. Dessa forma, a amostra de água bruta utilizada em 2011 e 2012, coletada na Praia de Pernambuco, no Guarujá (SP), só pôde ser usada no primeiro, segundo e terceiro ensaios feitos com pressões de 500 mmHg, 400 mmHg e 300 mmHg, além do primeiro ensaio com pressão de 200 mmHg. Os demais ensaios foram feitos com água coletada na Praia de Capricórnio, em Caraguatatuba (SP). Esse fato, de certa forma, permitiu a comparação de alguns parâmetros, principalmente com relação à condutividade da água bruta, e levou à constatação de que a condutividade da água coletada em Caraguatatuba era bem maior do que a da água coletada no Guarujá.

Na Tab. 8.1 pode-se observar e comentar que:

- os números apresentados foram calculados com base na média aritmética de três ensaios feitos com cada uma das pressões efetivas anteriormente discriminadas;
- a *temperatura inicial da água bruta* (temperatura ambiente) variou de 17,4 °C a 20,5 °C;
- o *tempo para atingir a temperatura de 30 °C* (temperatura basal para início de contagem do tempo e medição das temperaturas) variou de 1,7 a 2,7 minutos;
- o *tempo para início de ebulição*, contado sempre a partir da temperatura de 30 °C, variou de 4,0 minutos, para pressão efetiva de 80 mmHg, a 12,3 minutos, para pressão atmosférica de 700 mmHg;
- a *temperatura final do concentrado* variou de 54,7 °C, para pressão efetiva de 80 mmHg, a 99,7 °C, para pressão atmosférica de 700 mmHg;
- a *temperatura final do ar na parte superior do balão* variou de 41,0 °C, para pressão efetiva de 80 mmHg, a 96,0 °C, para pressão atmosférica de 700 mmHg;
- o *volume final do concentrado* após 30 minutos contados a partir da temperatura de 30 °C variou de 318 mL, para pressão efetiva de 80 mmHg, a 385 mL, para pressão atmosférica de 700 mmHg;
- o *volume final do destilado* após 30 minutos contados a partir da temperatura de 30 °C variou de 120 mL, para pressão atmosférica de 700 mmHg, a 160 mL, para pressão efetiva de 80 mmHg; esse resultado demonstra que o vácuo no sistema permitiu um ganho médio de produção de destilado de 40 mL;
- o *valor do pH da água bruta* variou de 4,8 a 7,8, com média de 6,6;
- o *valor do pH do destilado* variou bastante, de 5,9 a 11,8, com média de 9,1;
- o *valor do pH do concentrado* variou de 6,8 a 8,6, com média de 7,5;
- o *valor da turbidez da água bruta* variou de 0,9 UNT a 7,4 UNT, com média de 4,7 UNT;
- o *valor da turbidez do destilado* variou de 0,5 UNT a 1,5 UNT, com média de 0,9 UNT;
- o *valor da turbidez do concentrado* variou de 0,8 UNT a 5,4 UNT, com média de 3,1 UNT;

- o *valor da condutividade da água bruta* variou de 49.300 µS/cm a 64.567 µS/cm, com média de 58.992 µS/cm, desconsiderando a diferença de amostras já comentada.

Assim, as médias dos parâmetros apresentados na Tab. 8.1 para a água bruta não têm muito sentido, uma vez que as amostras não foram coletadas no mesmo local (ver Tab. 8.2, em que esses dados estão apresentados separadamente).

TAB. 8.2 Condutividade em função da pressão efetiva aplicada

Pressões efetivas (mmHg)	Água bruta		Concentrado		Destilado	
	Amostras coletadas em		Amostras coletadas em		Amostras coletadas em	
	Caraguatatuba	Guarujá	Caraguatatuba	Guarujá	Caraguatatuba	Guarujá
700	64.500		86.300		727	
	63.700		91.000		455	
	58.400		95.600		440	
600	60.700		102.300		610	
	64.200		86.700		362	
	58.800		91.600		444	
500		49.200		61.600		55
		49.100		62.100		415
		49.600		61.800		77
400		50.100		?		264
		49.600		?		12
		63.500		84.100		126
300		54.200		75.500		258
		55.700		66.500		24
		60.600		69.100		83
200		53.800		86.500		270
	65.000		73.000		280	
	58.000		93.500		300	
100	60.100		97.100		567	
	75.800		81.100		153	
	57.800		87.300		337	
80	64.400		98.900		713	
	66.400		100.300		(1716)	
	62.600		86.400		(13590)	
Média	62.886	53.540	90.793	70.900	449	158
Desvio padrão	4.724	5.117	8.031	10.058	177	135
Valor mínimo	57.800	49.100	73.000	61.600	153	12
Valor máximo	75.800	63.500	102.300	86.500	727	415

Obs.: Os valores entre parênteses não foram considerados na estatística, face à ocorrência de sucção direta

Analisando a Tab. 8.2, se considerados os valores obtidos com a amostra coletada no Guarujá, verificou-se, para a água bruta, uma condutividade média de 53.540 µS/cm, com desvio padrão de 5.117 µS/cm, com valor mínimo de 49.100 µS/cm e valor máximo e atípico de 63.500 µS/cm; para o concentrado, um valor de condutividade médio de 70.900 µS/cm, com desvio padrão de 10.058 µS/cm, com valor mínimo de 61.600 µS/cm e máximo de 86.500 µS/cm; e para o destilado, uma condutividade média de 158 µS/cm, com desvio padrão de 135 µS/cm, com valor mínimo de 12 µS/cm e máximo de 415 µS/cm.

Com relação ao destilado, verificou-se uma remoção média de condutividade por efeito da destilação em relação à água bruta de 99,7%, podendo ser classificada como água doce. No que se refere ao concentrado, verificou-se um percentual médio de concentração em relação à água bruta de 32,4%.

Ainda com base na Tab. 8.2, se considerados os valores obtidos com a amostra coletada em Caraguatatuba, verificou-se, para a água bruta, uma condutividade média de 62.886 µS/cm, com desvio padrão de 4.724 µS/cm, com valor mínimo de 57.800 µS/cm e valor máximo e atípico de 75.800 µS/cm; para o concentrado, um valor de condutividade médio de 90.793 µS/cm, com desvio padrão de 8.031 µS/cm, com valor mínimo de 73.000 µS/cm e máximo de 102.300 µS/cm; e para o destilado, uma condutividade média de 449 µS/cm (desconsiderando os dois valores obtidos nos ensaios com pressão de 80 mmHg, nos quais se desconfia que tenha havido sucção direta), com desvio padrão de 177 µS/cm, com valor mínimo de 153 µS/cm e máximo de 727 µS/cm.

Com relação ao destilado, verifica-se uma remoção média de condutividade por efeito da destilação em relação à água bruta de 99,3%, podendo ser classificada como água doce. No que tange ao concentrado, verifica-se um percentual médio de concentração em relação à água bruta de 44,4%.

8.10.1 Correlações entre os parâmetros de controle medidos em 2013

Na Fig. 8.12 apresenta-se a correlação entre as pressões efetivas aplicadas e a média de três ensaios para o tempo de início de ebulição. Ressalte-se que em 2013 a medida desse tempo foi sempre feita a partir da temperatura de 30 °C. Como se pode observar na tabela auxiliar acima do gráfico, o tempo médio para início de ebulição variou de 4,0 minutos, para pressão de 80 mmHg, a 12,3 minutos, para pressão atmosférica de 700 mmHg. Houve uma excelente correlação ($R^2 = 0{,}988$), o que mostra a efetividade da aplicação de vácuo na diminuição do tempo de início de ebulição.

P_{EA} = Pressão efetiva aplicada (mmHg)	700	600	500	400	300	200	100	80
T_{IE} = Tempo para início da ebulição	12,3	12,0	11,7	9,7	8,3	6,5	5,0	4,0

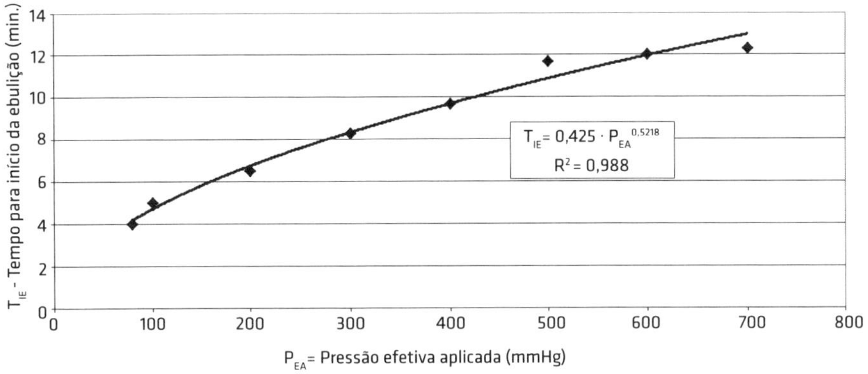

$$T_{IE} = 0{,}425 \cdot P_{EA}^{0{,}5218}$$
$$R^2 = 0{,}988$$

FIG. 8.12 *Correlação entre a pressão efetiva aplicada e o tempo de início da ebulição*

Na Fig. 8.13 apresentam-se três curvas, todas em função da pressão efetiva aplicada. Foram feitas correlações entre as pressões efetivas aplicadas e a média de três ensaios para as temperaturas finais, representadas pelas curvas T_1, T_2 e T_3. A curva T_1 refere-se à temperatura final do concentrado, ou seja, àquela medida em meio ao líquido situado no balão de aquecimento. Já a curva T_2 refere-se à temperatura do ar, medida na parte superior do balão (essa temperatura pode ser comparada à temperatura medida em 2012, pois, no protótipo utilizado nesse ano, o termômetro de mercúrio media as temperaturas exatamente no mesmo ponto onde foi colocado o termopar em 2013). Por fim, a curva T_3 refere-se à temperatura do produto final (destilado) e que visava avaliar a eficiência do sistema de arrefecimento.

Para o cálculo das temperaturas finais, representadas no gráfico pelas curvas T_1, T_2 e T_3, calculou-se a média aritmética das três últimas leituras de cada ensaio, medidas aos 20, 25 e 30 minutos, pois esses valores situam-se na parte estabilizada da curva. Tais resultados foram considerados como as temperaturas finais de cada ensaio. O valor apresentado anteriormente é a média aritmética dos três ensaios.

Como se pode observar na tabela auxiliar da Fig. 8.13:
- As temperaturas finais no concentrado, representadas pela curva T_1, variaram de 99,7 °C, para pressão atmosférica local de 700 mmHg, a 54,7°C, para pressão de 80 mmHg, o que mostra que, com a aplica-

ção de vácuo no sistema, pode-se trabalhar com temperaturas bem menores, minimizando problemas de incrustações. A curva das temperaturas finais T_1 em função da pressão efetiva aplicada resultou em excelente coeficiente de correlação ($R^2 = 0{,}998$).

P_{EA} = Pressão efetiva aplicada (mmHg)	700	600	500	400	300	200	100	80
T_1 = Temperatura final do concentrado (°C)	99,7	96,6	91,1	83,8	77,7	69,7	58,4	54,7
T_2 = Temperatura final do ar no topo do balão (°C)	96,6	90,5	83,5	76,1	68,9	60,3	48,1	41,0
T_3 = Temperatura final do destilado (°C)	21,0	20,1	22,3	22,2	22,1	21,9	28,1	22,8

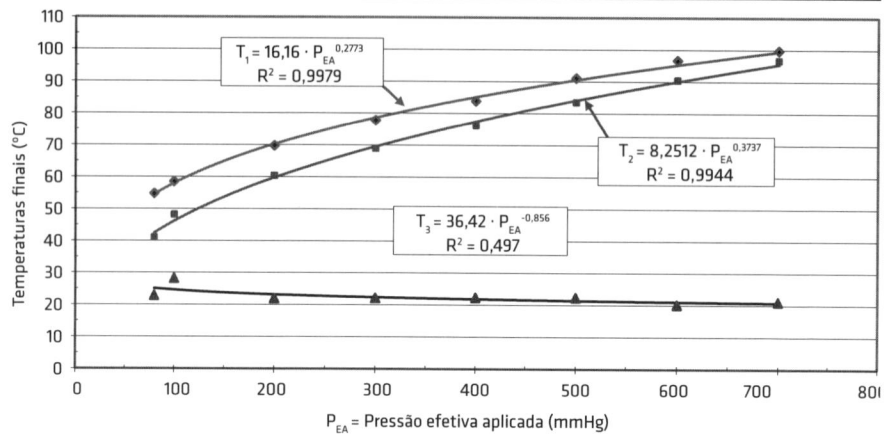

$T_1 = 16{,}16 \cdot P_{EA}^{0{,}2773}$
$R^2 = 0{,}9979$

$T_2 = 8{,}2512 \cdot P_{EA}^{0{,}3737}$
$R^2 = 0{,}9944$

$T_3 = 36{,}42 \cdot P_{EA}^{-0{,}856}$
$R^2 = 0{,}497$

FIG. 8.13 *Correlação entre a pressão efetiva aplicada e as temperaturas finais T_1, T_2 e T_3*

- As temperaturas finais na parte superior do balão, representadas pela curva T2, variaram de 96,6 °C, para pressão atmosférica de 700 mmHg, a 41,0 °C, para pressão de 80 mmHg. Essa curva mostra que a temperatura do ar na parte superior do balão é sempre um pouco menor do que aquela medida no líquido em processo de aquecimento. Além disso, a curva das temperaturas finais T_2 em função da pressão efetiva aplicada também apresentou excelente coeficiente de correlação ($R^2 = 0{,}994$).
- As temperaturas finais no destilado, representadas pela curva T_3, variaram bem pouco, de 21,0 °C, para pressão atmosférica de 700 mmHg, a 22,8 °C, para pressão de 80 mmHg, passando por um valor mais alto e atípico de 28,1 °C para pressão de 100 mmHg. Essa curva mostra que, apesar de ter havido uma leve tendência de crescimento da temperatura do produto final com a aplicação de vácuo, o coeficiente de correlação foi baixo ($R^2 = 0{,}497$). Na verdade, os resultados mostraram que o sistema de arrefecimento adotado pode ser considerado eficiente.

Na Fig. 8.14 apresenta-se a correlação entre as pressões efetivas aplicadas e a média de três ensaios para os volumes finais do rejeito salino (concentrado).

P_{EA} = Pressão efetiva aplicada (mmHg)	700	600	500	400	300	200	100	80
V_{FC} = Volume final do concentrado (mL)	385	387	383	370	355	352	342	318

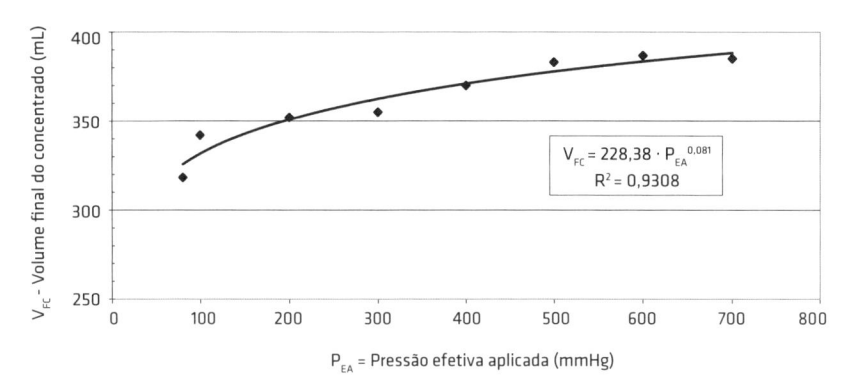

$$V_{FC} = 228{,}38 \cdot P_{EA}^{0{,}081}$$
$$R^2 = 0{,}9308$$

FIG. 8.14 *Correlação entre a pressão efetiva aplicada e o volume final do concentrado*

Deve-se ressaltar que todos os ensaios foram feitos com um volume inicial de água bruta de 500 mL e um tempo fixo de 30 minutos, cuja contagem começava sempre quando a temperatura atingia o valor de 30 °C no líquido em processo de aquecimento. O tempo para atingir essa temperatura também foi anotado. Dessa forma, após o término do ensaio sempre resultavam dois volumes: o do rejeito salino no balão (concentrado) e o do produto final no kitassato (destilado), cuja somatória deveria resultar nos 500 mL iniciais. Apesar do esforço de fazer com que nada ficasse retido no sistema de arrefecimento, a somatória dos volumes nem sempre resultava em 500 mL. No ano de 2013, para evitar que resíduos de cada ensaio anterior eventualmente retidos no sistema de arrefecimento viessem a interferir nas medidas de condutividade, pH e turbidez, previu-se fazer, entre um ensaio e outro, uma limpeza do sistema por meio de destilação, tendo como amostra uma água já destilada. Tentou-se, com isso, minimizar efeitos não desejados nos resultados.

A tabela auxiliar da Fig. 8.14 mostra que o volume médio final de concentrado variou de 385 mL, para pressão atmosférica de 700 mmHg, a 318 mL, para pressão de 80 mmHg, ou seja, uma diferença de 67 mL. Esse resultado demonstra a efetividade da utilização de vácuo no sistema. A curva apresentou bom coeficiente de correlação entre o volume final de concentrado e a pressão aplicada (R^2 = 0,931).

Na Fig. 8.15 é mostrada a correlação entre as pressões efetivas aplicadas e a média de três ensaios para os volumes finais do produto final (destilado).

P_{EA} = Pressão efetiva aplicada (mmHg)	700	600	500	400	300	200	100	80
V_{FD} = Volume final do destilado (mL)	120,0	117,5	138,3	125,2	153,3	150,0	153,3	160,0

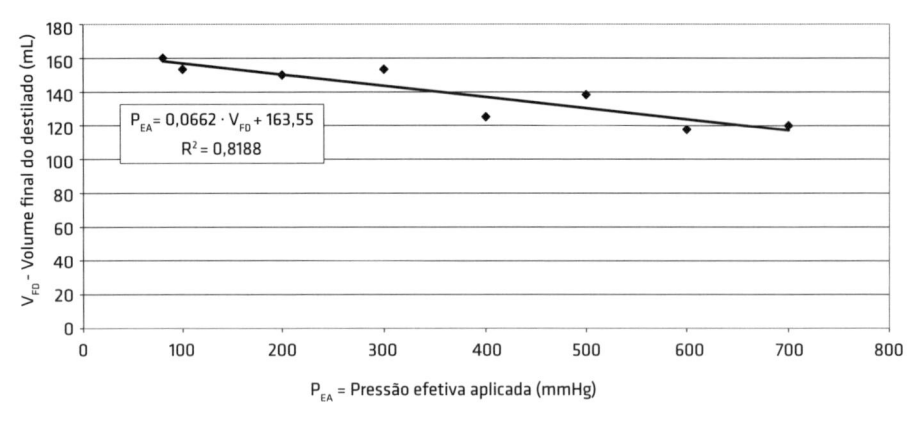

FIG. 8.15 *Correlação entre a pressão efetiva aplicada e o volume final do destilado*

A tabela auxiliar da Fig. 8.15 mostra que o volume médio final do produto final (destilado) variou de 120 mL, para pressão atmosférica de 700 mmHg, a 160 mL, para pressão de 80 mmHg, ou seja, uma diferença de 40 mL. Esse resultado demonstra a efetividade da utilização de vácuo no sistema. A curva apresentou um razoável coeficiente de correlação entre o volume final de destilado e a pressão aplicada (R^2 = 0,819).

Como reforço aos argumentos apresentados quando da discussão da Fig. 8.14, cabe ressaltar que todo o trabalho até aqui realizado teve, como objetivo principal, confirmar a expectativa e medir e quantificar a efetividade da utilização do vácuo no sistema. Afinal, somente com um ganho no volume final do destilado é que a utilização de vácuo poderia ser entendida como vantajosa, pois sempre há gasto de energia para produzir o vácuo. Porém, como se viu na revisão de literatura, a utilização de vácuo apresenta ainda mais uma vantagem: ser possível trabalhar com temperaturas mais baixas no sistema, minimizando as questões relacionadas às incrustações.

8.10.2 Comparação entre parâmetros medidos em 2011, 2012 e 2013

Nas Tabs. 8.3 a 8.5 são relacionados os parâmetros de controle (condutividade, pH e turbidez) medidos nos anos de 2011 a 2013, respectivamente na água bruta, no concentrado e no destilado. Deve-se lembrar que a metodologia foi sendo aperfeiçoada a cada ano.

Em 2011:
- Os ensaios foram feitos até a completa secagem da amostra de água bruta, não tendo, portanto, amostras do concentrado.
- Não foram feitas replicações (esses testes iniciais foram realizados uma única vez).
- Não se realizaram ensaios com pressões de 100 mmHg e 80 mmHg por ter sido utilizada uma bomba de vácuo que não atingia essas pressões.
- Nas tabelas citadas, não foram apresentados os resultados medidos com pressões de 700 mmHg e 600 mmHg por ter sido utilizada uma amostra de água salobra nesses dois testes iniciais.
- Deve-se ressaltar os valores de pH do destilado muito baixos e a condutividade alta na faixa de água salobra, ao contrário dos demais resultados obtidos nos anos de 2012 e 2013, nos quais a destilação não foi levada até a completa secagem.

Em 2012:
- Foram feitas três replicações para cada nível de pressão efetiva (700, 600, 500, 400, 300, 200, 100 e 80 mmHg) e com tempo total de ensaio de 30 minutos.
- Para as pressões de 700 mmHg, 600 mmHg e 500 mmHg, foram feitos alguns ensaios iniciais para ajuste do tempo total de ensaio. O primeiro ensaio com pressão de 700 mmHg foi feito com tempo total de 40 minutos, e os primeiros ensaios com pressões de 600 mmHg e 500 mmHg foram feitos com tempo total de 35 minutos. Houve troca da bomba de vácuo, que permitiu a realização de testes com pressões de 100 mmHg e 80 mmHg.

Em 2013:
- Também foram feitas três replicações para cada nível de pressão efetiva e com tempo total de ensaio de 30 minutos contados sempre a partir da temperatura de 30 °C. Foi anotado também, em cada ensaio, o tempo gasto para atingir essa temperatura.
- Foi utilizada a mesma bomba de vácuo empregada em 2012, que permitiu a realização de ensaios com pressões de 700, 600, 500, 400, 300, 200, 100 e 80 mmHg.

- No entanto, nesse ano houve a necessidade de substituir a manta de aquecimento, pois a anterior teve a resistência queimada. A manta utilizada nos anos de 2011 e 2012 funcionava com tensão de 220 V e potência de 650 W. A nova funciona com tensão de 110 V e potência de 315 W, ou seja, uma potência 2,06 vezes menor que a anterior. Todos os ensaios feitos durante o ano de 2013 foram realizados com essa nova manta.
- A amostra de água bruta não foi a mesma em todos os ensaios. Os testes iniciais e outros que foram descartados consumiram muita água. A água bruta utilizada em 2011 e 2012, coletada na Praia de Pernambuco, no Guarujá, só pôde ser utilizada no primeiro, segundo e terceiro ensaios feitos com pressões de 500 mmHg, 400 mmHg e 300 mmHg, além do primeiro ensaio com pressão de 200 mmHg. Os demais ensaios foram realizados com água coletada na Praia de Capricórnio, em Caraguatatuba (na Tab. 8.3, são os números apresentados em fundo cinza).

Na Tab. 8.3 são mostrados os parâmetros de controle condutividade, pH e turbidez da água bruta e todos os ensaios realizados nos anos de 2011, 2012 e 2013. Na parte inferior da tabela são apresentados os dados estatísticos média, desvio padrão e valores mínimos e máximos de cada parâmetro.

Apesar de os valores estatísticos apresentados na Tab. 8.3 terem sido calculados ano a ano, considerando que a água bruta coletada na Praia de Pernambuco, no Guarujá, foi utilizada em 2011, 2012 e em parte dos ensaios de 2013, foi possível fazer em separado uma nova análise levando em conta todas as análises feitas para se ter uma ideia mais real desses números estatísticos.

Assim, para a água bruta coletada no litoral do Guarujá, têm-se:
- *Condutividade*: média = 51.406 µS/cm; desvio padrão = 2.963 µS/cm; valor mínimo = 47.800 µS/cm; valor máximo = 63.500 µS/cm.
- *pH*: valor médio = 6,63; desvio padrão = 0,79; valor mínimo = 4,46; valor máximo = 7,71.
- *Turbidez*: média = 2,50; desvio padrão = 2,80; valor mínimo = 0,11; valor máximo = 8,58.

Para a água bruta coletada no litoral de Caraguatatuba, têm-se:
- *Condutividade*: média = 62.886 µS/cm; desvio padrão = 4.724 µS/cm; valor mínimo = 57.800 µS/cm; valor máximo = 75.800 µS/cm.
- *pH*: valor médio = 7,20; desvio padrão = 0,96; valor mínimo = 5,97; valor máximo = 8,73.

- *Turbidez*: média = 3,07; desvio padrão = 2,27; valor mínimo = 0,21; valor máximo = 7,51.

Comparando as duas amostras, pode-se observar que a condutividade da água coletada em Caraguatatuba era, em termos médios, 22,3% maior que a da amostra do Guarujá. Além disso, a amostra de Caraguatatuba apresentou pH médio 8,6% maior e turbidez média 22,8% maior que a amostra do Guarujá.

TAB. 8.3 Parâmetros de controle na água bruta: anos de 2011 a 2013

Pressões (mmHg)	Ensaios	2011			2012			2013		
		Condut.	pH	Turb.	Condut.	pH	Turb.	Condut.	pH	Turb.
700	1º	NFM	NFM	NFM	49.900	7,71	0,30	64.500	6,59	2,67
	2º	NFM	NFM	NFM	50.400	6,16	1,58	63.700	8,06	2,67
	3º	NFM	NFM	NFM	51.000	622	2,25	58.400	8,20	3,37
	4º	NFM	NFM	NFM	50.250	6,30	1,49	NFM	NFM	NFM
600	1º	NFM	NFM	NFM	47.800	6,31	0,32	60.700	8,20	4,90
	2º	NFM	NFM	NFM	49.200	7,13	2,09	64.200	6,36	6,23
	3º	NFM	NFM	NFM	50.100	7,02	0,95	58.800	8,73	5,71
	4º	NFM	NFM	NFM	48.900	7,05	1,01	NFM	NFM	NFM
500	1º	53.000	6,85	2,19	50.500	7,15	0,11	49.200	5,12	6,78
	2º	NFM	NFM	NFM	51.200	6,95	0,15	49.100	7,31	5,61
	3º	NFM	NFM	NFM	49.800	7,02	5,00	49.600	7,10	6,52
	4º	NFM	NFM	NFM	50.850	6,98	1,70	NFM	NFM	NFM
400	1º	53.800	6,71	0,66	51.100	6,88	0,80	50.100	5,29	7,84
	2º	NFM	NFM	NFM	50.400	6,75	1,00	49.600	5,24	7,84
	3º	NFM	NFM	NFM	51.450	7,03	1,50	63.500	5,51	6,43
300	1º	53.700	7,22	0,55	50.130	6,90	0,90	54.200	5,13	8,58
	2º	NFM	NFM	NFM	50.900	6,15	0,35	55.700	4,46	5,61
	3º	NFM	NFM	NFM	50.130	6,95	1,50	60.600	4,95	7,20
200	1º	54.000	7,1	0,16	51.200	6,93	0,20	53.800	6,69	8,18
	2º	NFM	NFM	NFM	50.900	7,01	0,15	65.000	6,87	7,51
	3º	NFM	NFM	NFM	50.140	7,63	0,50	58.000	7,95	0,21
100	1º	NFM	NFM	NFM	49.900	7,11	0,23	60.100	6,23	0,90
	2º	NFM	NFM	NFM	50.139	7,38	1,20	75.800	6,53	0,80
	3º	NFM	NFM	NFM	51.000	7,21	0,83	57.800	5,97	1,00
80	1º	NFM	NFM	NFM	49.900	7,14	1,35	64.400	6,60	1,10
	2º	NFM	NFM	NFM	50.150	6,98	0,55	66.400	8,20	3,20
	3º	NFM	NFM	NFM	50.400	7,01	0,37	62.600	6,30	2,70

TAB. 8.3 Parâmetros de controle na água bruta: anos de 2011 a 2013 (continuação)

Pressões (mmHg)	Ensaios	2011			2012			2013		
		Condut.	pH	Turb.	Condut.	pH	Turb.	Condut.	pH	Turb.
	Média	53.625	6,97	0,89	50.287	6,93	1,05	58.992	6,57	4,73
	Desvio padrão	435	0,23	0,89	784	0,40	1,00	6.709	1,22	2,71
	Valor mínimo	53.000	6,71	0,16	47.800	6,15	0,11	49.100	4,46	0,21
	Valor máximo	54.000	7,22	2,19	51.450	7,71	5,00	75.8000	8,73	8,58

Observações
NFM = não foi medido; **Condut.** = condutividade em microssiemens/cm; **Turb.** = turbidez em UNT (unidade nefelométrica de turbidez).

Os ensaios realizados em 2011 e 2012 e parte dos ensaios de 2013 foram feitos com amostra coletada no litoral do Guarujá – SP.

Em 2013, parte dos ensaios foram realizados com amostra de água coletada no litoral de Caraguatatuba – SP (fundo cinza).

Em 2011, os ensaios foram feitos uma única vez e com destilação total, não resultando, assim, no concentrado final.

Na Tab. 8.4 são mostrados os parâmetros de controle condutividade, pH e turbidez do destilado e todos os ensaios realizados nos anos de 2011, 2012 e 2013. Na parte inferior da tabela são apresentados os dados estatísticos média, desvio padrão e valores mínimos e máximos de cada parâmetro.

Também no caso dos valores obtidos para o destilado, apesar de as estatísticas apresentadas na Tab. 8.4 terem sido feitas ano a ano, considerando que a água bruta coletada na Praia de Pernambuco, no Guarujá, foi utilizada em 2011, 2012 e em parte dos ensaios de 2013, foi possível fazer em separado uma nova análise para se ter uma ideia mais real desses números estatísticos.

Assim, para o produto final (destilado), quando utilizada a água bruta coletada no litoral do Guarujá, têm-se:
- *Condutividade*: média = 278 µS/cm; desvio padrão = 206 µS/cm; valor mínimo = 12 µS/cm; valor máximo = 810 µS/cm.
- *pH*: valor médio = 8,12; desvio padrão = 2,05; valor mínimo = 3,62; valor máximo = 12,11.
- *Turbidez*: média = 0,90; desvio padrão = 0,70; valor mínimo = 0,08; valor máximo = 3,27.

Para o produto final (destilado), quando utilizada a água bruta coletada no litoral de Caraguatatuba, têm-se:
- *Condutividade*: média = 449 µS/cm; desvio padrão = 177 µS/cm; valor mínimo = 153 µS/cm; valor máximo = 727 µS/cm.
- *pH*: valor médio = 10,55; desvio padrão = 1,87; valor mínimo = 5,85; valor máximo = 12,92.
- *Turbidez*: média = 0,67; desvio padrão = 0,19; valor mínimo = 0,38; valor máximo = 0,92.

TAB. 8.4 Parâmetros de controle no destilado: anos de 2011 a 2013

Pressões (mmHg)	Ensaios	2011 Condut.	2011 pH	2011 Turb.	2012 Condut.	2012 pH	2012 Turb.	2013 Condut.	2013 pH	2013 Turb.
700	1°	(*)	(*)	(*)	151	4,13	0,47	727	5,85	0,38
	2°	(*)	(*)	(*)	109	7,59	2,27	455	9,98	0,66
	3°	(*)	(*)	(*)	25	9,16	1,09	440	10,06	0,45
	4°	(*)	(*)	(*)	218	8,34	0,56	NFM	NFM	NFM
600	1°	(*)	(*)	(*)	426	3,62	3,27	610	11,12	0,48
	2°	(*)	(*)	(*)	338	8,75	0,62	362	11,46	0,50
	3°	(*)	(*)	(*)	341	8,84	0,43	444	12,92	0,66
	4°	(*)	(*)	(*)	13	9,04	0,31	NFM	NFM	NFM
500	1°	5.440	1,99	0,42	211	7,42	0,89	55	5,92	2,04
	2°	(*)	(*)	(*)	764	9,15	0,95	415	10,22	1,55
	3°	(*)	(*)	(*)	290	9,16	0,34	77	6,05	1,25
	4°	(*)	(*)	(*)	420	9,54	0,73	NFM	NFM	NFM
400	1°	13.960	1,77	0,27	810	9,42	0,73	264	5,24	1,82
	2°	(*)	(*)	(*)	90	8,27	0,51	12	6,02	1,54
	3°	(*)	(*)	(*)	213	8,01	0,47	126	6,35	1,11
300	1°	13.530	1,75	0,20	305	9,74	0,98	258	5,25	1,00
	2°	(*)	(*)	(*)	170	9,15	0,31	24	5,02	0,63
	3°	(*)	(*)	(*)	405	9,74	0,35	83	9,50	0,82
200	1°	17.380	1,65	0,23	468	9,02	0,38	270	12,11	0,76
	2°	(*)	(*)	(*)	50	4,86	0,38	280	12,63	0,92
	3°	(*)	(*)	(*)	115	9,89	0,35	300	9,70	0,64
100	1°	(*)	(*)	(*)	403	10,00	0,08	567	11,88	0,89
	2°	(*)	(*)	(*)	343	9,60	0,59	153	9,50	0,90
	3°	(*)	(*)	(*)	350	10,20	0,30	337	10,04	0,80
80	1°	(*)	(*)	(*)	491	6,50	0,34	710	11,43	0,78
	2°	(*)	(*)	(*)	679	9,80	2,25	(1.716)	11,46	0,85
	3°	(*)	(*)	(*)	494	10,00	0,87	(13.590)	9,22	0,88

TAB. 8.4 Parâmetros de controle no destilado: anos de 2011 a 2013
(continuação)

Pressões (mmHg)	Ensaios	2011			2012			2013		
		Condut.	pH	Turb.	Condut.	pH	Turb.	Condut.	pH	Turb.
Média		12.578	1,79	0,28	322	8,48	0,77	317	9,12	0,93
Desvio padrão		5.061	0,14	0,10	212	1,78	0,73	215	2,66	0,43
Valor mínimo		5.440	1,65	0,20	13	3,62	0,08	12	5,02	0,38
Valor máximo		17.380	1,99	0,42	810	10,20	3,27	727	12,92	2,04

Observações
NFM = não foi medido; **Condut.** = condutividade em microssiemens/cm; **Turb.** = turbidez em UNT (unidade nefelométrica de turbidez).

Os ensaios realizados em 2011 e 2012 e parte dos ensaios de 2013 foram feitos com amostra coletada no litoral do Guarujá – SP.

Em 2013, parte dos ensaios foram realizados com amostra de água coletada no litoral de Caraguatatuba – SP (fundo cinza).

(*) Em 2011, os ensaios foram feitos uma única vez e com destilação total, não resultando, assim, no concentrado final.

Os valores entre parênteses não entraram na estatística (nos últimos dois ensaios de 80 mmHg, houve provável sucção direta).

Ao comparar as duas amostras, considerando os parâmetros de controle do destilado quando a água bruta utilizada foi coletada em Caraguatatuba, tem-se que a condutividade média do destilado com água bruta de Caraguatatuba é 61,5% maior que a da amostra do Guarujá. Além disso, a amostra de Caraguatatuba apresentou valor de pH médio do destilado 29,9% maior e turbidez média do destilado 34,3% menor que a amostra do Guarujá.

Na Tab. 8.5 são apresentados os parâmetros de controle condutividade, pH e turbidez do concentrado e todos os ensaios realizados nos anos de 2011 a 2013. Em 2011, pelo fato de a destilação ter sido feita até a secagem completa das amostras, não houve como resultado líquido concentrado, apenas certa quantidade de sais no fundo do balão. Na parte inferior da tabela são mostrados os dados estatísticos média, desvio padrão e valores mínimos e máximos de cada parâmetro.

TAB. 8.5 Parâmetros de controle no concentrado: anos de 2011 a 2013

Pressões (mmHg)	Ensaios	2011 Condut.	2011 pH	2011 Turb.	2012 Condut.	2012 pH	2012 Turb.	2013 Condut.	2013 pH	2013 Turb.
700	1º	(*)	(*)	(*)	(131.800)	7,61	55,30	86.300	8,07	0,92
700	2º	(*)	(*)	(*)	81.600	7,58	21,60	91.000	6,05	0,74
700	3º	(*)	(*)	(*)	81.700	7,50	14,73	95.600	6,23	2,43
700	4º	(*)	(*)	(*)	81.600	7,34	8,82	NFM	NFM	NFM
600	1º	(*)	(*)	(*)	(89000)	8,00	0,32	102.300	8,66	1,24
600	2º	(*)	(*)	(*)	84.000	6,95	25,03	86.700	8,44	7,05
600	3º	(*)	(*)	(*)	62.400	9,67	9,65	91.600	8,83	7,94
600	4º	(*)	(*)	(*)	84.000	6,90	22,70	NFM	NFM	NFM
500	1º	(*)	(*)	(*)	(96800)	7,63	7,94	61.600	7,56	3,77
500	2º	(*)	(*)	(*)	83.900	7,60	16,84	62.100	7,51	4,24
500	3º	(*)	(*)	(*)	85.600	6,15	19,14	61.800	7,64	2,06
500	4º	(*)	(*)	(*)	85.000	6,61	24,00	NFM	NFM	NFM
400	1º	(*)	(*)	(*)	83.600	6,85	28,50	(32.700)	7,03	4,39
400	2º	(*)	(*)	(*)	87.600	7,94	28,90	(33.100)	7,61	4,53
400	3º	(*)	(*)	(*)	84.700	7,31	19,50	84.100	7,04	3,10
300	1º	(*)	(*)	(*)	84.500	7,34	2640	75.500	7,06	6,41
300	2º	(*)	(*)	(*)	86.500	7,13	15,85	66.500	7,54	1,14
300	3º	(*)	(*)	(*)	85.900	7,65	5,81	69.100	5,86	3,57
200	1º	(*)	(*)	(*)	90.800	8,08	7,05	86.500	8,30	3,58
200	2º	(*)	(*)	(*)	87.600	6,89	7,58	73.000	8,58	5,86
200	3º	(*)	(*)	(*)	83.100	7,24	2,53	93.500	7,34	0,34
100	1º	(*)	(*)	(*)	90.000	7,35	5,04	97.100	8,13	0,64
100	2º	(*)	(*)	(*)	104.800	7,41	7,56	81.100	6,81	1,08
100	3º	(*)	(*)	(*)	90.700	7,89	17,00	87.300	6,86	0,82
80	1º	(*)	(*)	(*)	92.700	7,97	7,24	98.900	8,14	1,78
80	2º	(*)	(*)	(*)	90.800	7,68	2,71	100.300	8,57	3,61
80	3º	(*)	(*)	(*)	85.600	7,75	9,75	86.400	6,15	3,30
Média		(*)	(*)	(*)	85.779	7,48	15,09	83.559	7,50	3,11
Desvio padrão		(*)	(*)	(*)	7.018	0,36	11,73	13.022	0,88	2,16
Valor mínimo		(*)	(*)	(*)	62.400	6,15	0,32	61.600	5,86	0,34
Valor máximo		(*)	(*)	(*)	104.800	9,67	55,30	102.300	8,83	7,94

Observações
NFM = não foi medido; **Condut.** = condutividade em microssiemens/cm; **Turb.** = turbidez em UNT (unidade nefelométrica de turbidez).

Os ensaios realizados em 2011 e 2012 e parte dos ensaios de 2013 foram feitos com amostra coletada no litoral do Guarujá – SP.

Em 2013, parte dos ensaios foram realizados com amostra de água coletada no litoral de Caraguatatuba – SP (fundo cinza).

(*) Em 2011, os ensaios foram feitos uma única vez e com destilação total, não resultando, assim, no concentrado final.

Os valores entre parênteses não entraram na estatística.

Também no caso dos valores obtidos para o concentrado, apesar de as estatísticas apresentadas na Tab. 8.5 terem sido feitas ano a ano, considerando que a água bruta coletada na Praia de Pernambuco, no Guarujá, foi utilizada em 2011, 2012 e em parte dos ensaios de 2013, foi possível fazer em separado uma nova análise para se ter uma ideia mais real desses números estatísticos.

Porém, no caso da condutividade, foram desprezados os valores obtidos nos primeiros ensaios com as pressões de 700 mmHg, 600 mmHg e 500 mmHg por estes terem sido feitos com tempos de destilação maiores, o que resultou em maior concentração de sais e, portanto, em valores maiores de condutividade. Esses números foram destacados entre parênteses na tabela.

Assim, para o rejeito final (concentrado), quando utilizada a água bruta coletada no litoral do Guarujá, têm-se:
- *Condutividade*: média = 82.059 µS/cm; desvio padrão = 10.111 µS/cm; valor mínimo = 61.600 µS/cm; valor máximo = 104.800 µS/cm.
- *pH*: valor médio = 7,44; desvio padrão = 0,63; valor mínimo = 5,86; valor máximo = 9,67.
- *Turbidez*: média = 11,92; desvio padrão = 11,21; valor mínimo = 0,32; valor máximo = 55,30.

Para o rejeito final (concentrado), quando utilizada a água bruta coletada no litoral de Caraguatatuba, têm-se:
- *Condutividade*: média = 90.793 µS/cm; desvio padrão = 8.031 µS/cm; valor mínimo = 73.000 µS/cm; valor máximo = 102.300 µS/cm.
- *pH*: valor médio = 7,63; desvio padrão = 1,02; valor mínimo = 6,05; valor máximo = 8,83.
- *Turbidez*: média = 2,70; desvio padrão = 2,54; valor mínimo = 0,34; valor máximo = 7,94.

Ao comparar as duas amostras, considerando os parâmetros de controle do rejeito final concentrado quando a água bruta utilizada foi coletada em Caraguatatuba, tem-se que a condutividade média do concentrado com água bruta de Caraguatatuba foi 10,6% maior que a da amostra do Guarujá. Além disso, com a amostra de água bruta de Caraguatatuba, o valor do pH médio do concentrado foi 2,6% maior e a turbidez média do concentrado foi 4,4 vezes menor em comparação com a amostra do Guarujá.

8.10.3 Correlações comparando os resultados obtidos em 2012 e 2013

Duas interessantes correlações puderam ser feitas comparando os valores de volume final do concentrado e de volume final do destilado obtidos nos anos de 2012 e 2013 em função da pressão efetiva aplicada.

Conforme anteriormente relatado, houve mudança de tensão e de potência da manta de aquecimento utilizada em 2012 (220 V – 650 W) para aquela empregada em 2013 (110 V – 315 W). A manta usada em 2013 tem potência um pouco menor que a metade da anterior, o que ficou evidenciado nos resultados, como pode ser visto nas Figs. 8.16 e 8.17.

Na Fig. 8.16 são mostradas as duas curvas que correlacionam o volume final do rejeito concentrado com as pressões efetivas aplicadas. A curva obtida em 2013 apresentou bom índice de correlação (R^2 = 0,931) e mostra que, quanto menor a pressão aplicada, menor o volume do rejeito final concentrado. A curva obtida em 2012 mostra a mesma tendência, porém com um índice de correlação um pouco menor (R^2 = 0,87).

Ressalte-se que o tempo total de ensaio foi, em 2012, de 30 minutos contados a partir da temperatura ambiente, e, em 2013, de 30 minutos contados a partir do momento em que a temperatura atingisse 30 °C. Assim, em 2013, o tempo total de ensaio foi sempre um pouco maior que 30 minutos, tendo em média variado de 31,7 a 32,7 minutos.

Apesar da pequena diferença no tempo total de ensaio, é notória a diferença nos volumes finais de concentrado em função da diferença de potência das mantas de aquecimento utilizadas.

Na Fig. 8.17 são apresentadas as duas curvas de volume médio do produto final (destilado) em função das pressões efetivas aplicadas. A curva obtida em 2013 apresentou razoável índice de correlação (R^2 = 0,819) e mostra que, quanto menor a pressão aplicada, maior o volume do produto final (destilado). A curva obtida em 2012 mostra a mesma tendência, porém com um índice de correlação um pouco menor (R^2 = 0,74).

Outra análise que pode ser feita, ainda que preliminar e baseada nas potências nominais das mantas de aquecimento, é a estimativa do consumo unitário de energia nos dois casos em função do volume de destilado produzido.

No caso da manta de aquecimento utilizada em 2011 e 2012, com potência nominal de 650 W, têm-se, para a pressão atmosférica de 700 mmHg, uma produção média de 235 mL em 30 minutos ou 1,38 Wh/mL (ou 1.380 kWh/m³ ou 0,725 L/kWh), e, para a pressão de 80 mmHg, uma produção média de 268 mL em 30 minutos ou 1,21 Wh/mL (ou 1.210 kWh/m³ ou 0,826 L/kWh). Com a utilização da bomba de vácuo, seria ainda necessário somar seu consumo, que é de 180 W.

P_{EA} = Pressão efetiva aplicada (mmHg)	700	600	500	400	300	200	100	80
V_{FC} = Volume final do concentrado em 2013 (mL)	385	357	383	370	355	352	342	318
V_{FC} = Volume final do concentrado em 2012 (mL)	260	268	259	262	253	245	222	233

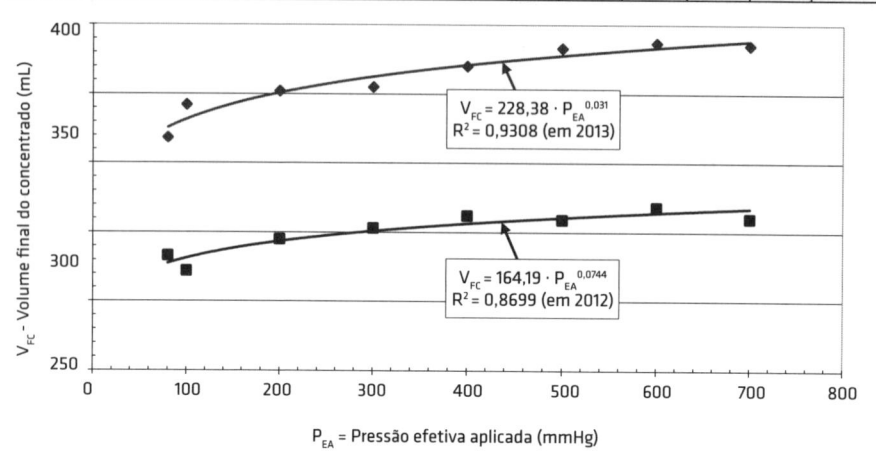

$V_{FC} = 228{,}38 \cdot P_{EA}^{0{,}031}$
$R^2 = 0{,}9308$ (em 2013)

$V_{FC} = 164{,}19 \cdot P_{EA}^{0{,}0744}$
$R^2 = 0{,}8699$ (em 2012)

FIG. 8.16 *Correlação entre a pressão efetiva aplicada e o volume final do concentrado em 2012 e 2013*

P_{EA} = Pressão efetiva aplicada (mmHg)	700	600	500	400	300	200	100	80
V_{FD} = Volume final do destilado em 2013 (mL)	120,0	117,5	138,3	125,2	153,3	150,0	153,3	160,0
V_{FD} = Volume final do destilado em 2012 (mL)	235,0	222,0	246,0	236.0	245,0	248,0	270,0	268,0

$V_{FD} = 0{,}061 \cdot P_{EA}268{,}22$
$R^2 = 0{,}7397$ (em 2012)

$V_{FD} = 0{,}0662 \cdot P_{EA} + 163{,}55$
$R^2 = 0{,}8188$ (em 2013)

FIG. 8.17 *Correlação entre a pressão efetiva aplicada e o volume final do destilado em 2012 e 2013*

Em se tratando da manta de aquecimento utilizada em 2013, cuja potência nominal era de 315 W, têm-se, para a pressão atmosférica de 700 mmHg, uma produção média de 120 mL num tempo médio de 32,2 minutos ou 1,41 Wh/mL (ou 1.410 kWh/m^3 ou 0,709 L/kWh), e, para a pressão de 80 mmHg, uma produção média de 160 mL num tempo médio de 32,2 minutos ou 1,06 Wh/mL (ou 1.060 kWh/m^3 ou 0,943 L/kWh). Com a utilização da bomba de vácuo, seria ainda necessário somar seu consumo, que também é de 180 W, pois foi usada a mesma bomba de vácuo em 2012 e 2013.

Os consumos de energia anteriormente apresentados são consideravelmente altos, mas é claro que esse é apenas um estudo em nível laboratorial.

Os resultados obtidos até o momento nessa pesquisa remeteram ao desenvolvimento de outro protótipo, um destilador solar com utilização de vácuo. Como foi visto, para pressões de 100 mmHg a temperatura de ebulição é da ordem de 58 °C. Segundo Mattoso (2009), essa temperatura pode ser atingida por meio de energia solar, em ambientes de estufa, como é o caso do destilador solar. Resta saber qual é o ganho com o vácuo num sistema desse tipo.

Em face das dificuldades de infraestrutura para a montagem do protótipo de destilador solar e da falta de local com insolação adequada na Fatec-SP, o protótipo utilizado em 2013 será modificado utilizando como fonte de energia térmica não mais a manta de aquecimento, mas a(s) lâmpada(s) na faixa do infravermelho.

8.10.4 Principais conclusões

Com base nos resultados obtidos nessa pesquisa, pode-se afirmar que:
- Quando a destilação foi levada até a secagem completa da amostra (metodologia usada em 2011), obteve-se um destilado com valores de pH muito baixos, menores que 2,0, e a condutividade do destilado resultou ainda muito alta, maior que 10.000 µS/cm, na faixa de águas salobras.
- Quando a destilação não foi levada até a secagem completa da amostra, resultando num volume de concentrado maior ou igual à metade da amostra inicial (metodologia utilizada em 2012 e 2013), obteve-se um destilado com pH numa faixa mais alta que na secagem completa e a condutividade ficou na faixa da água doce (valores de condutividade em média abaixo de 500 µS/cm).
- O tempo de início de ebulição se reduz com a diminuição da pressão efetiva aplicada.

- As temperaturas finais do concentrado (no balão) e do ar no topo do balão se reduzem com a diminuição da pressão efetiva aplicada, ocorrendo certa diferença entre elas. As temperaturas finais do destilado (no kitassato) não apresentaram variações significativas com as pressões efetivas aplicadas, o que comprova o bom funcionamento do sistema de arrefecimento adotado.
- O volume final do concentrado se reduz com a diminuição da pressão efetiva aplicada.
- O volume final do destilado aumenta com a diminuição da pressão efetiva aplicada.

8.11 Considerações finais

Apesar do espaço restrito, foram apresentados neste capítulo, de forma sucinta, alguns conceitos referentes à tecnologia do vácuo, à termodinâmica e à transferência de calor. Esses assuntos são extensos e precisam ser bem entendidos para servirem de base sólida ao processo de destilação a vácuo. Há muito material bibliográfico dedicado ao assunto, sendo recomendada sua consulta.

8.12 Bibliografia específica

Sobre tecnologia do vácuo, recomenda-se a leitura de Chambers (2005), Hucknall (1991), Lafferty (1998), Oerlikon-Leybold Vacuum (2007), O'Hanlon (1989), Pfeiffer-Vacuum (2008) e Roth (1986), além dos catálogos das empresas fabricantes de sistemas de vácuo Oerlikon-Leybold, Edwards e Pfeiffer, entre outras, todas com representação no Brasil, e dos textos produzidos no Laboratório de Tecnologia do Vácuo (LTV) da Fatec-SP (www1.fatecsp.br/labvacuo).

A respeito de processos de secagem, pode-se consultar Hucknall (1991) e Van't Land (1991). Já sobre Termodinâmica, Mecânica dos Fluidos e transferência de calor, recomenda-se a leitura de Çengel e Boles (2011), Fox, McDonald e Pritchard (2006), Incropera et al. (2007), Moran e Shapiro (2009) e Post (2013), além dos já mencionados textos produzidos no LTV da Fatec-SP.

9 | Alguns relatos de casos

Os autores consideram importante anexar alguns relatos de casos além daqueles já comentados anteriormente. Mostrar as experiências de outras comunidades, em especial aquelas que resultaram em insucesso, ajuda a evitar perda de tempo e gastos desnecessários. As experiências bem-sucedidas podem servir de exemplo de solução para casos semelhantes. O que se pode observar é que algumas comunidades, em vez de ficarem se lamentando por não dispor dos recursos hídricos suficientes para manter seu nível de desenvolvimento, dispuseram-se a obter água de abastecimento de fontes alternativas, destacando-se, nesse caso, a utilidade da tecnologia de dessalinização para satisfazer essa necessidade.

Serão apresentados seis relatos de casos com diferentes peculiaridades. Salvo exceções devidamente citadas, a maior parte do texto é baseada em USBR (2003), que, por sua vez, cita Wangnick (2000) como sua fonte de consulta.

Cada relato de caso inclui uma descrição da situação em termos de necessidade de água e de eventuais problemas em relação à demanda em cada área geográfica e a solução encontrada. A maioria dos relatos mostra como foi feita a implantação da tecnologia de dessalinização, incluindo um fluxograma do processo, sua descrição e instalação, e contém um resumo dos custos envolvidos nessas tecnologias.

9.1 Dessalinização de água salobra utilizando OR

Localização: Condado de Dare, na Carolina do Norte (EUA).

Considerações preliminares: o Departamento de Águas do Condado de Dare, a comunidade local e os respectivos conselhos de administração decidiram utilizar a dessalinização em meados da década de 1980, motivados pela necessidade de aumentar a quantidade disponível de água potável para manter o crescimento econômico e o bem-estar da população daquela região.

No Condado de Dare, a vazão de água tratada a partir dos mananciais de água doce disponíveis estava limitada a cerca de 19.000 m³/dia ($\cong$ 0,22 m³/s) e era proveniente de uma estação de tratamento situada na ilha de Roanoke, que aplica a tecnologia de troca iônica. Era complementada no verão por uma lagoa de água doce que proporcionava um pequeno adicional de aproximadamente 3.800 m³/dia ($\cong$ 0,044 m³/s).

Essa capacidade total de 22.800 m³/dia era insuficiente para estimular o crescimento econômico da região, particularmente aquele assegurado pelo segmento de turismo no verão. Além disso, não era possível aumentar o volume de extração de água do aquífero subterrâneo da ilha de Roanoke.

Ao ser proposta, na década de 1980, a dessalinização da água salobra disponível nas ilhas foi inicialmente considerada de alto custo. No entanto, logo se percebeu que o valor de uma água de boa qualidade em termos de sucesso comercial, as receitas fiscais decorrentes, os benefícios aos moradores e a melhoria geral da qualidade de vida compensariam os custos da dessalinização, mesmo com o valor do dólar praticado na época. A primeira planta entrou em operação em 1989. Como se vê, entre a decisão e a concretização transcorreu quase dez anos. No entanto, como o custo de dessalinização apresentou uma tendência de queda nos anos 1990, outras plantas de dessalinização foram inauguradas nos anos de 1996 e 2000.

O benefício mais significativo desse projeto foi o crescimento econômico proporcionado pela disponibilidade de água potável de qualidade. O crescimento de vendas totais no varejo é um dos indicadores mais utilizados na análise do desenvolvimento da atividade econômica de uma região. Nesse condado, as vendas totais no varejo aumentaram de US$ 216 milhões para US$ 800 milhões no período entre 1984 e 1998.

Ao longo da década de 1990, as vendas no varejo aumentaram em média mais de 8% ao ano. Nesse mesmo período, o crescimento nas vendas no varejo excedeu a taxa de crescimento do Estado da Carolina do Norte em mais de 7%, tendo ultrapassado em 30% o segundo município mais bem classificado. O valor de avaliação das propriedades cresceu 148%, enquanto a renda *per capita* dos residentes cresceu quase 35%.

Embora seja difícil creditar totalmente as vantagens econômicas à água de dessalinização, é seguro dizer que o nível de crescimento não teria sido possível sem a consistente disponibilidade de água de alta qualidade. A tecnologia utilizada não induziu o sucesso financeiro dessa área, mas certamente agiu como um catalisador para seu crescimento e prosperidade.

Descrição geral do projeto: no litoral da Carolina do Norte há um cinturão de bancos de areia denominado Outer Banks (bancos exteriores). As usinas de dessalinização estão localizadas nesse cinturão, numa comunidade chamada de Kill Devil Hills, e na ilha Hatteras (Hatteras Island). Três usinas de dessalinização estão em operação, com uma quarta em construção no continente, numa comunidade denominada Stumpy Point. Atualmente o sistema de água do Condado de Dare tem capacidade de dessalinização de pouco mais de 20.000 m³/dia ($\cong$ 0,237 m³/s), servindo os 25.000 habitantes fixos e, no verão, uma população visitante adicional de aproximadamente 100.000 pessoas.

Todas essas usinas utilizam a tecnologia de dessalinização por OR. A primeira planta, chamada de planta norte, está em operação desde 1989, com produção de aproximadamente 11.000 m³/dia ($\cong$ 0,13 m³/s), e localiza-se em Kill Devil Hills. Outra planta, com capacidade para cerca de 3.800 m³/dia ($\cong$ 0,0045 m³/s), entrou em operação em 1996 na porção norte da ilha Hatteras. A Fig. 9.1 mostra um diagrama simplificado do processo utilizado na planta de Kill Devil Hills, que trata a água salobra extraída de um poço local usando a tecnologia OR, com percentual de recuperação de 75%.

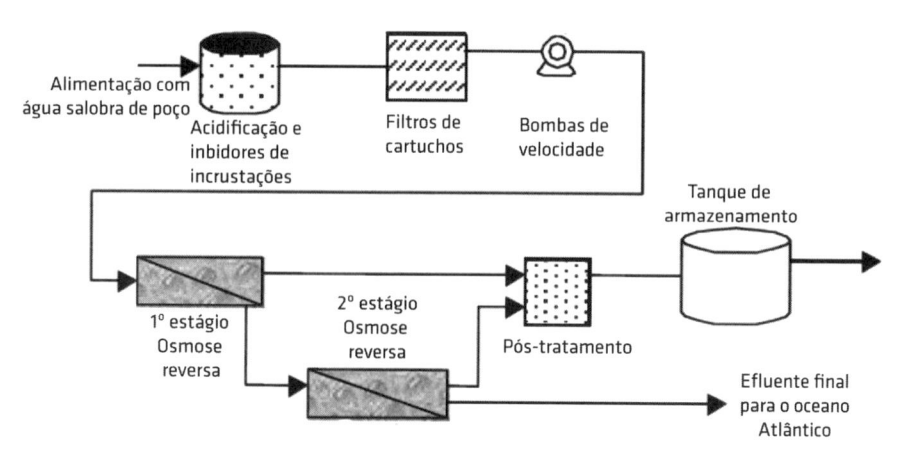

FIG. 9.1 *Diagrama de processo da usina de dessalinização do Condado de Dare, na Carolina do Norte (EUA)*
Fonte: USBR (2003).

O Departamento de Águas do Condado de Dare, para atender a demanda, mistura a água dessalinizada de suas três usinas de dessalinização com a água obtida em uma ETA cujo tratamento é feito por troca iônica. Para minimizar custos, o custo total de produção é distribuído entre as plantas, e ao longo dos últimos nove anos 54% do abastecimento foi feito com água dessalinizada. As plantas situadas na ilha Hatteras servem separadamente a essas comunidades e não estão interligadas umas às outras, ao sistema da ilha de Roanoke ou ao sistema norte.

A mesma instituição realizou uma comparação entre os custos de sua provisão de água dessalinizada e os custos de seu suprimento convencional e concluiu que o custo para produzir água dessalinizada, não incluindo a depreciação, é menor que o obtido no sistema convencional. Desde 1995 o custo da água dessalinizada tem ficado abaixo de US$ 0,40/m^3 e diminuído a cada ano. Ressalte-se que a energia elétrica na região custa em média US$ 0,06/kWh. No entanto, o Departamento de Águas negociou um plano de gerenciamento de carga com a empresa de energia, de modo que o custo de energia elétrica na planta de Kill Devil Hills tem ficado em média abaixo de US$ 0,045/kWh.

Como os custos de dessalinização de água diminuíram e as comunidades puderam prosperar em função da disponibilidade de água de alta qualidade, é fácil concluir que a dessalinização resultou numa importante alternativa para essas comunidades.

Observação: trazendo esse exemplo para a realidade brasileira com o intuito de comparar valores, ao considerar os dados anteriormente pesquisados pelo GEP, o custo de energia elétrica para o setor industrial no Sudeste do País era de R$ 0,25/kWh em outubro de 2010. Se considerado o dólar na faixa de R$ 2,00, o custo seria de aproximadamente US$ 0,13/kWh. Em comparação com o valor praticado na região dos Estados Unidos anteriormente referida, de US$ 0,06/kWh, o custo da energia elétrica no Brasil seria um pouco mais que o dobro. Por sua vez, se comparado ao custo negociado de US$ 0,045/kWh, o custo no Brasil seria 2,9 vezes maior.

Confirmando isso tudo, Aguiar (2011) traz a informação de que no Brasil é praticada a terceira maior tarifa média industrial do mundo em dólares, conforme estudos publicados pela Key World Energy Statistics (KWES, 2010), da International Energy Agency (IEA).

Esse autor informa, no entanto, que 47,74% da conta de energia elétrica não faz parte dos insumos necessários à constituição desse bem. Segundo ele, os custos são distribuídos entre cinco componentes, e dá um exemplo: numa conta residencial de R$ 100,00, os valores estão distribuídos em energia

(R$ 31,16), distribuição (R$ 17,42), transmissão (R$ 3,67), encargos setoriais (R$ 11,24) e tributos (R$ 36,50). A soma dos encargos setoriais com os tributos resulta no valor de R$ 47,74, ou seja, os 47,74% anteriormente citados. No caso de um consumidor industrial, a distribuição de valores sofreria algumas alterações, mas as proporções seriam semelhantes, havendo um acréscimo na energia e uma redução nos tributos (Aguiar, 2011).

Disso se pode deduzir que, para a viabilização de projetos de dessalinização no Brasil, em especial no caso de se adotarem plantas que utilizam o processo OR, nas quais a energia elétrica é o insumo mais importante em termos de custos, seriam necessários esforços para a diminuição do custo de energia elétrica para esse setor.

9.2 Dessalinização de água do mar utilizando OR

Localidade: Tampa Bay, Flórida (EUA).

Considerações preliminares: a empresa Tampa Bay Water (TBW), a maior produtora de água da Flórida, é uma espécie de atacadista do setor, fornecendo água aos seus filiados dos condados de Hillsborough, Pasco e Pinellas, além das cidades de New Port Richey, São Petersburgo e Tampa. Essas concessionárias, que são membros da TBW, por sua vez, fornecem água para dois milhões de pessoas na área da baía de Tampa. A TBW, em parceria com as empresas Poseidon Recursos Elétricos e Southwest Florida Water Management District (SWFWMD), desenvolveram a maior planta de dessalinização de água do mar dos Estados Unidos, com capacidade inicial de produção da ordem de 95.000 m^3/dia de água potável.

A partir dos anos 2000, a área dos três condados, assim como muitas outras cidades costeiras, experimentou um crescimento significativo. Por causa desse crescimento estava havendo sobre-extração de água subterrânea dos poços, criando estresses ambientais nessa área. A SWFWMD determinou então que a TBW reduzisse a extração de águas subterrâneas de uma vazão de 598.000 m^3/dia para 458.000 m^3/dia e que até o ano de 2008 a reduzisse ainda mais, para cerca de 340.000 m^3/dia. Para atender a essa significativa redução na extração de água subterrânea, foi elaborado um plano diretor de água para essa comunidade no qual a dessalinização de água do mar passaria a contribuir com 10% do total do suprimento de água, previsão essa feita para o ano de 2007.

Os processos de dessalinização, principalmente quando utilizada água do mar, têm sido historicamente considerados muito caros para a maioria das comunidades nos Estados Unidos. No entanto, nos últimos tempos tem havido mudanças. As tecnologias de dessalinização usadas hoje são mais rentáveis e confiáveis e apresentam maior eficiência energética. O aumento da produção e as melhorias introduzidas nos materiais utilizados contribuíram para uma maior economia nos processos. A TBW optou pela dessalinização como um meio eficiente para diversificar seu abastecimento de água. Especificamente na usina de Tampa Bay, conseguiu-se uma economia adicional por meio de um consórcio público/privado e de uma parceria com uma concessionária de energia elétrica. Os benefícios mais significativos desse projeto foram:

- ao meio ambiente, por causa da redução do bombeamento dos aquíferos de águas subterrâneas;
- o crescimento econômico e a prosperidade da comunidade puderam ter continuidade em face da disponibilidade contínua de água de alta qualidade para consumo humano, turismo e indústria;
- o projeto vai gerar ainda cerca de US$ 162 milhões em benefícios econômicos diretos para o condado de Hillsborough em razão da oferta de empregos e da melhoria da renda pessoal da comunidade, com uma receita total na faixa de US$ 600 milhões.

Descrição geral do projeto: a usina de dessalinização da TBW foi concebida para produzir inicialmente cerca de 95.000 m^3/dia, com previsão de chegar a 132.500 m^3/dia. O diferencial desse projeto é que a água marinha a ser dessalinizada é captada a partir da usina Big Bend, uma geradora de energia elétrica adjacente à planta de dessalinização. Nessa usina, a água do mar é usada para fazer o arrefecimento do processo. A recuperação nesse processo de dessalinização deverá ficar na faixa de 57%. Assim, o rejeito concentrado, que terá vazão de aproximadamente 72.000 m^3/dia e cuja salinidade deverá ser mais de duas vezes maior que a da corrente de alimentação, será misturado aos 5,3 milhões de m^3/dia de água de arrefecimento da usina elétrica antes de ser descarregado novamente no mar. Trata-se, portanto, de uma diluição de aproximadamente 74 vezes, o que deverá assegurar a proteção ao ecossistema marinho local.

A empresa SWFWMD é muito sensível à necessidade de preservação da vida aquática marinha na baía de Tampa e tem realizado diversos estudos nessa área. Uma das razões da escolha da usina Big Bend para fazer a captação de água é o volume de dados disponíveis para prever quaisquer eventuais mudanças que possam ocorrer, pois essa usina está operando normalmente e vem sendo constantemente monitorada. Além disso, esse local oferece a possibilidade de diluir o rejeito concentrado, conforme anteriormente exposto. Embora todas as previsões indiquem que não haverá nenhum efeito sobre o ambiente marinho em Tampa, foi elaborado um programa de controle que garante que quaisquer impactos, ao serem constatados, serão identificados e atenuados ou corrigidos.

Custos e conclusões: só na construção dessa usina de dessalinização estava previsto um investimento de aproximadamente US$ 100 milhões. Trata-se de uma parceria pública com um parceiro privado, a Tampa Bay Desal LLC. Essa empresa era propriedade da Poseidon Resources, que detinha 100% de seu capital e arcaria com grande parte do risco financeiro do projeto. A empresa SWFWMD cofinanciaria o projeto de forma a compensar o custo da TBW. Como resultado, a TBW pagaria, ao longo de 30 anos, um valor líquido de US$ 0,55/m^3 de água dessalinizada menos um valor referente ao custo de capital da usina, previsto para variar de US$ 0,11 a US$ 0,16, sendo o custo final para os clientes da TBW previsto em cerca de US$ 0,42/m^3.

O custo de dessalinização da água do mar no projeto de Tampa Bay seria mais baixo que os valores históricos de outras partes do mundo. O baixo custo pode ser atribuído à baixa salinidade da água do mar na região em comparação com a de outras áreas, à captação/descarga compartilhada com a usina elétrica e ao custo mais baixo da energia elétrica (US$ 0,04/kWh), além do benefício da parceria comentada anteriormente. Outras características gerais desse empreendimento já foram expostas na subseção 2.9.

9.3 Recuperação de águas residuárias utilizando OR

Localidade: Harlingen, Texas (EUA).

Considerações preliminares: Harlingen é uma comunidade predominantemente agrícola com cerca de 55.000 habitantes que está localizada perto do extremo sul do Texas, a cerca de 10 km da fronteira com o México. As altas taxas de desemprego ocorridas na década de 1980 e no início da década de 1990 levaram a comunidade a criar a empresa Harlingen Development Corporation (HDC), cuja função era organizar e apoiar o desenvolvimento industrial daquela área.

O principal obstáculo para que a HDC atraísse novas indústrias para a área era a impossibilidade de aumentar a produção de água. Em 1988, a Harlingen Water Works System (HWWS), empresa responsável pela produção e distribuição de água local, encomendou um estudo para determinar a maneira mais rentável de produzir água e de captar os efluentes de um potencial consumidor industrial. Os resultados desse estudo indicaram apenas três alternativas:

- *Primeira alternativa*: comprar a água necessária de outros produtores, tratando os efluentes para atender aos critérios de lançamento nos corpos receptores. Verificou-se que era muito difícil encontrar fornecedores e, além disso, o preço da água nesse caso seria muito alto, em torno de US$ 0,44/m^3.
- *Segunda alternativa*: utilizar a água de retorno dos canais de irrigação, tratando-a extensivamente. No entanto, havia um problema: a qualidade e a quantidade não eram muito confiáveis, e o custo da água ficaria em torno de US$ 0,30/m^3.
- *Terceira alternativa*: fazer o tratamento das águas residuárias, com requisitos de qualidade para o reúso. Nesse caso, o custo ficaria por volta de US$ 0,23/m^3.

Os estudos mostraram que as melhores condições em termos de custos, confiabilidade de fluxo, além dos aspectos de conservação das fontes de água existentes, seriam as da terceira alternativa, que considera o reúso da água, e que essa seria então a melhor opção. A reutilização das águas residuárias de uma empresa já instalada denominada Fruit and Loom não tinha sido incluída na fase inicial do projeto, mas essa inclusão foi considerada numa fase posterior.

A HWWS considerou então que a opção de reúso era a mais rentável para fornecer água aos futuros clientes industriais em potencial. A Fruit and Loom aceitou fornecer inicialmente cerca de 6.000 m^3/dia, disponibilizando essa vazão para tratamento e reúso. A estação de recuperação de água de Harlingen iniciou sua bem-sucedida operação em 1990, fornecendo água para a Fruit and Loom. Expansões posteriores conduziram a uma capacidade total de produção de água de reúso nessa estação de cerca de 15.000 m^3/dia, dos quais cerca de 11.400 m^3/dia estariam sendo usados naquele momento. Os benefícios mais significativos desse projeto foram:

- criar aproximadamente 3.000 postos de trabalho em uma comunidade com alto nível de desemprego;

- demonstrar, em nível nacional, o valor, benefício, economia e sucesso do reúso de água, mesmo para pequenas comunidades.

Descrição geral do projeto: a estação de tratamento de águas residuárias de Harlingen foi construída em fases para atender às crescentes necessidades da comunidade.

A fase inicial, que começou a operar em 1990, produzia cerca de 8.300 m^3/dia de água de reúso, utilizando apenas o esgoto sanitário como fonte de alimentação. A expansão que se seguiu foi concluída em 1999, chegando a uma capacidade instalada de tratamento de aproximadamente 15.000 m^3/dia. Nessa época, a vazão efetivamente tratada estava em torno de 11.300 m^3/dia. A limitação nesse processo é a água residuária disponível. Nesse caso, estava sendo utilizada toda a água residuária municipal. No futuro, para atingir a capacidade instalada de 15.000 m^3/dia, será utilizada a água residuária industrial da empresa Fruit and Loom, conforme exposto anteriormente.

A estação usa extensivamente o pré-tratamento convencional antes do sistema OR. Grande parte da água tratada transforma-se em água para reúso. No entanto, ainda sobra uma descarga de águas residuárias nessa estação de tratamento composta pelo efluente industrial da Fruit and Loom, a qual recebe apenas um tratamento convencional, não sendo considerada água de reúso, misturada ao concentrado do processo OR. Essa mistura tem por objetivo diluir o teor de sais do concentrado antes da descarga feita no Arroyo Colorado, um riacho influenciado pelas marés, e eventualmente no estuário do rio Grande.

Na época desse relato, a estação de tratamento de Harlingen vinha sendo operada com sucesso há mais de 10 anos, com uma recuperação acima de 90%. O crescimento econômico contínuo e as crônicas deficiências hídricas locais podem levar à necessidade de novas expansões e de contínuos avanços tecnológicos. A Fig. 9.2 mostra o diagrama de processo dessa estação.

Custos e conclusões: foram utilizadas verbas estaduais e federais para auxiliar na construção do projeto inicial. Empréstimos estatais foram feitos para serem obtidos recursos financeiros adicionais para o projeto. O custo médio da água de reúso está em torno de US$ 0,23/m^3, com grande potencial de redução em função da aplicação de novas tecnologias mais rentáveis ao projeto.

A experiência de Harlingen vem se constituindo como um excelente exemplo de como uma comunidade pode melhorar sua capacidade econômica utilizando soluções criativas para vencer as limitações de seus recursos hídricos. Trazer um cliente industrial forte para a comunidade, com potencial de crescimento futuro, pode desempenhar papel significativo no bem-estar econômico de uma comunidade suscetível aos impactos da seca em sua forte base agrícola. O reúso da água tem desempenhado papel fundamental na satisfação das necessidades dessa comunidade, e essa experiência não é única. Outras comunidades estão considerando o reúso das águas por causa do crescimento da demanda de água enquanto as fontes de abastecimento convencionais permanecem constantes ou estão em declínio.

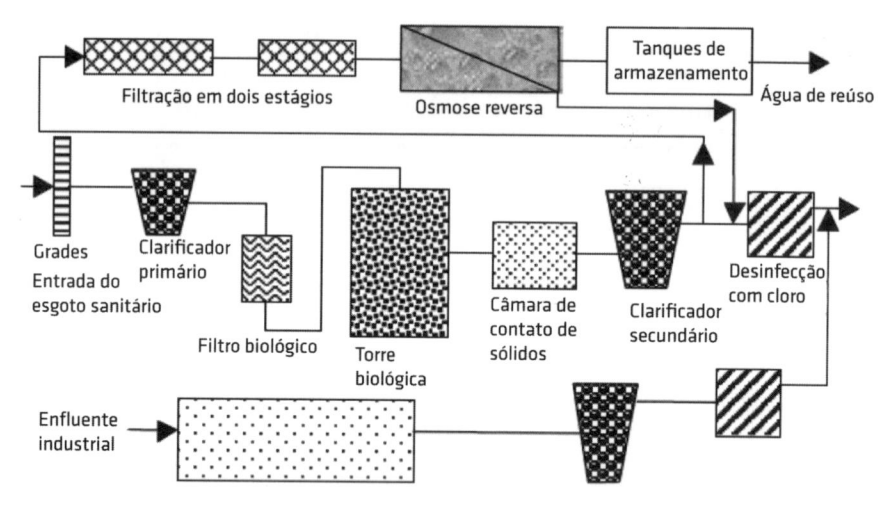

FIG. 9.2 *Esquema da estação de recuperação de águas residuárias de Harlingen, Texas (EUA) Fonte: USBR (2003).*

9.4 DESSALINIZAÇÃO DE ÁGUA DO MAR PELO PROCESSO DE DESTILAÇÃO MEF

Localidade: Complexo de Ghubrah, Muscat, Sultanato de Omã (Golfo Pérsico)

Considerações preliminares: a cidade de Muscat, capital do Sultanato de Omã, tinha aproximadamente 832.000 habitantes em 2008 (Wikipédia, 2011). Segundo o USBR (2003), a decisão de fazer a dessalinização da água do mar em Omã ocorreu mais tarde que na maioria dos outros países do Golfo Pérsico. Lá, as primeiras usinas começaram a operar somente em 1976, talvez em decorrência de ele apresentar, em comparação com os países vizinhos, uma situação relativamente favorável em termos de recursos hídricos renováveis. Com base na população em 2000, a DHPC era da ordem de 760 m³/hab.ano, enquanto nos Emirados Árabes Unidos, em 1990, era de 190 m³/hab.ano, e no Kuwait, de menos de 10 m³/hab.ano (ver Tab. 2.3). Em Omã, o acesso aos recursos hídricos é feito por meio de reservatórios localizados em todo o país. Além disso, Omã é geralmente conservadora com seus recursos hídricos e depende muito do reúso de água para usos não potáveis, em particular na área mais urbana de Muscat. Esse fato de certa forma diminuiu a dependência da dessalinização de água do mar nesse país em épocas anteriores ao crescimento mais acelerado das áreas urbanas que se verificou a partir da década de 1970.

Em meados dos anos 1970, a grande área urbana de Muscat foi modernizada e houve grande aumento na demanda de água e de energia elétrica, tendo a demanda ultrapassado os recursos hídricos disponíveis. Disso resultou a necessidade de construir o complexo de geração de energia elétrica e de dessalinização de Ghubrah.

Na região do Oriente Médio, quase todas as estações de dessalinização por destilação térmica para uso como água de abastecimento público são desenvolvidas em fases, isto é, os complexos de dessalinização são desenvolvidos em diversas fases ao longo do tempo, à medida das necessidades e em função das verbas de financiamento disponíveis.

O Complexo de Ghubrah fica perto da cidade de Muscat e é constituído de seis plantas, que utilizam o processo de destilação MEF e foram colocadas em operação entre 1976 e 2000. Quatro dessas plantas foram fornecidas por um fabricante japonês, outra por uma empresa alemã e outra por um fornecedor do Reino Unido. A Tab. 9.1 mostra a capacidade média de produção das unidades desse complexo.

TAB. 9.1 Capacidade de produção das unidades do Complexo de Ghubrah

Unidade	Produção (m³/dia)
Ghubrah 1	22.720
Ghubrah 2	27.252
Ghubrah 3	54.504
Ghubrah 4	27.252
Ghubrah 5	27.252
Ghubrah 6	31.794
Total	190.774

Fonte: USBR (2003).

Como na maioria das outras plantas de dessalinização por destilação térmica, no Complexo de Ghubrah é utilizado o conceito da cogeração, ou seja, nela se produz tanto energia elétrica quanto água dessalinizada. Em 2000, esse complexo podia produzir 190.774 m³/dia de água dessalinizada e 630 MW de energia elétrica.

A dessalinização de água em Omã e, portanto, o Complexo de Ghubrah estão sob responsabilidade do Ministério de Eletricidade e Água (MEW). No entanto, a operação desse complexo está sob responsabilidade da Sogex, uma empresa privada.

Descrição geral do projeto: a tomada de água para a usina de dessalinização se estende por aproximadamente 1,0 km dentro do Golfo de Omã. A água do mar é transportada a vácuo, através de um tubo de 2,00 m de diâmetro, até o poço de sucção das bombas, situado junto à praia, no local da usina.

Cada uma das sete unidades de destilação (em Ghubrah 3 são duas unidades) é do tipo MEF. O projeto da unidade inicial instalada na Ghubrah 1 é bem diferente das unidades subsequentes. A unidade 1 é do tipo tubo longo, com evaporador de fluxo do tipo paralelo, enquanto as unidades subsequentes usam evaporadores de tubos transversais. Além disso, na unidade 1 são utilizadas três bombas para fazer o *blowdown* (purga de vapor), o qual é realizado em todas as outras unidades a partir da linha de descarga da bomba de concentrado. Todas as unidades fazem a recirculação do concentrado. Na Tab. 9.2 são apresentados alguns dados de projeto das seis fases do Complexo de Ghubrah.

O Complexo de Ghubrah é operado de quatro maneiras diferentes. O vapor é obtido:

- dos extratos da turbina de geração de energia elétrica;
- da pressão de retorno da turbina de geração de energia elétrica;
- diretamente dos excedentes das caldeiras de recuperação de calor;
- diretamente das caldeiras.

A demanda de energia oscila muito entre o verão e o inverno, ao passo que a demanda de água é relativamente constante durante todo o ano. Como resultado, no verão as usinas de geração de energia elétrica e de dessalinização são operadas a plena carga, enquanto no inverno a geração de energia elétrica é feita a baixas cargas, e a dessalinização, a plena carga. As plantas de Ghubrah são projetadas para acomodar essas variações de carga elétrica sem variação significativa na demanda de água. Sob operação de baixa carga elétrica, o vapor exausto das turbinas pode fornecer apenas parte da energia necessária para a dessalinização, sendo a diferença fornecida diretamente pelas caldeiras. Assim, o custo atribuído à dessalinização é maior no inverno do que no verão.

TAB. 9.2 Principais dados de projeto das seis fases do Complexo de Ghubrah

Fases	Ano de instalação	Tipo de sistema MEF	Capacidade de produção de água dessalinizada (m³/dia)	Relação entre os produtos finais: destilado/concentrado (kg)	Concentração de sólidos no destilado (mg/L)	Temperatura de projeto da água de alimentação (°C)
Ghubrah 1	1976	Tubos longos	22.720	3,08	100	máx. 35
Ghubrah 2	1982	Tubos transversais	27.252	2,91	50	30 a 35
Ghubrah 3 (*)	1986	Tubos transversais	54.504	2,91	50	30 a 35
Ghubrah 4	1992	Tubos transversais	27.252	2,96	50	30 a 35
Ghubrah 5	1996	Tubos transversais	27.252	Não conhecida	50	30 a 35
Ghubrah 6	2000	Tubos transversais	31.794	Não conhecida	50	30 a 35

(*) A fase Ghubrah 3 abrange duas unidades.
Fonte: USBR (2003).

Estabiliza-se a água dessalinizada fazendo-a passar através de um leito de calcário antes de sua distribuição ou armazenamento. A água pode ser armazenada em reservatórios no local antes de ser distribuída para a cidade de Muscat. Esse produto final (água dessalinizada) cumpre integralmente os padrões de água potável de Omã.

Custos e conclusões: o Complexo de Ghubrah tem se mostrado eficiente tanto em termos de geração de energia elétrica quanto em termos de dessalização de águas nessa região de Muscat há mais de 25 anos, e possibilitou que uma cidade antiga, cercada de muros, sem rodovias pavimentadas, se transformasse em uma cidade moderna, industrializada, com toda a infraestrutura necessária, como qualquer outra cidade contemporânea.

Cada uma das fases do Complexo de Ghubrah apresenta variação no seu custo operacional devido às diferenças de concepção de projeto e modos de operação em relação à planta de geração de energia elétrica. Em face da necessidade de ativar as caldeiras no inverno para fornecer vapor suficiente para o processo MEF, os custos operacionais tornam-se significativamente mais dispendiosos nessa estação. No verão, além das temperaturas serem mais altas, o que diminui as perdas por esfriamento, tem-se maior excedente de vapor vindo da usina elétrica, porque ela está operando a plena carga, o que diminui a distribuição dos custos de combustíveis para o processo de destilação.

A Fig. 9.3 mostra a tubulação de tomada de água do Complexo de Ghubrah. As bombas centrífugas levam a água, a partir desse local, para dentro da planta para o processo de destilação. A Fig. 9.4 mostra uma das unidades MEF desse complexo.

Na Tab. 9.3 são apresentados os custos médios, considerando todas as unidades de dessalinização do Complexo de Gubrah, em relação a combustíveis e outros custos, que incluem custos de energia auxiliar, recursos humanos, suprimentos, peças de reposição, depreciação e produtos químicos, para os períodos de verão e de inverno.

FIG. 9.3 *Tubulações da tomada de água do Complexo de Ghubrah*
Fonte: USBR (2003).

TAB. 9.3 Custos médios de dessalinização de água do mar no Complexo de Ghubrah

Custos (US$/m³)	No verão	No inverno
Com combustíveis	0,073	0,284
Outros custos	0,563	0,599
Custo total	**0,636**	**0,883**

Fonte: USBR (2003).

As informações anteriores sobre o Complexo de Ghubrah são baseadas no relatório da USBR (2003), que, por sua vez, cita como fonte Wangnick (2000). Buscando informações mais recentes sobre esse complexo, descobriu-se que em junho de 2007 um raro ciclone tropical denominado Gonu atingiu a região de Omã. Segundo informações veiculadas em diversos jornais, o terminal de gás natural liquefeito localizado em Sur foi severamente afetado pela tempestade e teve que sofrer paralisação, fazendo com que a usina elétrica de Ghubrah, alimentada pelo gás natural, também tivesse que parar de operar. A produção de água dessalinizada e as duas principais estações dessalinizadoras de água da região foram igualmente interrompidas, tendo o mesmo ocorrido com a estação de Ghubrah por causa dos problemas com o gás natural. A estação de Barka teve seus equipamentos danificados pela enchente.

Essas estações proviam água potável para mais de 631.000 habitantes de Muscat e de áreas circunvizinhas, e sua paralisação causou severos cortes de água no lado leste do país. No entanto, segundo a mesma fonte, eletricistas trabalharam rapidamente para reparar os danos no sistema de fornecimento de eletricidade e o fornecimento de água voltou a uma situação quase normal em cinco dias, assim que as duas estações começaram a funcionar novamente. Cinco dias após o ciclone Gonu ter atingido Omã, essas utilidades públicas voltaram a funcionar na maior parte de Muscat e nas províncias costeiras.

Isso mostra a importância de um bom projeto quando se trata de áreas costeiras. Esse projeto deve prover as instalações de medidas de segurança, em especial protegendo-as de eventuais fenômenos climáticos excepcionais, como ciclones, que, embora raros naquela região, podem atingi-la.

FIG. 9.4 *Unidade MEF do Complexo de Ghubrah*
Fonte: USBR (2003).

Segundo Al-Barwani (2008), com a redução da capacidade do Complexo de Ghubrah devido à desativação de duas das sete unidades MEF, de 2010 a 2014 deve haver um *deficit* de água entre 26.000 m³/dia e 132.000 m³/dia na região.

Informações mais recentes dão conta de que grandes empresas internacionais estariam entre as 16 que buscam a pré-qualificação para participar de um concurso para a obtenção da licença visando desenvolver um projeto independente de água (IWP) em Ghubrah (Prabhu, 2011). A lista inclui Marubeni Corporation, Veolia, Degréemont (do Oriente Médio), Sumitomo Corporation e Utilitários Sempcorb. O licitante vencedor obterá licença para desenvolver, possuir, financiar e operar um projeto de dessalinização de água do mar com capacidade de 191.000 m³/dia. A intenção é acelerar esse processo com vistas a assegurar que a água potável dessa nova planta torne-se disponível a partir de 2013. Para cumprir tal objetivo, bem como para assegurar a continuidade do abastecimento de água para Ghubrah, o projeto será implantado em fases. O novo IWP de Ghubrah tem custo estimado entre US$ 350 milhões e US$ 400 milhões e vai ocupar um novo espaço no mesmo local do atual complexo de geração de energia e dessalinização.

9.5 Dessalinização de água de irrigação utilizando OR

Localização: Yuma, no Arizona (EUA), na fronteira com o México.

Considerações gerais: esse é um exemplo de que nem sempre os projetos são bem conduzidos. Mesmo nos Estados Unidos, que tem capacidade técnica e econômica mais elevada que a maioria dos outros países, acontecem erros estratégicos de planejamento, como o relatado por Davis (2010), no qual toda esta seção é baseada.

Segundo esse autor, a usina de dessalinização de Yuma, na qual já teriam sido gastos US$ 150 milhões, foi ligada, apenas para um teste, em 26 de abril de 2010, 36 anos depois que foi autorizada pelo Congresso.

Pelo projeto, essa usina deveria captar água de escoamento de irrigação vinda do distrito de irrigação e drenagem de Wellton-Mohawk, muito salgada, e convertê-la em água potável para envio ao México, atendendo a acordos feitos entre os dois países. Sem essa usina, os Estados Unidos teriam que enviar ao México mais água do rio Colorado (a partir do lago Mead, localizado na fronteira do Arizona com Nevada e cuja água é trazida para o sul do Arizona pelo sistema de canal CAP), uma fonte importante de água potável para as cidades de Tucson e Phoenix, já bastante atormentadas pela seca.

Os Estados do sudoeste dos Estados Unidos pressionam há anos pelo início de operação dessa usina de dessalinização, fechada há bastante tempo (sua construção terminou em 1992). No entanto, uma vez que seu custo de operação é muito alto, de US$ 23 milhões para um teste de 12 meses, parece claro que essa planta nunca vai operar à plena carga.

O Bureau of Reclamation dos Estados Unidos acha que pode até ser mais barato e inteligente pagar aos agricultores da área de Yuma para deixar de cultivar a terra. Assim, a água do rio Colorado que usam para irrigação poderia seguir para o México, reduzindo a necessidade de água dessalinizada, que é considerada muito cara para essa finalidade.

Esse é o mais recente capítulo na longa e confusa história da usina de dessalinização de Yuma, considerada por seus apoiadores como parte da solução para a seca na bacia do rio Colorado. Porém, como se trata de uma usina que permaneceu ociosa na maior parte de seus 18 anos e vai custar quatro vezes mais para operar que o projeto do Arizona Central, também tem sido chamada de elefante branco.

A começar do dia 26 de abril de 2010, a usina operou com 30% da capacidade durante 12 dos 18 meses seguintes. O teste permitiu que seus funcionários entendessem claramente os custos operacionais da planta e quanto de investimento adicional teria que ser feito nela. A usina operou com grande quantidade de equipamentos envelhecidos.

Segundo Chuck Cullum (apud Davis, 2010), analista sênior de política para o projeto do Arizona Central, que leva água potável para Phoenix e Tucson a partir do rio, os funcionários do serviço de água do Arizona acreditam que o governo federal deveria operar a usina de forma permanente, pois o tempo para avaliar e construir outras alternativas é muito longo. Ainda de acordo com ele, por se estar em meio a uma seca, era necessário economizar a água do lago Mead e começar a tomar as decisões difíceis sobre como avançar caso essa planta não funcionasse.

Num ato sem precedentes, que as autoridades chamam de cooperação estado-federação, os governos de Arizona, Califórnia e Nevada estão combinando pagar US$ 14 milhões dos US$ 23 milhões. Em troca, eles teriam direito a uma parte proporcional da água que será armazenada no lago Mead e não lançada rio abaixo para o México.

A pleno vapor, essa usina poderia produzir 96,2 milhões de m³/ano de água, o que seria suficiente para abastecer anualmente cerca de 250 mil famílias. Os funcionários da Arizona dizem que essa usina é necessária porque, em curto prazo, é a solução para o rio Colorado.

A década que terminou em 2009 foi a mais quente e seca já registrada nos sete Estados que fazem parte da BH desse rio. A vazão de pico que deve ocorrer na primavera de 2010 é estimada em apenas 66% da vazão normal no lago Powel.

O custo operacional dessa usina está estimado em US$ 0,39/m³, comparado com cerca de US$ 0,10/m³ para a entrega da água do canal. O custo por metro cúbico pode cair se a usina for operada a pleno vapor em função da economia de escala. Cullum (apud Davis, 2010) reconheceu que a agência tem sido muito cooperativa em explorar alternativas e ficado no meio de pressões conflitantes.

Karl Flessa (apud Davis, 2010), chefe do Departamento de Geociências da Universidade do Arizona e que faz parte de um estudo de acompanhamento dos efeitos ambientais da usina de dessalinização, disse que seu palpite é que os funcionários poderiam economizar a quantidade de água que essa usina produzirá por meio de medidas de conservação em fazendas e cidades. De acordo com ele, a água também é necessária para abastecer algumas zonas úmidas restantes da região, e, além disso, nas águas do oeste, o foco até recentemente era aumentar a oferta, mas agora era preciso voltar o olhar para o lado da procura.

Um problema que o departamento deve ter sempre em mente é que a usina não costuma receber grandes aumentos de orçamento e que seriam necessários consideráveis investimentos adicionais para a substituição de equipamentos que envelheceram, de acordo com Jennifer McCloskey (apud Davis, 2010), gerente do escritório do departamento de Yuma. Alguns anos atrás, antes de começar a recessão econômica, McCloskey (2010 apud Davis, 2010) teria sido um pouco mais otimista sobre o futuro dessa usina a longo prazo.

Se as autoridades decidirem tomar a rota da produção em terras agrícolas, no entanto, a experiência até agora sugere que não será uma solução completa ou definitiva. Em quatro anos, o departamento economizou 24,7 milhões de metros cúbicos de água, pagando de US$ 0,07 a US$ 0,14 por metro cúbico para agricultores perto de Yuma e no sul da Califórnia.

Depois de enviar cartas a todos os agricultores importantes dessa área, houve alguns compradores, mas não tantos quanto foi previsto no início do programa, segundo Steve Hvinden (2010 apud Davis, 2010), diretor de operações para o gabinete.

Mais informações sobre essa usina foram apresentadas na subseção 2.9.9.

9.6 Dessalinização de água do mar utilizando OR

Localização: Arquipélago de Fernando de Noronha (PE).

Considerações gerais: todas as informações apresentadas nesta seção são de Suriani e Prado (2011). Segundo esses autores, o arquipélago de Fernando de Noronha foi descoberto há 508 anos, fica a 545 km da cidade de Recife (PE) e é considerado um santuário ecológico. Como em todas as outras ilhas do mundo, o abastecimento público de água potável para os habitantes é um grande desafio, em especial nas épocas de estiagem. No caso desse arquipélago, há também uma população flutuante que para lá se dirige em razão de seu enorme potencial turístico.

O número de domicílios cadastrados em Fernando de Noronha é de 960, entre residências, pousadas, hotéis, restaurantes etc. A população total de projeto a ser abastecida é hoje estimada em 3.500 habitantes, considerando os noronhenses e os turistas.

Até 1999 o sistema produtor de água em Noronha era composto por um açude de água doce denominado Xaréu e por dois poços tubulares de pequena vazão. Como forma de complementar a demanda em situações emergenciais, uma embarcação da marinha brasileira era utilizada como barco-tanque, levando água do continente para o arquipélago.

Em 1999 foi instalado o primeiro sistema de dessalinização da água do mar por OR, com capacidade para 16 m^3/h (cerca de 4,4 L/s ou 256 m^3/dia). No entanto, o sistema de pressurização (tipo pistão) instalado não era apropriado, o que provocava sérios problemas operacionais.

Em 2004 houve uma ampliação desse sistema para 24 m^3/h (cerca de 6,7 L/s ou 576 m^3/dia), com a utilização de uma tecnologia mais adequada. No entanto, a partir desse ano o açude Xaréu entrou em colapso por quatro anos consecutivos e a população e os turistas dispunham unicamente da água dessalinizada e do pequeno acréscimo de água (1,5 m^3/h ou 36 m^3/dia) vindo dos poços tubulares. Nessa época, houve um sério racionamento, que chegou a ser de seis dias sem água por semana.

Em 2006 o sistema produtor de dessalinização recebeu um novo incremento, chegando a 36 m^3/h (10 L/s ou 864 m^3/dia), o que melhorou um pouco a questão do racionamento. Em meados de 2008 o açude Xaréu saiu do colapso e a distribuição de água tornou-se melhor, e o racionamento passou a ser de 2,5 dias sem água por semana.

Com a ampliação do sistema de dessalinização ocorrida em agosto de 2011, o sistema passou a ter capacidade instalada de produção de 15 L/s (aproximadamente 1.300 m^3/dia), agora com um sistema de dessalinização mais moderno, que utiliza turbinas para o reaproveitamento de parte da pressão aplicada nos módulos de OR. Isso proporciona, segundo os autores, uma economia de energia elétrica da ordem de 34% no valor do kWh/m^3 (valor não revelado na reportagem). Aparentemente, com essa nova unidade de produção, será resolvido o problema de abastecimento de Noronha, pelo menos por enquanto. Gastou-se, nessa ampliação, cerca de R$ 2,5 milhões, aproximadamente US$ 1,25 milhão, segundo o valor médio do dólar comercial norte-americano em 28 de janeiro de 2013, quando US$ 1,00 valia aproximadamente R$ 2,00.

No entanto, existe uma questão ainda a ser resolvida nesse arquipélago. A população, atingida pelas constantes faltas de água, acostumou-se a fazer grandes reservações do líquido. O consumo *per capita*, talvez por essa razão, é considerado bastante alto, por volta de 280 L/hab.dia, enquanto a média de consumo utilizada em outros projetos da Companhia Estadual de Água de Pernambuco (Compesa) é de 160 L/hab.dia. Apesar de o custo de produção em Fernando de Noronha aparentemente ser mais alto do que nos demais sistemas daquele Estado (o valor de produção por metro cúbico tratado também não foi revelado na reportagem), o valor cobrado por metro cúbico dos habitantes do arquipélago é exatamente o mesmo que o da cidade de Recife, isto é, R$ 25,80, cerca de R$ 2,58/m^3 ou US$ 1,29/m^3, segundo o valor médio do dólar comercial norte-americano em 28 de janeiro de 2013, quando US$ 1,00 valia aproximadamente R$ 2,00. Essa tarifa é válida para a primeira faixa de consumo (10 m^3/mês), ou seja, é o menor valor de todas as faixas.

9.7 Considerações finais a respeito das usinas de dessalinização

A dessalinização de águas salobras e salinas para abastecimento já não é mais uma realidade apenas em outros países. Há relatos de instalações de pequeno porte por OR tratando águas salobras em diversos municípios do Nordeste brasileiro. Em 2004, conforme dados da Associação dos Geógrafos Brasileiros (AGB), mais de 3.000 instalações desse tipo estavam implantadas no semiárido do Nordeste. O Governo Federal, com a criação do Programa Água Doce, do Ministério do Meio Ambiente, sinalizou a ampliação desse número, indicando ainda a intenção de recuperar os equipamentos parados por falta de manutenção e mau uso (AGB, 2004 apud Soares et al., 2006). No Brasil, portanto, são ainda instalações de pequeno porte.

Apesar disso, não é difícil prever também que os mananciais de água doce das cidades situadas nas regiões costeiras brasileiras mais cedo ou mais tarde não terão mais capacidade de suprir adequadamente a população, pois os recursos hídricos atingirão o seu máximo uso e, obviamente, as populações continuarão a crescer. Isso já aconteceu em diversas cidades do mundo, mesmo em regiões onde a disponibilidade hídrica era razoável. Constata-se que, das 27 capitais de Estado, 11 estão situadas próximo ao mar.

O censo realizado em 2010 estimou a população total do país em 190.732.694 (IBGE, 2011) e mostrou uma variação do crescimento da população urbana de 81% em 2000 para 84% em 2010, tendência já observada nas últimas décadas. Se consideradas as Regiões Metropolitanas das 11 capitais brasileiras situadas próximo ao mar, tem-se hoje uma população de pouco mais de 31 milhões de habitantes, o que corresponde a 16,3% da população total do País (Tab. 9.4).

TAB. 9.4 População estimada das Regiões Metropolitanas das capitais costeiras brasileiras

Regiões Metropolitanas	Estado	População estimada
São Luís	Maranhão	1.327.881
Fortaleza	Ceará	3.610.379
Natal	Rio Grande do Norte	1.350.840
João Pessoa	Paraíba	1.198.675
Recife	Pernambuco	3.688.428
Maceió	Alagoas	1.156.278
Aracaju	Sergipe	835.654
Salvador	Bahia	3.574.804
Vitória	Espírito Santo	1.685.384
Rio de Janeiro	Rio de Janeiro	11.711.233
Florianópolis	Santa Catarina	1.012.831
Total		31.152.387

Fonte: IBGE (2011).

Sabe-se que o crescimento populacional ocorre de forma diferenciada de região para região e que há uma tendência de diminuição da taxa média de crescimento da população e uma tendência de maior aglomeração urbana em detrimento da população rural. Mesmo sabendo tudo isso, pode-se tentar estimar o que acontecerá no futuro. Por exemplo, se adotada a taxa de crescimento média apontada no censo de 2010 (12,3% em 10 anos), haveria em 2020 um acréscimo de pouco mais de 3,8 milhões de pessoas à população das Regiões Metropolitanas relacionadas na Tab. 9.4, e em 2030, um acréscimo de pouco mais de 8,1 milhões de pessoas em relação a 2010. Diante de tal contexto, podem ser colocados os seguintes questionamentos:

- Os mananciais de água doce hoje disponíveis serão suficientes para atender a esse crescente contingente populacional?
- Se ainda houver disponibilidade de mananciais de água doce, até quando se poderá contar com esses recursos?

Pelo exposto, acredita-se que fatalmente será necessário seguir o exemplo de outros países. Então, pode-se perguntar: por que não começar já a programar e prever instalações-piloto de dessalinização da água do mar também para atender a essas grandes aglomerações urbanas? Mesmo que ainda não sejam absolutamente necessárias, tais instalações poderiam ser usadas para aprendizado técnico a ser utilizado no futuro.

Sabe-se que o crescimento populacional também preocupa em relação a outras questões, como é o caso do fornecimento de energia elétrica, e, se não houver preocupação em relação a isso, pode-se ter que voltar à situação encontrada nas grandes capitais nas décadas de 1950 e 1960. Por exemplo, no Rio de Janeiro, uma canção popular chamada "Vagalume", de Vítor Simon e Fernando Martins, lançada como marchinha de carnaval em 1954 pelos Anjos do Inferno e por Violeta Cavalcanti, dizia: "Rio de Janeiro, cidade que me seduz, de dia falta água, de noite falta luz".

De tudo o que foi até aqui pesquisado, pode-se afirmar de maneira geral que, na dessalinização de águas salobras e salinas, tanto os processos de destilação quanto os que se utilizam de membranas em grande escala de produção são sempre instalações de grande complexidade técnica, cujos custos de construção, operação e manutenção são significativos quando comparados com a produção de água potável a partir de fontes de água doce provindas de mananciais de boa qualidade.

Pode-se perceber também que até países detentores de grande conhecimento técnico e de alta tecnologia, como os Estados Unidos, tiveram sérios problemas na instalação de suas grandes usinas de dessalinização. Esses projetos são sempre muito polêmicos e questionados por ambientalistas e economistas e pela sociedade em geral.

Além disso, é possível afirmar que nos projetos de dessalinização o custo da energia elétrica no Brasil é um item extremamente relevante nos estudos de viabilidade técnico-econômica. Por exemplo, na subseção 2.10.4, afirmou-se que nos processos de dessalinização por OR, quando utilizados dispositivos de recuperação de energia, o consumo de energia é geralmente menor que 3 kWh/m^3 de água produzida. Na seção 9.1, afirmou-se que o custo de energia elétrica para o setor industrial na região Sudeste do Brasil era de R$ 0,25/kWh em outubro de 2010. Assim, como exemplo, pode-se dizer que um sistema desse tipo no País teria um custo, só com energia elétrica, um pouco abaixo de R$ 0,75/m^3 de água produzida, ou cerca de US$ 0,38/m^3 de água produzida.

No entanto, pode-se afirmar também que, em certas regiões do planeta, infelizmente a dessalinização de águas salobras e salinas, apesar de todos os inconvenientes, vem se constituindo na única solução viável atualmente, o que decerto também vai ocorrer no Brasil futuramente. Esse é mais um motivo para começar a se preparar para conhecer, pesquisar e utilizar a dessalinização de águas visando ao suprimento de água à população, em especial nas áreas urbanas litorâneas.

Por fim, um fator importante que deve ser levado em conta é que os processos de dessalinização não estão sujeitos a eventos críticos de estiagem, como ocorre com os mananciais de água doce superficiais. É importante lembrar o que ocorreu em 2014 na RMSP: em razão de um ano atípico de seca prolongada, foi necessário utilizar o volume morto dos reservatórios no mais importante manancial que abastece a região, o Sistema Cantareira, que provê água a cerca de 33 m^3/s. Sabendo que a reposição desse volume de água nos anos vindouros será provavelmente demorada e incerta, a situação é por demais preocupante.

Deve-se ressaltar também que a RMSP não é um bom exemplo para pensar em fazer dessalinização, uma vez que há um desnível na serra do Mar de mais de 700 m a ser vencido por bombeamento, o que provavelmente torna essa prática inviável. No entanto, esse não é um problema restrito a essa RM. Como já citado, no Brasil há 11 capitais de Estado à beira-mar e algumas delas apresentam sérios problemas na questão de utilização de mananciais para abastecimento público.

Referências bibliográficas

ADHAM, S. et al. Rejection of MS-2 virus by RO membranes. *Journal AWWA* (American Water Works Association), v. 90, 1998.

AGB - ASSOCIAÇÃO DOS GEÓGRAFOS BRASILEIROS. Embrapa utiliza rejeito de dessalinizadores para criar peixes e caprinos. *Rev. Bras. Eng. Agríc. Ambient.*, Campina Grande, v. 10, n. 3, jul./set. 2006. Disponível em: <http://geocities.yahoo.com.br/agbcg/dessali.htm>. Acesso em: 10 jul. 2010.

AGUIAR, J. O preço da energia elétrica no Brasil. *Jornal da Cidade,* Poços de Caldas, 2 jun. 2011.

AINSWORTH, R. *Safe piped water*: managing microbial water quality in piped distribution systems. World Health Organization (WHO), 2004.

AL-BARWANI, H. Seawater desalination in Oman. *Arab Water World* (AWW), v. XXXII, n. 12, Dec. 2008.

ANA - AGÊNCIA NACIONAL DE ÁGUAS. *Conjuntura dos recursos hídricos no Brasil:* informe 2012. Ed. especial. Brasília, 2012. 215 p. Disponível em: <http://arquivos.ana.gov.br/institucional/spr/conjuntura/webSite_relatorioConjuntura/projeto/index.html>. Acesso em: 18 fev. 2013.

ANEEL - AGÊNCIA NACIONAL DE ENERGIA ELÉTRICA. *Tarifas médias (R$/MWh) por classes de consumo e por regiões geográficas do Brasil*: mensal e anual a partir de 2003. 2011. Disponível em: <http://www.aneel.gov.br/area.cfm?idArea=550>. Acesso em: 27 jan. 2015.

APPLAUSE, at last, for desalination plant. *The Tampa Tribune*, Dec. 22, 2007.

ARROYO, J. *Desalination in Texas*. Feb. 2004.

ASTM - AMERICAN SOCIETY FOR TESTING AND MATERIALS. *D5091-95*: standard guide for water analysis for electrodialysis/electrodialysis reversal applications. 2001a.

ASTM - AMERICAN SOCIETY FOR TESTING AND MATERIALS. *D5131-90*: standard guide for record keeping for electrodialysis/electrodialysis reversal systems. 2001b.

BAKER, R. W. *Membrane technology and applications*. 2nd ed. Wiley, 2004. 541 p.

BLACK & Veatch - designed desalination plant wins global water distinction. *Edie.net*, 4 May 2006. Disponível em: <http://www.edie.net/news/3/Black--Veatch--Designed-Desalination-Plant-Wins-Global-Water-Distinction/11402/>. Acesso em: 29 out. 2010.

BUROS, O. K. *The ABCs of desalting*. 2nd ed. Topsfield: IDA - International Desalination Association, 1990. 30 p.

CAPRA, F. *O ponto de mutação*: a ciência, a sociedade e a cultura emergente. Tradução de Álvaro Cabral. São Paulo: Cultrix, 1991.

CATALISA - REDE DE COOPERAÇÃO PARA A SUSTENTABILIDADE. *O conceito de sustentabilidade e o desenvolvimento sustentável*. [s.d.]. Disponível em: <http://www.catalisa.org.br/>. Acesso em: 2 set. 2010.

CCC - CALIFORNIA COASTAL COMMISSION. *Seawater desalination in California*. 1993. Disponível em: <http://www.coastal.ca.gov/desalrpt/dtitle.html>. Acesso em: 3 out. 2012.

CERH-SP - CONSELHO ESTADUAL DE RECURSOS HÍDRICOS DE SÃO PAULO. Plano estadual de recursos hídricos (PERH). São Paulo: DAEE, 2006. Disponível em: <http://www.daee.sp.gov.br/acervoepesquisa/perh/perh2204_2207/perh20042007.htm>. Acesso em: 27 jan. 2015.

CHAMBERS, A. *Modern vacuum physics*. Chapman & Hall; CRC, 2005.

COLVIN, C. K.; ACKER, C. L.; MARINAS, B. J.; LOZIER, J. C. Microbial removal by NF/RO. In: ANNUAL CONFERENCE, American Water Works Association, Denver, June 2000.

CONAMA - CONSELHO NACIONAL DO MEIO AMBIENTE. Resolução nº 357, de 17 de março de 2005, que dispõe sobre a classificação dos corpos de água e diretrizes ambientais para o seu enquadramento, bem como estabelece as condições e padrões de lançamento de efluentes, e dá outras providências. *DOU*, n. 53, p. 58-63, 18 mar. 2005.

COOLEY, H.; GLEICK, P. H.; WOLFF, G. *Desalination, with a grain of salt*: a California perspective. California: Alonzo Printing, 2006.

ÇENGEL, Y. A.; BOLES, M. A. *Termodinâmica*. 7. ed. McGraw-Hill; Bookman, 2011.

DAVIS, T. Yuma desalination plant to start flowing. *Arizona Daily Star*, May 1, 2010. Disponível em: <http://azstarnet.com/news/science/health-med-fit/article_8e4f368f-1779-50cc-084-3f265e1912a4.html>. Acesso em: 17 ago. 2011.

DESSALINIZAÇÃO da água do mar. *Ambiente Brasil*, [s.d.]. Disponível em: <http://ambientes.ambientebrasil.com.br/agua/artigos_agua_salgada/dessalinizacao_da_agua_do_mar.html>. Acesso em: 27 jan. 2015.

DEWA - DUBAI ELECTRICITY AND WATER AUTHORITY. HH Sheikh Hamdan bin Rashid Al Maktoum opens DEWA's M Station at Jebel Ali. *Portal Dewa*. 2013. Disponível em: <http://www.dewa.gov.ae/arabic/news/details.aspx?nid=533>. Acesso em: 11 abr. 2013.

EDS - EUROPEAN DESALINATION SOCIETY. The cost of water. *European Desalination Society Newsletter*, v. 20, n. 2, May 2004.

FALKENMARK, M. Fresh water as a factor in strategic policy and action. In: WESTING, A. H. (Ed.). *Global resources and international conflict*. Oxford: Oxford University Press, 1986. p. 85-113.

FAYER, R. et al. Survival of infectious *Cryptosporidium parvum* oocysts in seawater and eastern oysters *(Crassostrea virginica)* in the Chesapeake Bay. *Applied and Environmental Microbiology*, v. 64, 1998.

FLEMMING, H. C.; SCHAULE, G.; GRIEBE, T.; SCHMITT, J.; TAMACHKIAROWA, A. Biofouling: the achilles heel of membrane processes. *Desalination*, v. 113, 1997.

FORTIER, J. Ottawa student may hold secret to Water For All. *The Globe and Mail*, 5 Jun. 2008. Disponível em: <http://www.theglobeandmail.com/technology/ottawa-student-may-hold--secret-to-water-for-all/article1055970/>. Acesso em: 4 nov. 2010.

FOX, R. W.; McDONALD, A. T.; PRITCHARD, P. J. *Introdução à Mecânica dos Fluidos*. 6. ed. LTC, 2006.

FUJIOKA, R. S.; YONEYAMA, B. S. Sunlight inactivation of human enteric viruses and fecal bacteria. *Water Science and Technology*, v. 46, 2002.

FWR - FOUNDATION FOR WATER RESEARCH. *A review of current knowledge desalination for water supplies*. 2nd ed. 2011. 35 p.

GALLAGHER, S. Valley Center, Poseidon Resources ink water purchase deal. *San Diego Daily Transcript*, Dec. 20, 2005.

GRACZYK, T. K. et al. *Giardia duodenalis* cysts of genotype: a recovered from clams in the Chesapeake Bay subestuary, Rhode River. *The American Journal of Tropical Medicine and Hygiene*, v. 61, 1999.

HANEYA, O. K. *Evaluation of microbiological quality of desalinated drinking water at Gaza city schools, Palestine*. Thesis (M.Sc.) – Islamic University of Gaza, Palestine, Apr. 2012.

HUCKNALL, D. *Vacuum technology and applications*. Butterworth-Heinemann, 1991.

IBAMA - INSTITUTO BRASILEIRO DO MEIO AMBIENTE E DOS RECURSOS NATURAIS RENOVÁVEIS. *Guia de procedimentos do licenciamento ambiental federal*: documento de referência. Brasília: MMA/Ibama/BID/PNUD, 2002. Disponível em: <http://www.mma.gov.br/estruturas/sqa_pnla/_arquivos/procedimentos.pdf>.

IBGE - INSTITUTO BRASILEIRO DE GEOGRAFIA E ESTATÍSTICA. *Estimativa da população para 1º de julho de 2009, para o TCU, segundo os municípios*. 2009. Disponível em: <http://www.ibge.gov.br/home/estatistica/populacao/estimativa2009/POP.2009_TCU.pdf>. Acesso em: 4 nov. 2010.

IBGE - INSTITUTO BRASILEIRO DE GEOGRAFIA E ESTATÍSTICA. *Censo demográfico 2010:* características da população dos domicílios – resultados do universo. Rio de Janeiro, 2011. Disponível em: <http://www.ibge.gov.br/home/estatistica/populacao/censo2010/>. Acesso em: 7 out. 2012.

INCROPERA, F. P.; DEWITT, D. P.; BERGMAN, T. L.; LAVINE, A. S. *Fundamentos de transferência de calor e massa*. 6. ed. LTC, 2007.

ISRAEL inaugura a maior usina de dessalinização do mundo. *CicloVivo*, 7 jul. 2010. Disponível em: <http://www.ciclovivo.com.br/noticia/israel_inaugura_a_maior_usina_de_dessalinizacao_do_mundo>. Acesso em: 9 abr. 2013.

JIANG, S. C. et al. Genetic diversity of *Vibrio cholerae* in Chesapeake Bay determined by amplified fragment length polymorphism fingerprinting. *Applied and Environmental Microbiology*, v. 66, 2000.

JIANG, S. C.; FU, W. Seasonal abundance and distribution of *Vibrio cholerae* in coastal waters quantified by a 16S-23S intergenic spacer probe. *Microbiology Ecology*, v. 42, 2001.

KIM, J. H. et al. Locating sources of surf zone pollution: a mass budget analysis of fecal indicator bacteria at Huntington Beach, California. *Environmental Science and Technology*, v. 38. 2004.

KINJÔ, C. Comparando petróleo e água (editorial). *Revista Água - Gestão e Sustentabilidade*, ano 3, n. 15, p. 5, mar./abr. 2010.

KITIS, M.; LOZIER, J. C.; KIM, J. H.; MI, B.; MARINAS, B. J. Microbial removal and integrity monitoring of high-pressure membranes. In: WATER QUALITY TECHNOLOGY CONFERENCE, American Water Works Association, Seattle, 2002.

KITIS, M.; LOZIER, J. C.; KIM, J. H.; MI, B.; MARINAS, B. J. Evaluation of biologic and non-biologic methods for assessing virus removal by and integrity of high pressure membrane systems. *Water Science and Technology: Water Supply*, v. 3, p. 5-6, 2003.

KRANHOLD, K. Water, water, everywhere... *The Wall Street Journal*, Jan. 17, 2008.

LAFFERTY, J. M. *Foundations of vacuum science and technology*. A Wiley-Interscience Publication, 1998.

LAURENT, P.; SERVAIS, P.; GAUTHIER, V.; PRÉVOST, M.; JORET, J. C.; BLOCK, J. C. *Biodegradable organic matter and bacteria in drinking water distribution systems*. Denver: American Water Works Association, 2005. Chap. 4.

LOUIS, V. R. et al. Predictability of *Vibrio cholerae* in Chesapeake Bay. *Applied and Environmental Microbiology*, v. 69, 2003.

LOVINS, W. A.; TAYLOR, J. S.; KOZIK, R.; ABBASEDEGAN, M.; LECHEVALLIER, M.; AJY, K. Multicontaminant removal by integrated membrane systems. In: WATER QUALITY TECHNOLOGY CONFERENCE, American Water Works Association, Tampa, 1999.

MacAREE, B. A.; CLANCY, J. L.; O'NEILL, G. L.; LEAD, J. R. Characterization of the bacterial population in RO distribution systems and their ability to form biofilms on pipe surfaces. In: WATER QUALITY TECHNOLOGY CONFERENCE, American Water Works Association, Québec, 2005.

MATTOSO, S. Q. Aplicações da energia solar para dessalinização. *Revista Intertox de Toxicologia, Risco Ambiental e Sociedade* (RevInter), v. 2, n. 1, p. 64-69, fev. 2009. Disponível em: <http://www.intertox.com.br/index.php?option=com_content&view=article&id=217>. Acesso em: 27 ago. 2010.

MINISTÉRIO DA SAÚDE. Portaria nº 2.914, de 12 de dezembro de 2011, que dispõe sobre os procedimentos de controle e de vigilância da qualidade da água para consumo humano e seu padrão de potabilidade. *DOU*, n. 239, 14 dez. 2011.

MORAN, M. J.; SHAPIRO, H. N. *Princípios de Termodinâmica para Engenharia*. 6. ed. LTC, 2009.

MPWMD - MONTEREY PENINSULA WATER MANAGEMENT DISTRICT. *MPWMD comparative matrix:* part 1, desalination. From a staff presentation at the 9/8/05 meeting of the Monterey Peninsula Water Management District, Monterey, California, 2005.

NAS - NATIONAL ACADEMY OF SCIENCES. *Review of the Desalination and Water Purification Technology Roadmap.* Washington, D.C.: National Academies Press, 2004.
NASSER, A. M. et al. Comparative survival of *Cryptosporidium, coxsackievirus A9* and *Escherichia coli* in stream, brackish and sea waters. *Water Science and Technology*, v. 47, 2003.
OERLIKON-LEYBOLD VACUUM. *Fundamental of vacuum technology.* Cologne, 2007. 199 p.
O'HANLON, J. F. *A user's guide to vacuum technology.* 2nd ed. A Wiley-Interscience Publication, 1989.
PAUL, D. H. Osmosis: scaling, fouling and chemical attack. *Desalination and Water Reuse*, v. 1, 1991.
PAUL, J. H. et al. Evidence for groundwater and surface marine water contamination by waste disposal wells in the Florida Keys. *Water Research*, v. 31, 1997.
PERTH seawater desalination plant, Australia. *Water-technology.net*, [s.d.]. Disponível em: <http://www.water-technology.net/projects/perth/>. Acesso em: 4 nov. 2010.
PFEIFFER-VACUUM. *The vacuum technology book.* 2008.
POPULAÇÃO mundial chegará a 7 bi em 2011; África tem 1 bilhão. *O Estado de S. Paulo*, 12 ago. 2009. Disponível em: <http://www.estadao.com.br/noticias/vidae,populacao--mundial-chegara-a-7-bi-em-2011-africa-tem-1-bilhao,417705,0.htm>. Acesso em: 29 ago. 2011.
PORTO, M. Recursos hídricos e saneamento na Região Metropolitana de São Paulo: um desafio do tamanho da cidade. In: COSTA, F. J. L. *Série Água Brasil 1* – estratégias de gerenciamento dos recursos hídricos no Brasil: áreas de cooperação com o Banco Mundial. 2003. 201 p. Disponível em: <http://siteresources.worldbank.org/BRAZILINPOREXTN/Resources/3817166-1185895645304/4044168-1186329487615/15Num1ed.pdf>. Acesso em: 27 ago. 2011.
POST, S. *Mecânica dos Fluidos aplicada e computacional.* LTC, 2013.
PRABHU, C. Empresas globais na briga pelos US$ 400 milhões envolvidos no novo projeto de dessalinização de Ghubrah. *Oman Observer*, 7 Dec. 2011. Disponível em: <http://main.omanobserver.om/node/74625>. Acesso em: 22 fev. 2012.
REBOUÇAS, A. C. Água doce no Brasil e no mundo. In: BRAGA, B.; REBOUÇAS, A.; TUNDISI, J. (Org.). *Águas doces no Brasil*: capital ecológico, uso e conservação. 3. ed. São Paulo: Escrituras, 2006. 748 p.
RED HERRING. *World's largest desalination plant open.* Aug. 4, 2005.
REEVES, R. L. et al. Scaling and management of fecal indicator bacteria in runoff from a coastal urban watershed in Southern California. *Environmental Science and Technology*, v. 38, 2004.
ROMEIRO, A. R. *Avaliação e contabilização de impactos ambientais.* São Paulo: Imprensa Oficial, 2004. 400 p.
ROTH, A. *Vacuum technology.* 2nd and rev. ed. North-Holland, 1986.
SABESP - COMPANHIA DE SANEAMENTO BÁSICO DO ESTADO DE SÃO PAULO. *Comunicado 7/11.* 11 ago. 2011. Disponível em: <http://www2.sabesp.com.br/agvirtual2/tarifas/Comunicado-07-2011.pdf>. Acesso em: 24 ago. 2011. Estabelece tarifas de água e esgoto para o Estado de São Paulo.
SÁNCHEZ, L. E. *Avaliação de impacto ambiental*: conceitos e métodos. 2. ed. São Paulo: Oficina de Textos, 2013. 584 p.
SANTOS, L. M. M. *Avaliação ambiental de processos industriais.* 4. ed. São Paulo: Oficina de Textos, 2011. 136 p.
SEGAL, D. *Singapore's water trade with Malaysia and alternatives.* 2004.
SEMIAT, R. Desalination: present and future. *Water International*, v. 25, n. 1, p. 54-65, 2000.
SEMIAT, R. *Personal communications.* Haifa, 2006.
SHIKLOMANOV, L. A. Global water resources. *Nature and Resources*, Unesco, Paris, v. 26, p. 34-43, 1990.
SINTON, L. W.; FINLAY, R. K.; LYNCH, P. A. Sunlight inactivation of fecal bacteriophages and bacteria in sewage-polluted seawater. *Appl. Environ. Microbiol.*, v. 65, 1999.

SOARES, T. M.; SILVA, I. J. O.; DUARTE, S. N.; SILVA, E. F. F. Destinação de águas residuárias provenientes do processo de dessalinização por osmose reversa. *Rev. Bras. Eng. Agríc. Ambient.*, Campina Grande, v. 10, n. 3, jul./set. 2006.

SURIANI, W.; PRADO, A. Compesa implanta o maior sistema de dessalinização do Brasil. *Revista Sanear*, ano V, n. 16, p. 6-15, dez. 2011.

SYDNEY desalination plant to double in size. *ABC News*, 25 Jun. 2007. Disponível em: <http://www.abc.net.au/news/stories/2007/06/25/1961044.htm>. Acesso em: 4 nov. 2010.

TAMBURRINI, A.; POZIO, E. Long-term survival of *Cryptosporidium parvum* oocysts in seawater and in experimentally infected mussels *(Mytilus galloprovincialis)*. *International Journal for Parasitology*, v. 29, 1999.

TBW - TAMPA BAY WATER. *Tampa Bay seawater desalination plant*. Florida, 2011. Disponível em: <http://www.water-technology.net/projects/tampa/>. Acesso em: 3 ago. 2011.

TSIOURTIS, N. X. *Desalination and the environment*. Nicosia: Water Development Department, Ministry of Agriculture, Natural Resources and Environment, 2001.

USBR - UNITED STATES BUREAU OF RECLAMATION. *Desalting handbook for planners*: report n. 72. 3rd ed. United States Department of the Interior (USDI), 2003. Disponível em: <www.usbr.gov/pmts/water/media/pdfs/report072.pdf>. Acesso em: 12 out. 2010.

VAN'T LAND, C. M. *Drying in the process industry*. Wiley, 1991.

WAIT, D. A.; SOBSEY, M. D. Comparative survival of enteric viruses and bacteria in Atlantic Ocean seawater. *Water Science and Technology*, v. 43, 2001.

WHO - WORLD HEALTH ORGANIZATION. *Guidelines for drinking water quality*: health criteria and other supporting information. 2nd ed. Geneva, 1996. v. 2.

WHO - WORLD HEALTH ORGANIZATION. *Guidelines for drinking water quality*: health criteria and other supporting information. 2nd ed. Geneva, 2006. v. 2.

WHO - WORLD HEALTH ORGANIZATION. *Desalination for safe water supply*: guidance for the health and environmental aspects applicable to desalination. Geneva, 2007.

WHO - WORLD HEALTH ORGANIZATION. *Guidelines for drinking water quality*. 4th ed. Geneva, 2011. p. 117-154, chap. 7.

WIKIPÉDIA. *Mascate*. 2011. Disponível em: <http://pt.wikipedia.org/wiki/Mascate>. Acesso em: 18 mar. 2013.

WILF, M.; BARTELS, C. Optimization of seawater RO systems design. *Desalination*, v. 173, 2005.

WPC - WORLD PLUMBING COUNCIL; WHO - WORLD HEALTH ORGANIZATION. *Health aspects of plumbing systems*. 2006.

WT - WATER TECHNOLOGY. *Perth seawater desalination project, Kwinana, Australia*. 1 Febr. 2006.

ZHOU, Y.; TOL, R. S. J. Evaluating the costs of desalination and water transport. *Water Resources Research*, v. 41, 2005.

Sobre os autores

Ana Paula Pereira da Silveira

Nascida em 1986 na cidade de São Paulo (SP), é graduada em Biologia pela Fundação Santo André (2007), tecnóloga em Saneamento Ambiental pela Faculdade de Tecnologia de São Paulo (Fatec-SP) (2012) e mestre em Tecnologias Ambientais pelo Centro Estadual de Educação Tecnológica Paula Souza (Ceeteps) (2012). É coautora do livro *Ciclo ambiental da água* (2012). Foi auxiliar docente no Laboratório de Saneamento Ambiental e Química (Labsan) da Fatec-SP, com atuação em análises de água e esgoto. Atualmente é professora-assistente da disciplina Introdução à Hidráulica e ao Saneamento Ambiental da Fatec-SP e funcionária da Companhia de Saneamento Básico do Estado de São Paulo (Sabesp). Faz parte do Grupo de Estudos e Pesquisas sobre Dessalinização de Águas Salobras e Salinas da Fatec-SP.

Ariovaldo Nuvolari

Nascido em 1949 na cidade de Jaú (SP), é graduado em Tecnologia das Construções Civis – modalidade Obras Hidráulicas pela Faculdade de Tecnologia de São Paulo (Fatec-SP) (1976), mestre (1996) e doutor (2002) na área de Recursos Hídricos e Saneamento pela Faculdade de Engenharia Civil, Arquitetura e Urbanismo (FEC) da Universidade Estadual de Campinas (Unicamp). Desde 1977 é professor de graduação e pós-graduação na área de Saneamento Ambiental da Fatec-SP. Concomitantemente, atuou em empresas como Themag Engenharia Ltda. (1972 a 1982), Paulo Abib Engenharia S/A (1982 e 1983), Serviço Municipal de Saneamento Ambiental de Santo André (Semasa) (1984 a 1987) e Petróleo Brasileiro S/A (1987 a 1991). Suas pesquisas de mestrado e doutorado estão relacionadas com o destino final do lodo de esgoto sanitário. Atualmente coordena o Grupo de Estudos e Pesquisas sobre Dessalinização de Águas Salobras e Salinas da Fatec-SP. É coordenador e coautor do livro *Esgoto Sanitário: coleta, transporte, tratamento e reúso agrícola* (1ª ed., 2003, e 2ª ed., 2011), coautor dos livros *Reúso da água* (1ª ed., 2007, e 2ª ed., 2010) e *Ciclo ambiental da água* (2012) e autor do livro *Dicionário de saneamento ambiental* (2013).

Francisco Tadeu Degasperi

Nascido em 1956 na cidade de São Paulo (SP), é bacharel em Física pelo Instituto de Física da Universidade de São Paulo (USP), mestre e doutor pela Faculdade de Engenharia Elétrica e de Computação da Universidade Estadual de Campinas (Unicamp). Trabalhou por quase 24 anos no Instituto de Física da USP com instrumentação científica e tecnológica voltada à tecnologia do vácuo, problemas de transferência de calor e sistemas mecânico-estruturais. Desde 2000 trabalha em tempo integral na Faculdade de Tecnologia de São Paulo (Fatec-SP) como Professor Pleno II. Montou e coordena o Laboratório de Tecnologia do Vácuo (LTV). Possui experiência na área de Física voltada à tecnologia, com especialidade em tecnologia do vácuo e fenômenos de transporte. Tem realizado trabalhos tanto acadêmicos como industriais, com apresentação em congressos e publicação em revistas especializadas. Nos últimos anos tem feito em média oito trabalhos por ano com a indústria, sendo os recursos obtidos transferidos ao LTV. Os assuntos de trabalhos são: metrologia em vácuo-pressão, vazão, velocidade de bombeamento, condutância, transporte de gases em baixa pressão, desenvolvimento e implantação de simulador para estudos de sistemas de vácuo de uso geral, ensino em tecnologia do vácuo, análise e modelagem de sistemas de vácuo pela equação de difusão e pelo método de Monte Carlo. É coautor de livro de Física voltado à graduação de tecnologia. Vem desenvolvendo, construindo e caracterizando sistemas metrológicos na área de vácuo e detecção de vazamentos para a indústria. Ministra as disciplinas de graduação de Tecnologia do Vácuo, Termodinâmica e Fenômenos de Transporte e Ondulatória, com desenvolvimento de textos e experiências didáticos. Atua também no programa de mestrado profissionalizante da pós-graduação do Ceeteps.

Wladimir Firsoff

Nascido em 1952 na cidade de São Paulo (SP), é graduado em Tecnologia das Construções Civis – modalidade Obras Hidráulicas pela Faculdade de Tecnologia de São Paulo (Fatec-SP) (1978). Desde 1980 é professor de graduação na área de Saneamento Ambiental da Fatec-SP. Concomitantemente, atuou na empresa Themag Engenharia Ltda. (1979 a 1983). Faz parte do Grupo de Estudos e Pesquisas sobre Dessalinização de Águas Salobras e Salinas da Fatec-SP.